今日から
モノ知り
シリーズ

トコトンやさしい

形状記憶合金の本

(一社)形状記憶合金協会 編著

温めると元の形状に戻るという特徴を持つ形状記憶合金は、家電、住宅、輸送、通信、医療など幅広い分野に浸透し、眼鏡フレームやステントなどさまざまな商品に採用されています。

B&Tブックス
日刊工業新聞社

はじめに

本書が紹介する「温めると元の形状に戻る」形状記憶合金は、その基本的特徴を端的に表現した「形状記憶」という語が市民生活に広く使われ、合金以外にも使用されるほど定着しています。

筆者が初めて形状記憶合金に触れたのは雪が降る寒い冬でした。先輩がポケットから取り出した薄い板はダルマストーブの上にポンと乗せられるや否やくねと丸まってしまい、まるでノシイカそのもの。ビックリでした。それが私の仕事になろうとはまたのビックリでした。

科学への興味は、モノの動きを観察し触れることで育まれ、科学は身近なものになります。理科の実験は自然現象やモノづくりの楽しさを体験できる貴重な場です。古くは、小学生向け科学雑誌『小学5年生』(小学館)の付録教材として、形状記憶合金線を5センチほど同封させてもらったことがあります。みなさんにお湯に入れて遊び馴染んでもらう何よりの機会だったように思います。

形状記憶合金は、見た目にはノシイカであったりゴムであったりと、その動きはシンプルなのですが、当然のこと、そこには相応の理由と理屈があります。その探求が学問としての材料研究なのだと思います。

応用開発は夢の新素材として一世を風靡した黎明期の玩具やブラジャーに始まり、その後の淘汰を経て30余年、今や家電、住宅、輸送、通信、医療など幅広い分野に浸透し、混合水栓、眼鏡フレーム、カテーテル用ガイドワイヤやステントなどに採用され、商品の多くは世界標準として高い評価を受けるまでに及んでいます。

本書の執筆はメーカー、ユーザー、大学や研究機関などからなる形状記憶合金協会のメンバーを中心にして、幅広い分野の人たちが執筆しています。

本書は7章で構成され、全体を通して読者の材料への興味を呼び起こすことを念頭にまとめました。第1章では形状記憶合金の基礎的動作や原理をできるだけ噛み砕いて解説しています。第2章、第3章は工業的に最も使われているチタン・ニッケル合金のつくり方、使い方のポイントをあまり専門的にならないように解説しています。第4、5、6章には多くの商品化事例と新しい合金を紹介しました。タイミング悪く商品化に至らなかったものも、今も市場で進化を続けるものもあります。第7章にはこれからの新しい応用を拓く機能材料や用途分野をそれぞれまとめました。紙幅の関係で多くの実用化例が紹介できなかったことは本当に残念です。

チタン・ニッケル形状記憶合金はアメリカで発見されましたが、本書に採り上げた多くの実用化例や新しい合金は世界初のものがほとんどです。実用化製品の数は日本が世界最多であることは、この合金開発に携わった本当にたくさんの関係者全体の誇りであります。

一旦生まれて世に出た材料は決してなくなりません。用途という衣が時代や環境によって替わるのみです。

最後に形状記憶合金をここまで育み広めていただいた先生方・先輩諸氏に感謝を申し上げると同時に、後へ続く多くの研究開発者、事業者を待ち望んで止みません。

2016年5月

山内　清

トコトンやさしい

形状記憶合金の本

目次

はじめに……1

第1章 「形状記憶合金」ってなんだろう

第2章 形状記憶合金のつくり方

15 「温めて冷やす」の加工プロセス「熱間加工と冷間加工」……40
16 製品の形と変態温度を決める最終処理「形状記憶処理」……42
17 厚さ数ミクロンの薄膜「スパッタ膜の特性と応用」……44
18 粉末成型と液体急冷「溶解鋳造以外の製造法」……46
19 さびなくても行う表面処理「形状記憶合金の表面処理」……48

第3章 形状記憶合金の使い方

第4章 形状記憶効果を活かした応用事例

第5章 超弾性効果を活かした応用事例

第6章 いろんな種類の形状記憶合金たち

第7章 形状記憶合金の未来

【コラム】

第1章

「形状記憶合金」ってなんだろう

1 ついに金属が記憶を手にした？

形状記憶合金とは

まっすぐな針金をぐるっと曲げてみましょう。手を離してももちろん曲がったままです。冷やしても、温めてもこのままの形です。しかし、ある種の針金は曲げてもお湯の中に入れれば元に戻るものがあります。

左ページに示したのはチタン・ニッケル合金（ニチノールと呼ばれることもある（1章末コラム参照））というチタン原子とニッケル原子が同じくらいの割合で混ざった合金でできた線材です。まっすぐな線材を手で曲げてから60℃くらいのお湯に入れると、あっという間に元のまっすぐな形に戻ります。つまりこの線材はまっすぐな形状を記憶しているわけです。このような効果を「形状記憶効果」、性質を示す金属を「形状記憶合金」と呼びます。

また、直線以外の形を記憶させることもできます。例えば、ト音記号の形を記憶している線材を伸ばしてまっすぐにし、お湯につけると元のト音記号の形に戻ります。形状記憶合金にはさまざまな形を覚えさせることができ、形状記憶効果を使うと何か物を動かす仕事をさせることも可能です。

金属以外に、ある種の高分子材料やセラミックス材料にもこのような性質を示す材料があり、総称して「形状記憶材料」と呼びます。その中で、形状記憶合金は他の材料と比較して特に大きい数％の形状変化を示すとともに、数百MPaもの大きな応力を発生するので、何か機械を駆動することもでき、後で述べるように幅広い分野に使われています。

第1章ではどうして金属が形を覚えることができるのか、どうして元の形を思い出すことができるのか、普通の金属とは何が違うのかなど、形状記憶合金のいろいろな性質について説明していきます。

要点BOX
- 温めると元の形に戻る「形状記憶効果」
- 形状記憶効果を持つ金属「形状記憶合金」
- 金属以外の「形状記憶材料」

チタン・ニッケル合金の形状記憶効果

ト音記号を記憶させた線材を伸ばして

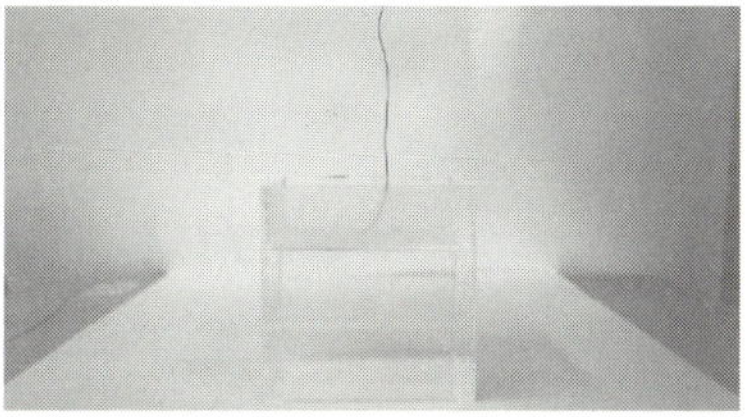

少しずつお湯に入れると

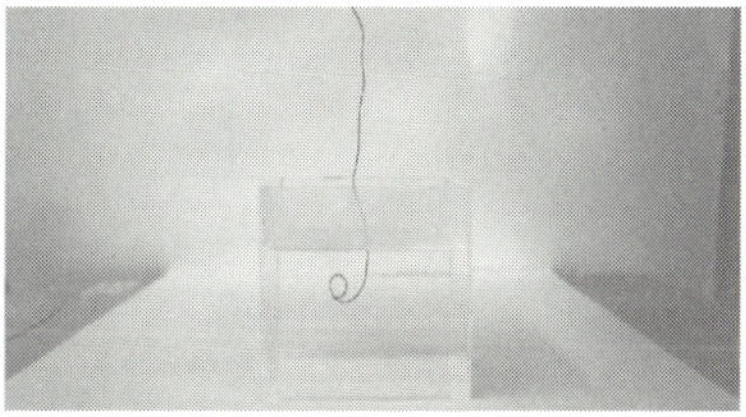

ぐるぐると曲がって

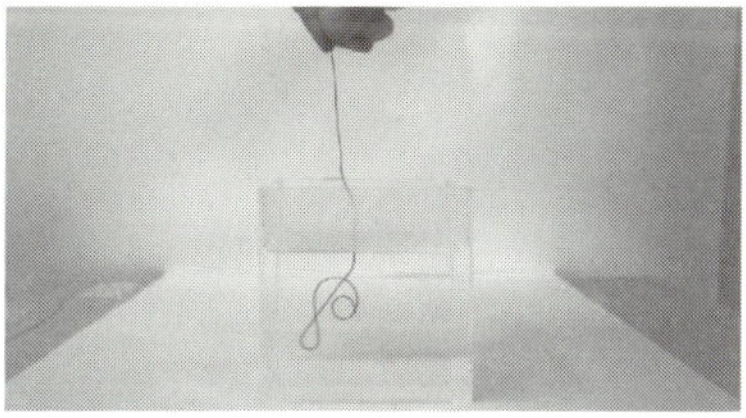

ト音記号に戻る

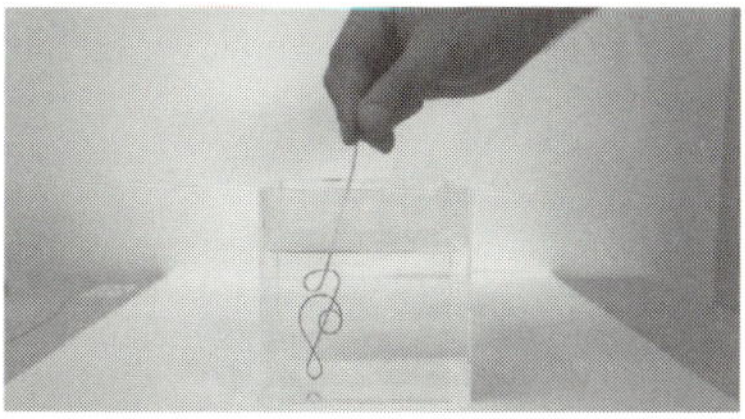

まっすぐな針金を

ぐるっと曲げて

お湯に入れると

瞬時にまっすぐに戻る

動画が見られます⇨http://www.asma-jp.com/dtp/index.htm

2 相変態が記憶のカギを握る

液体の水を0℃以下に冷やすと固まって氷（固体）になり、100℃に加熱すると水蒸気（気体）になるように、物質の状態が変化することを「相変態」といいます。「相」というのは物質のいろいろな状態のことで、固体は「固相」、液体は「液相」、気体は「気相」といったりもします。つまり0℃で氷が溶けるのは固相から液相への相変態です。水の場合には水分子が規則正しく並ぶことで氷になり、ばらばらに飛び回ると水蒸気になり、その中間の状態で飛び回れるほどではないが比較的自由に動ける時は液体になります。相変態は温度や圧力など、物質の環境が変わった時に起こります。スキーやスケートが雪や氷の上を滑るのは0℃近くにある氷に圧力をかけると融けて水になるためです。

また、物質によっては固相の状態のままで分子や原子の並び方が変わることもあります。通常の金属は原子が三次元的に規則正しく配列した結晶という状態になっていますが、その配列の仕方、つまり結晶構造が温度や圧力で変化するのも相変態です。

固相の相変態で一番有名な例は、純鉄の相変態です。鉄は図に示したように、室温では体心立方晶（フェライト相）ですが、温度を上げると912℃で面心立方晶（オーステナイト相）へと変態し、さらに温度を上げると1392℃で再び体心立方晶へと変化します。その後、1538℃で融解して液相になります。純チタンは室温では六方晶ですが、880℃で体心立方晶へと変態します。

純鉄に炭素を加えると、オーステナイト相がフェライト相に変態する温度が低下することはよく知られています。このように変態温度は主に合金の成分によって変化します。

相変態にはいろいろな例があり、さまざまな材料の構造や機能を制御するのに役立っています。形状記憶効果を起こしているのも、この相変態なのです。

要点BOX
- ●相変態は物質の環境が変わると起こる
- ●結晶構造が変わることも相変態
- ●相変態が形状記憶効果の要

水分子同士の結合の強さや並び方の変化

氷(固体)←0℃→水(液体)←100℃→水蒸気(気体)

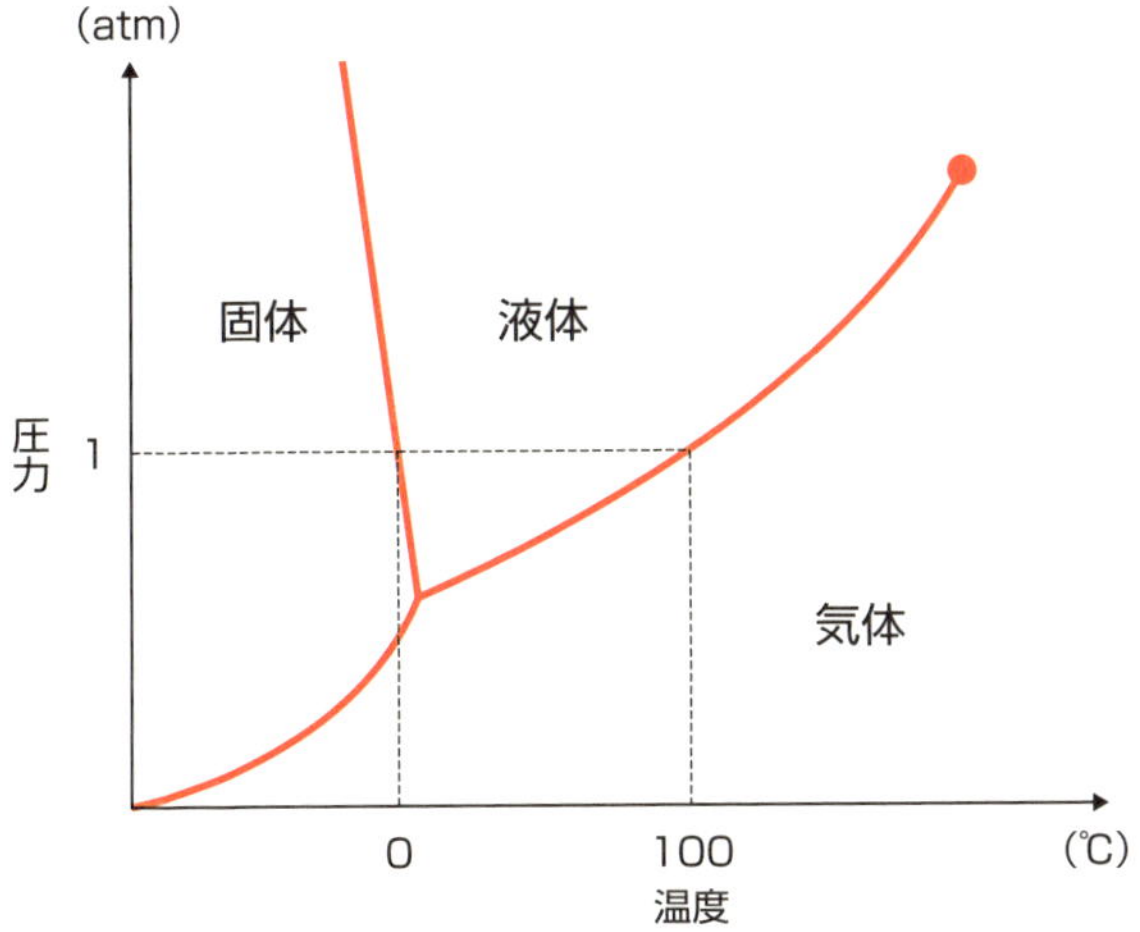

固相での原子の並び方(結晶構造)の変化

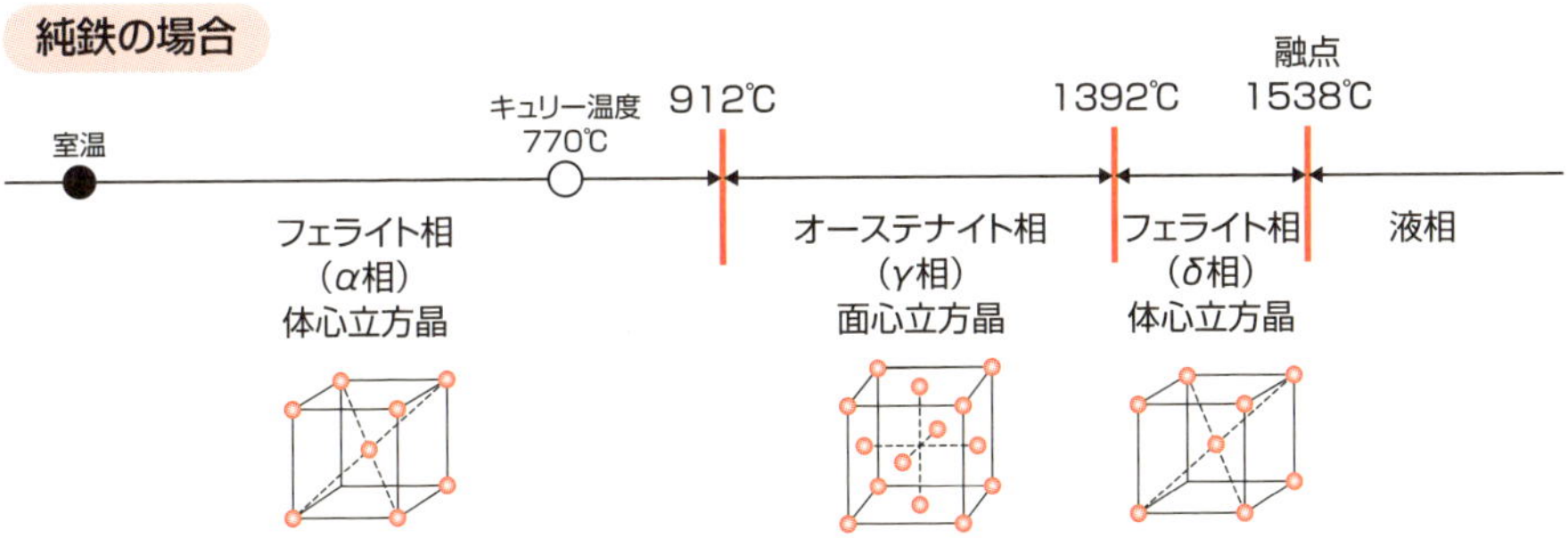

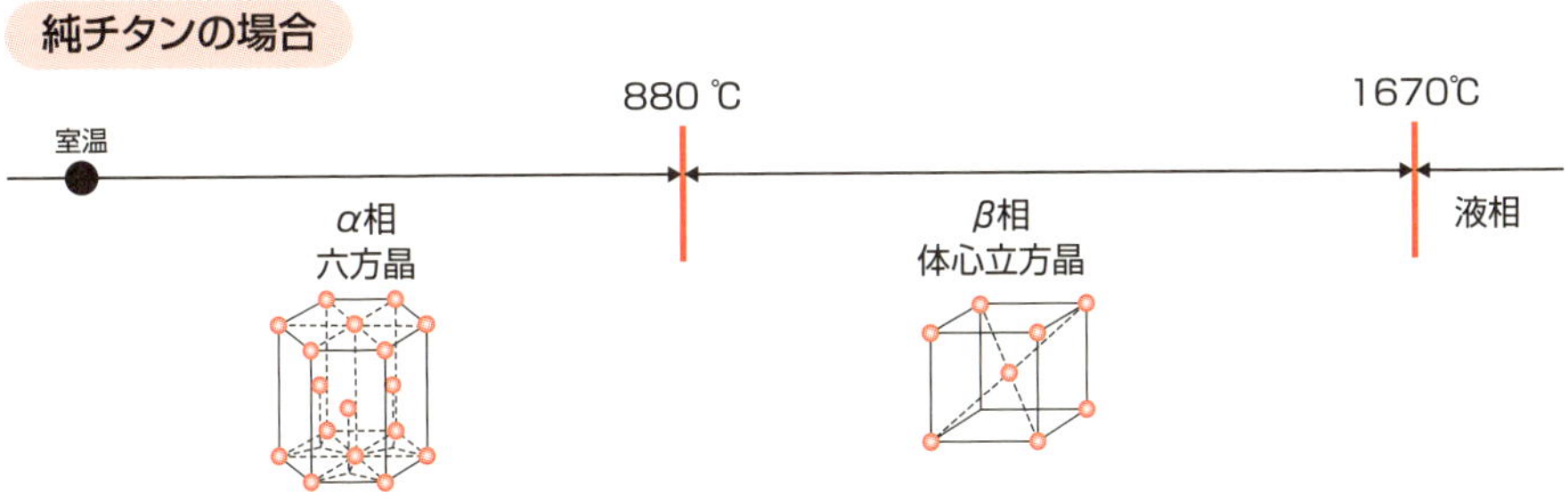

3 原子がつながったまま動く

マルテンサイト変態とは

固相同士の相変態には大きく分けて2つの種類があります。1つは「拡散型相変態」、もう1つは「無拡散変態」(または変位型相変態)です。

前者は固体の中の原子が周囲の原子との結合を切り、ばらばらに動き回って別な構造へと変化するもので、通常は高い温度と長い時間が必要です。一方、後者は原子が結合を切らずに少しずつ移動して構造を変えるものです。この場合は低い温度でも非常に短時間で相変態が起きます。1項で紹介した形状記憶効果を起こしているのは、「マルテンサイト変態」といわれる変位型相変態の一種です。

上図は二次元の結晶格子で、マルテンサイト変態の原子の動きを表しています。左側の正方格子の結晶を冷却すると、上の2個の原子と下の2個の原子がそれぞれ逆方向に少し変位し、同じ高さの、つまり同じ面積の平行四辺形の格子になります。このような変形を「せん断変形」といいます。マルテンサイト変態の特徴は、このように原子がせん断変形的に連携移動して結晶構造が変わることです。また、せん断変形的なので、変態の前後で体積の変化が小さいことや、加熱すると再び元の構造に戻り可逆性が良いことも特徴です。

マルテンサイト変態が起きる温度は熱量測定や電気抵抗で測ることができます。これは高温相(母相)と、それがマルテンサイト変態してできる低温相(マルテンサイト相)で熱容量や電気抵抗が違うためです。冷却してマルテンサイト変態が始まる温度を「マルテンサイト変態開始温度(M_s)」、全体がマルテンサイト相になる温度を「変態終了温度(M_f)」、マルテンサイト相を加熱して母相に逆変態が始まる温度、全体が母相になる温度をそれぞれ「逆変態開始温度(A_s)」、「逆変態終了温度(A_f)」といいます。これらの変態温度は合金の種類や組成、加工組織などの状態によっても変化します。

要点BOX
- ●マルテンサイト変態は変位型相変態の一種
- ●原子がせん断変形的に連携移動するのが特徴
- ●合金の種類、組成などで変態温度は異なる

形状記憶合金のマルテンサイト変態

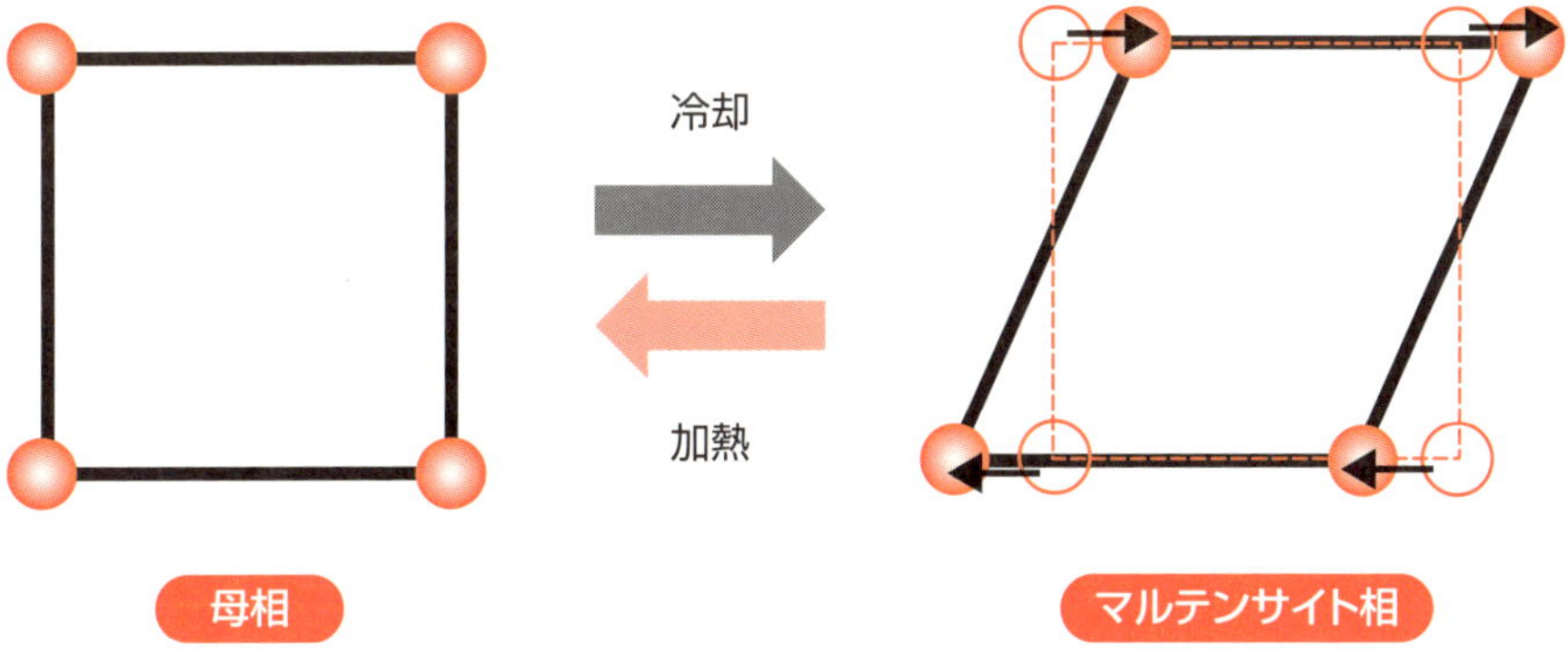

●原子がせん断変形的に連携移動して結晶構造が変化する
●変態前後の体積変化が小さい

マルテンサイト変態温度の測定例（電気抵抗の場合）

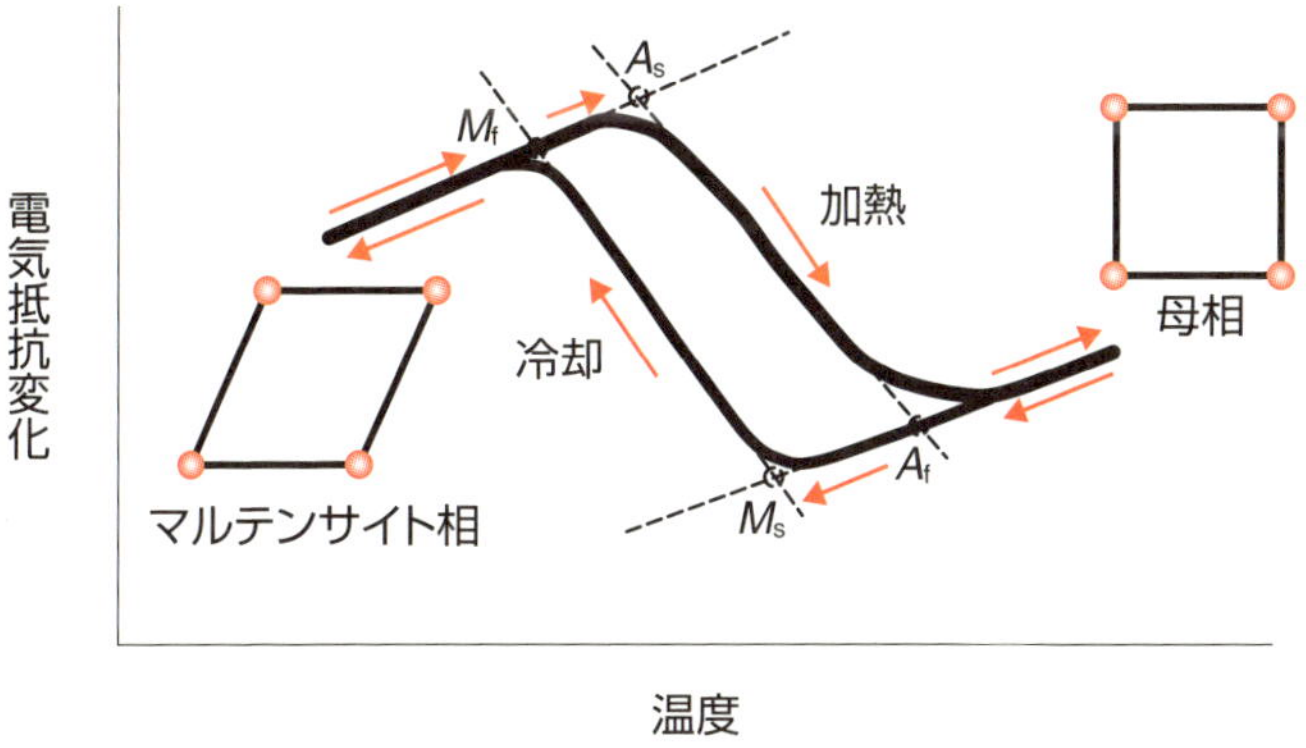

試料を冷却･加熱しながら電気抵抗の変化を測定すると、
マルテンサイト変態の過程で電気抵抗が大きく変化します。

M_s ：変態開始温度(martensitic transformation start temperature)
M_f ：変態終了温度(martensitic transformation finish temperature)
A_s ：逆変態開始温度(reverse transformation start temperature)
A_f ：逆変態終了温度(reverse transformation finish temperature)

*A*は高温相（母相）がオーステナイト（Austenite）相と呼ばれることに由来する

4 顕微鏡で見てみると金属にも顔がある

マルテンサイト相とは

マルテンサイト変態が起きる時に個々の原子が動く距離は1億分の1㎝くらいの非常に短い距離ですが、非常に多くの原子が一斉に連携して同じ動き方をすると、その結果は顕微鏡や肉眼で見ることができます。

上図のように平滑な表面の母相の結晶があったとします。これを冷却してマルテンサイト変態を起こさせると、原子はせん断変形的に連携移動して、正方形が平行四辺形に変化します。この状態が「マルテンサイト相」です。この時できるだけ全体の形を変えないように、隣あった領域で逆向きの平行四辺形を作ります。こうなると元々平滑だった試料の表面に凹凸ができます。これらの凹凸は光学顕微鏡などで見ることができますし、肉眼でも見える場合があります。

ここでは分かりやすいように原子の配列を二次元に見立てて正方形と平行四辺形の変化で説明していますが、実際の原子の並びは三次元で、並び方（結晶構造）もはるかに複雑です。

同じ正方形（母相）からできた向きの違う平行四辺形（マルテンサイト相）を「兄弟晶」と呼びます。二次元の説明では兄弟晶は2通りですが、結晶構造によっては最大24通りが存在し得ます。これらの兄弟晶が表面にさまざまな幾何学模様を作ります。

この状態から温度を上げると元の正方形の状態に戻るので、凹凸は消えて表面は再び平らになります。このように冷やしたり温めたりして、母相とマルテンサイト相の間を可逆的に行ったり来たりできるのもこの変態の特徴です。

金属と聞くとどこか冷たくて無表情な印象を持たれるかもしれませんが、形状記憶合金はいろいろな顔を持ち、その表情も豊かに変化するのです。

要点BOX
- ●マルテンサイト相は面積を変えずに形を変化
- ●向きの異なるマルテンサイト相が兄弟晶

マルテンサイト変態と兄弟晶

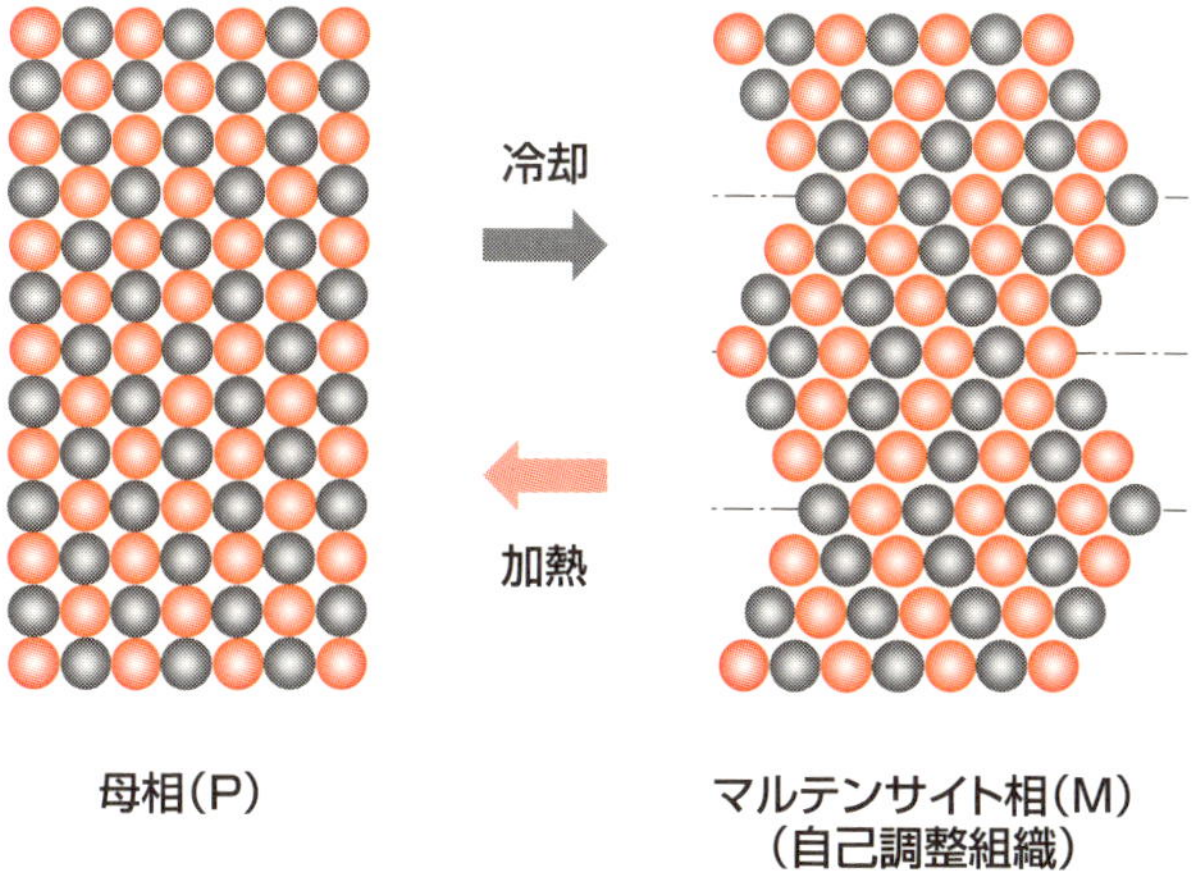

チタン・ニッケル合金を冷却した時の表面の変化の走査型電子顕微鏡像

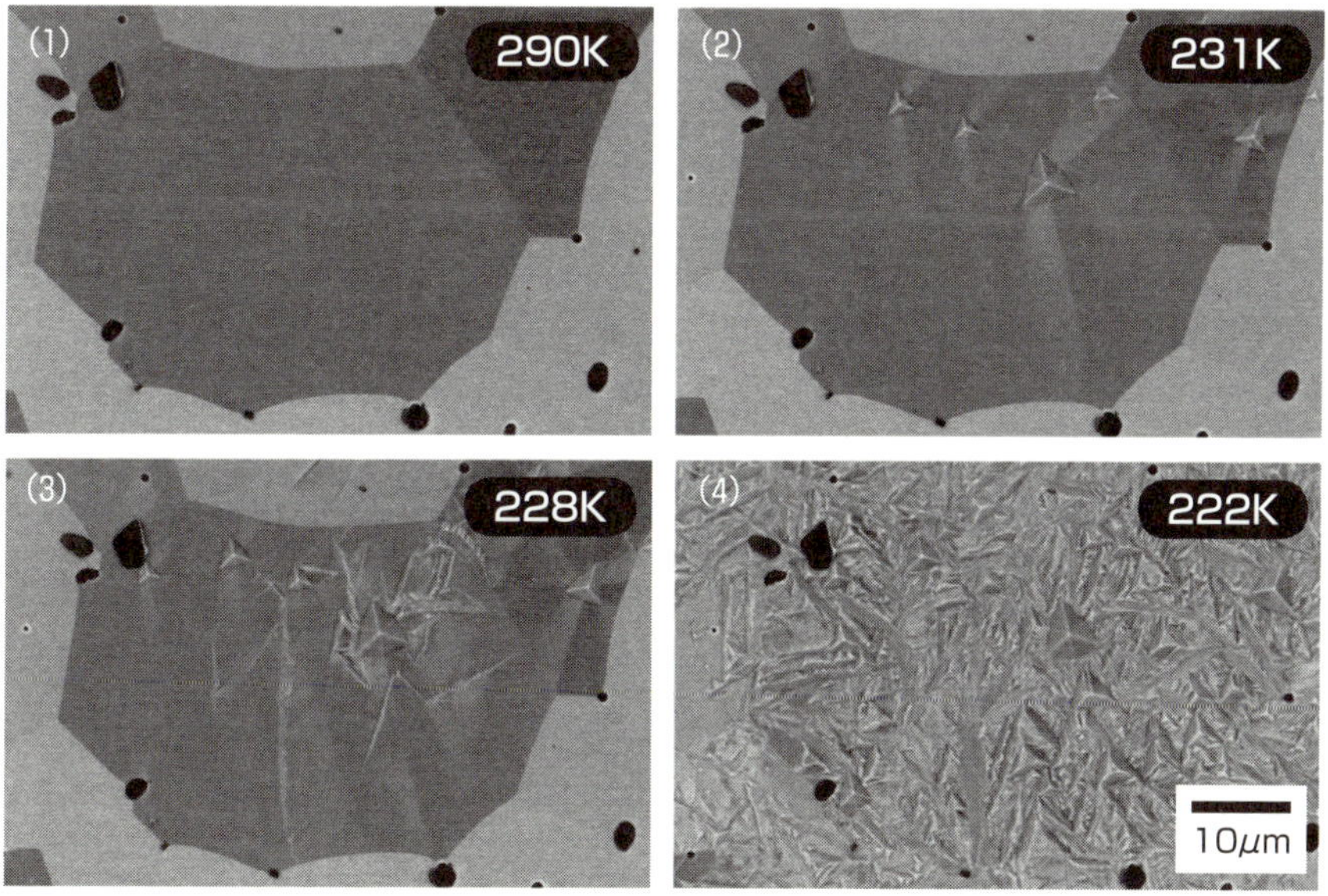

冷却により中央の濃灰色の結晶粒にマルテンサイト相が生成し始め(2)、
さらに冷却すると試料全面に広がる(4)

(提供:九州大学西田稔教授)

5 なぜ金属が記憶するの？

形状記憶のメカニズム

1項の線材は母相の状態でまっすぐにしたもの図(a)ですが、その後冷却されてマルテンサイト相になると内部に方位の異なる兄弟晶がたくさんできます(b)。この時には、互いのひずみを打ち消し合うように兄弟晶ができるので外形はほとんど変化しません(ひずみの自己調整)。この状態に力を加えると、これらのマルテンサイト相の結晶がそれぞれ向きを変えることで全体の形を変えることができます(d)。このようにマルテンサイト相の変形は方位の異なる兄弟晶の割合が変わることで起きます。

隣り合う兄弟晶の内部の原子の並びはその境界面を境に互いに対称になっています。このような結晶を「双晶」、その境界を「双晶境界」と呼びます。特に、形状記憶合金のマルテンサイト相の双晶境界は非常に動きやすいために、マルテンサイト状態の線材はとても簡単に曲げることができるのです。

曲がった針金をマルテンサイト逆変態終了温度(A_f)以上に熱すると(e)、マルテンサイト相が母相へと変化しますが、元々どの兄弟晶も同じ母相からできたものなので、元の母相の状態の形に戻ります(a)。これが加熱して形状回復の起こるメカニズムです。

冷却の時にはマルテンサイトが互いのひずみを打ち消すようにできるので、形状は変化しません。つまり、通常の形状回復は加熱の時だけで、一方向です。特殊な条件では冷却時にも形状変化する場合がありますが、これについては9 22項で説明します。

マルテンサイト相の状態で起こる一番大きな変形は、線材すべてが1つの兄弟晶になった時です(d)。それ以上に変形すると、双晶変形だけではなく塑性変形となってしまうため、加熱して母相に戻してもその変形は残り、完全な形状回復は起こりません。チタン・ニッケル合金ではおよそ8%の形状回復が得られます。

要点BOX

- ●兄弟晶の向きを変えて、全体の形が変える
- ●兄弟晶が元の母相の状態に戻る
- ●1つの兄弟晶になる時が最も大きな変化

形状記憶効果

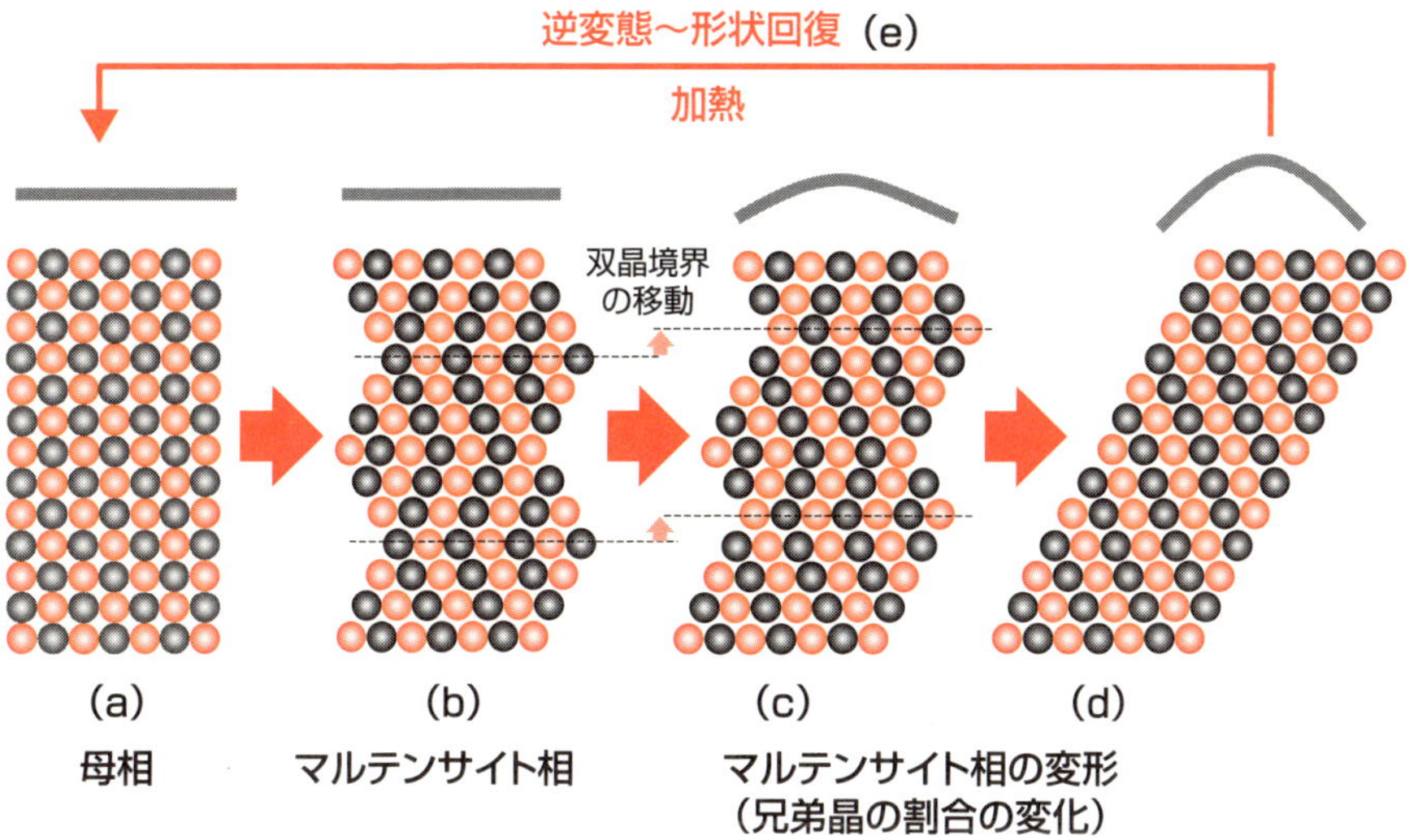

マルテンサイト相の変形

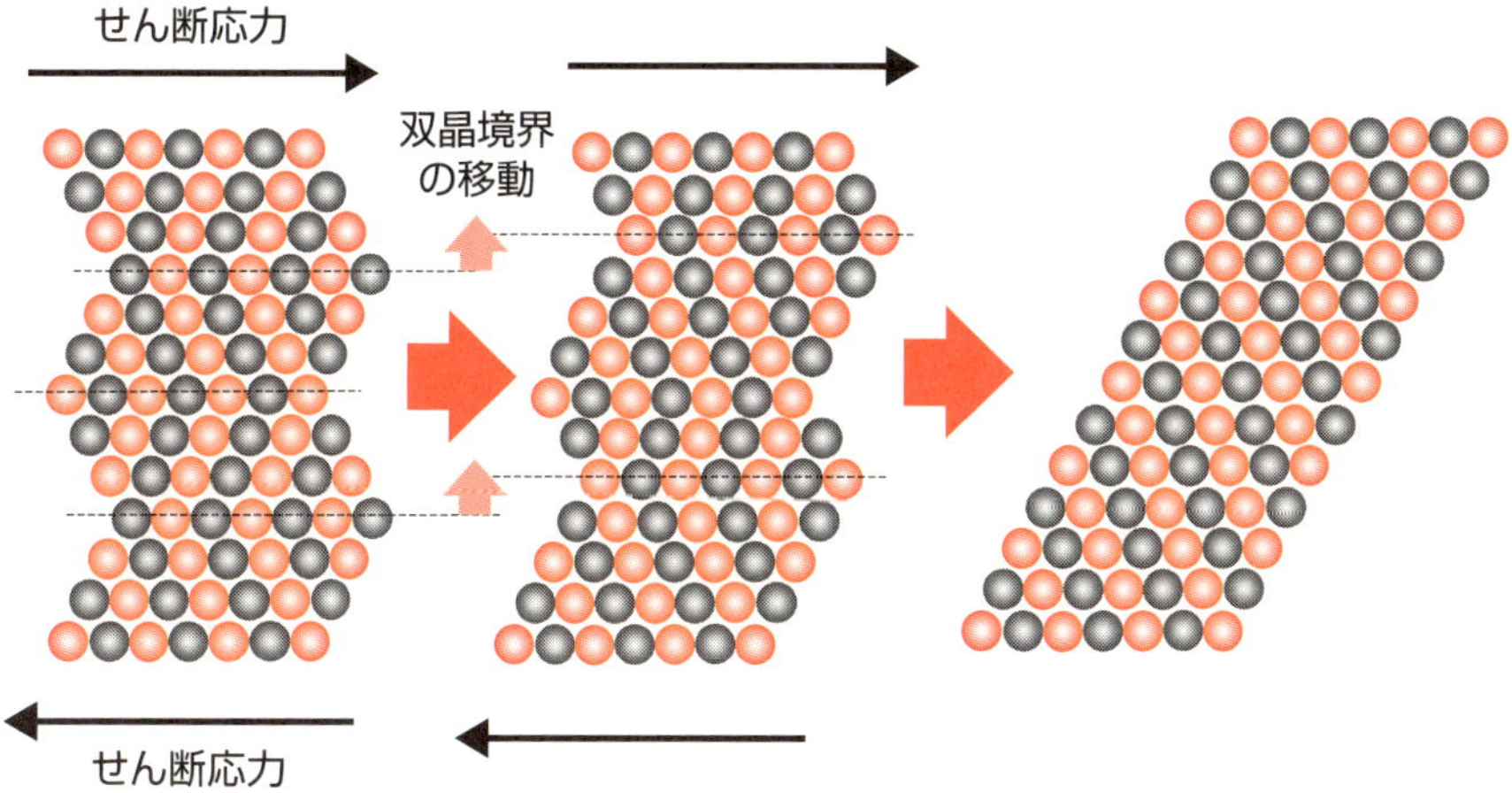

6 普通の金属との変形の違い

すべり変形と双晶変形

鉄やアルミニウムなどの普通の金属が引張り変形する時の応力とひずみの関係を図1に示します。ひずみが0・1%くらいまでの範囲では、ひずみに比例して応力が増加する弾性変形を示します。この直線的な応力—ひずみ線図の傾きが「ヤング率」です。

さらに変形を続けると、あるところから応力—ひずみ線図の傾きが小さくなります。この点を「弾性限」といい、この時の応力を「降伏応力」と呼びます。降伏応力は塑性変形が開始する応力で、これ以上の変形は除荷しても元には戻らずひずみが残留します。

通常の金属の塑性変形は図2に示したように転位という線状の格子欠陥が原子面上を滑るように移動する、「すべり変形」で起こります（図3）。

一方、形状記憶合金のマルテンサイト相の塑性変形は5項でも述べたように、マルテンサイトの結晶の方位が変わることで起こります。1つの母相からできたマルテンサイト相の兄弟晶はお互い双晶の関係にあります。この時の変形は5項の図（b）（c）（d）に示したように、双晶境界が移動する双晶変形です。この時には、外力の方向に一番大きなひずみを出すことのできる兄弟晶の割合が大きくなるように変形が起こります。

双晶変形は鉄鋼や銅合金、チタン合金、マグネシウム合金などでも起こることがあります。これらと比較しても双晶境界が動きやすいため、低い応力で可逆的に双晶変形が起こるのが形状記憶合金マルテンサイト相の特徴の1つです。

しかし、双晶変形による結晶方位の変化で生じるひずみには上限があるので、それ以上に変形するとマルテンサイト相でも普通の金属と同じように転位によるすべり変形が起こります。前述したように、この分のひずみは形状記憶効果でも回復しません。

要点BOX

- ●普通の金属の塑性変形はすべり変形で起こる
- ●双晶境界の動きやすさがポイント
- ●ひずみが回復しない上限はある

図1　通常の金属の応力―ひずみ線図

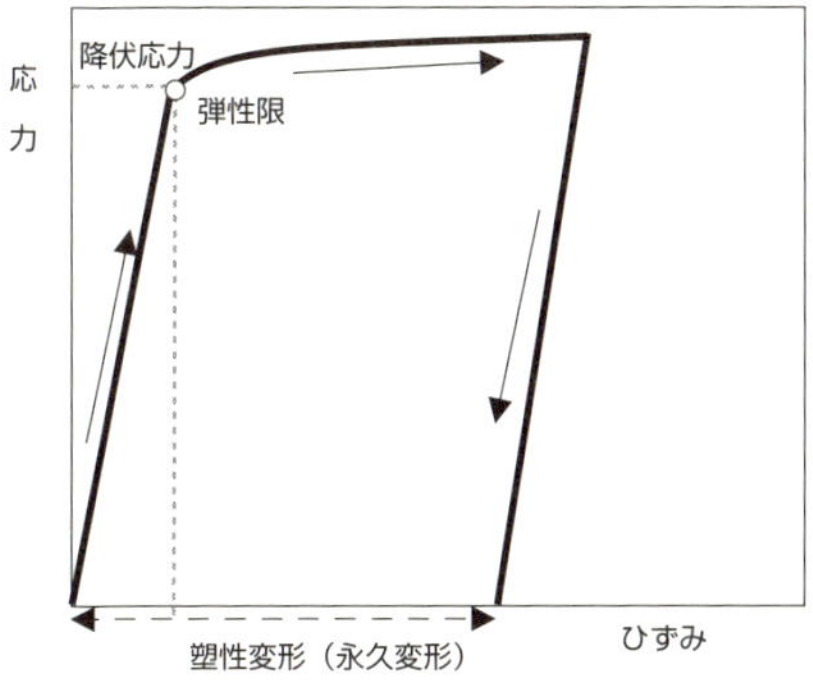

図2　転位とすべり変形

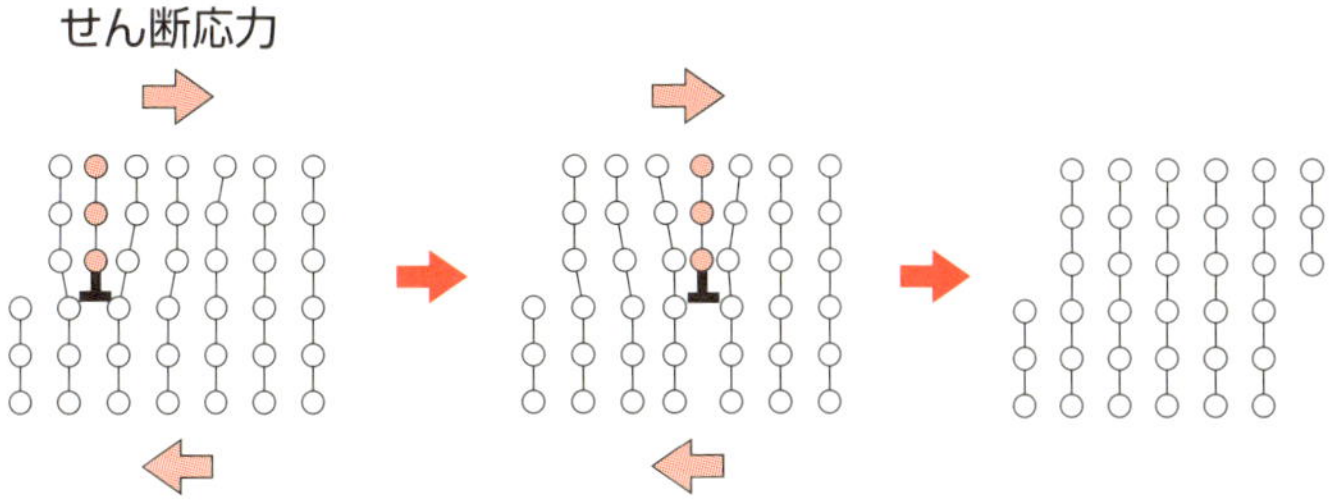

原子面が途中で終わっている場所が線状に連なっているのが転位。矢印で示したようにせん断応力が働くと転位は左端から右端へとすべり運動し、その結果塑性変形が起きる

図3　すべり変形

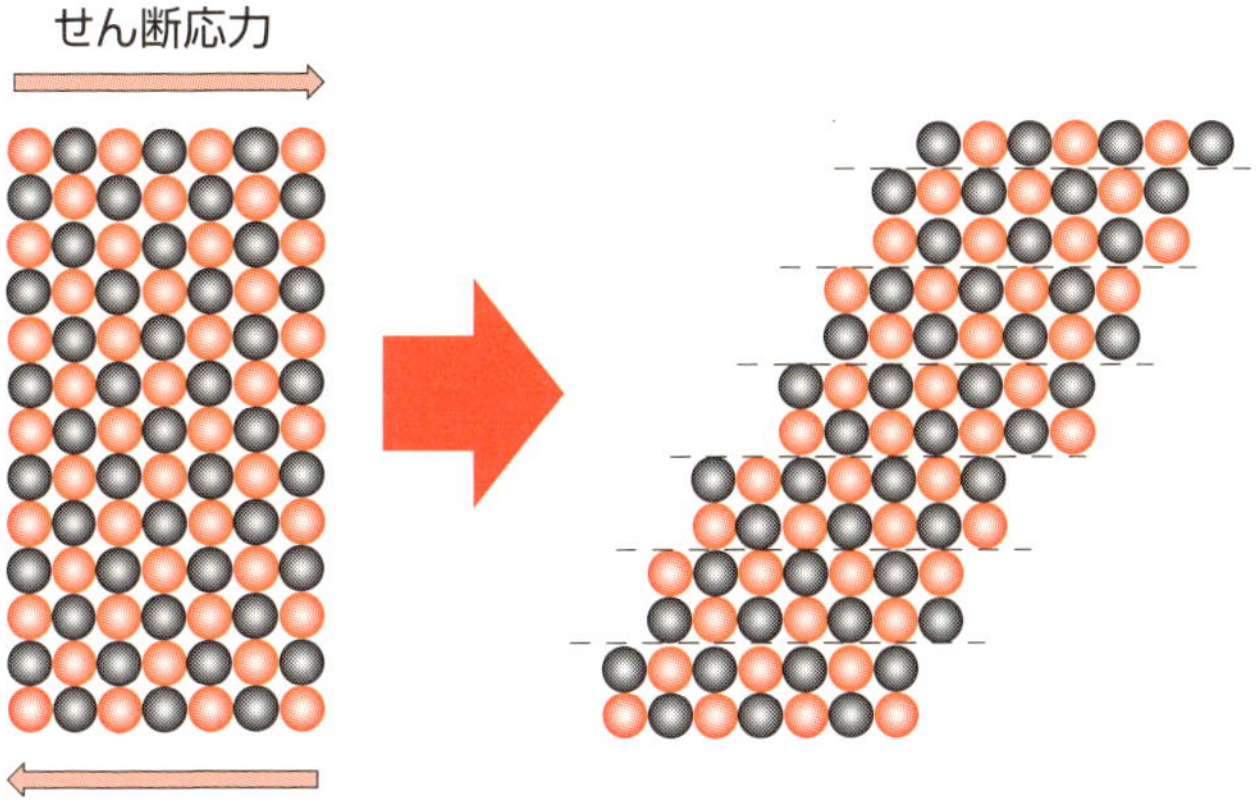

7 鉄のマルテンサイトとどう違うの？

マルテンサイトの由来

「マルテンサイト」という言葉はドイツの金属学者のアドルフ・マルテンス（Adolf Martens、１８５０～１９１４）に由来しています。マルテンスは鉄道関係の橋梁や鋼構造のエンジニアでしたが、その後、鉄鋼材料の組織観察の研究に従事するようになります。ベルリンの工科大学の教授を経て、ドイツ連邦材料試験研究所の初代所長になりました。

元々、マルテンサイト相は鉄鋼を焼き入れした時にマルテンサイト変態の結果できる、硬くて脆い緻密な組織の相に対して付けられた名前でした。しかし、チタン・ニッケルなどの形状記憶合金のマルテンサイト相は柔らかくてしなやかで簡単に曲げることもでき、鉄鋼のマルテンサイト相とは随分性質が違います。

鉄鋼のマルテンサイト変態では材料の内部に「転位」が高密度に導入されるために、著しく硬化します。また、兄弟晶間の境界も凹凸が激しく、非常に複雑な形状をしています。鉄鋼の場合、オーステナイト相は面心立方晶で、マルテンサイト相はそれが一方向に伸びてできる体心正方晶という構造です。鉄鋼は鉄と炭素からなる合金ですが、オーステナイト相が炭素を多く固溶するのに対し、マルテンサイト相は炭素を過飽和に含んでおり、その量が多い場合には炭化物の粒子ができることもあります。

このように鉄鋼のマルテンサイト相の組織は非常に複雑です。また、鉄鋼のマルテンサイト変態は非常に可逆性が悪く、変態温度と逆変態温度の差が大きいことも特徴です。

それに比べてチタン・ニッケルなどの形状記憶合金では、マルテンサイトの組織は微細な双晶からなり転位も少なく、界面も直線的で整然としています。この界面が動きやすいためにチタン・ニッケル合金の線材は柔らかく、簡単に変形できるのです。ちなみに、オーステナイト相はイギリスの治金学者ロバーツ・オーステンにちなんで付けられた名前です。

要点BOX

- ●鉄鋼のマルテンサイト相は硬く、複雑な組織
- ●形状記憶合金のマルテンサイト相は柔らかく、整然とした組織

鉄鋼材料のラス状マルテンサイト組織

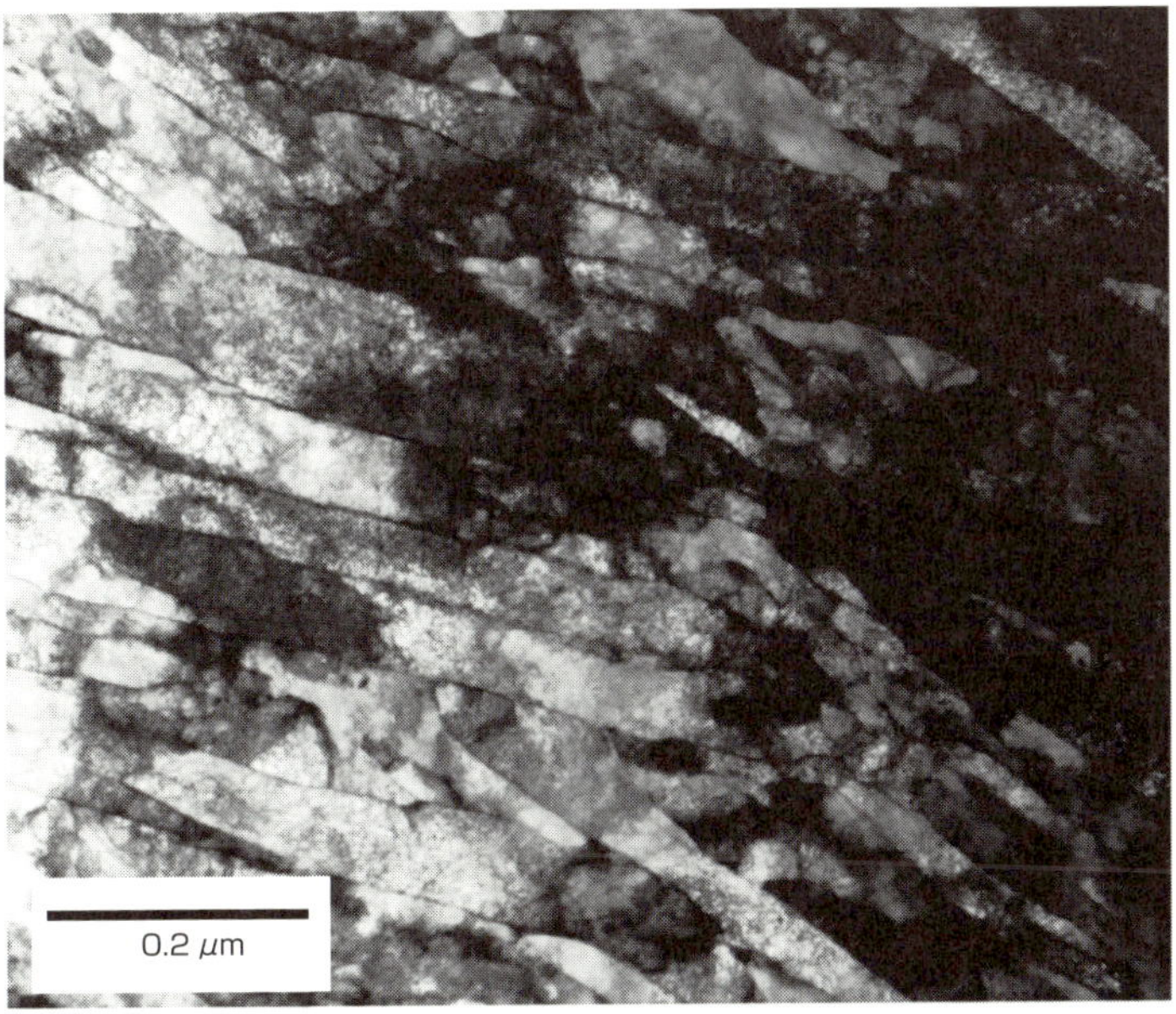

（提供：島根大学　森戸茂一准教授）

TiNi系形状記憶合金のマルテンサイト組織

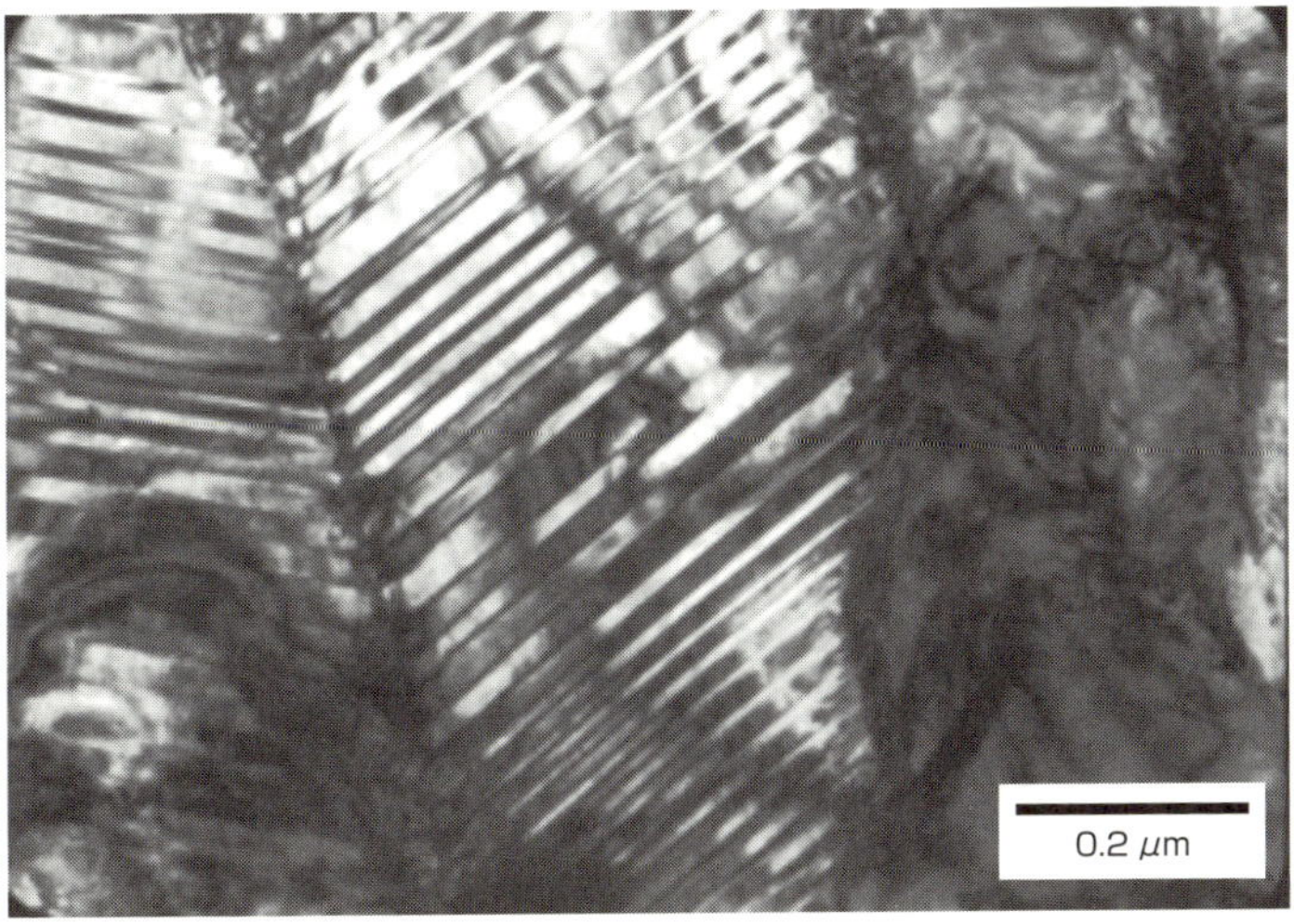

8 どんな形を記憶するの？

記憶は上書きできる

5項では、形状記憶効果は変形されたマルテンサイト相が加熱されて母相に逆変態する時に起こることを説明しました。それでは、1項で示したト音記号のように、直線以外の形を覚えさせるにはどうしたら良いでしょう。

形状記憶合金が記憶できるのは母相の状態での形なので、母相で記憶させたい形状に設定します。

例えば、直線を記憶しているチタン・ニッケル合金の線材に、四つ葉のクローバーの形を覚えさせるとします。まず室温のマルテンサイト相の状態で線材をクローバーの形に曲げます。この変形はマルテンサイト相の双晶界面が移動する双晶変形で起こります。このまま温度を上げると形状記憶効果で直線に戻ってしまうので、クローバーの形にしっかり固定し、その状態で500℃くらいの温度に30分程度加熱します。

この時に、線材は母相に逆変態すると同時に直線に戻ろうとしますが、固定されているため戻ることができません。そのため、母相に戻ると同時にクローバーの形に固定され、その形を記憶します。これを室温に戻すとクローバーの形のままでマルテンサイト相に変態します。これを再びまっすぐに伸ばし、お湯に浸すと形状記憶効果でクローバーの形に戻ります。

このような形状を覚えさせる熱処理を「形状記憶処理」と呼びます。温度で形が変わる材料としては他にバイメタル（21項参照）がありますが、形状記憶合金ではバイメタルが不可能な三次元的な形状の変化も得る事ができます。

工業的に線材に直線形状を記憶させる場合は線材に張力をかけて加熱する方法が使われますが、これについては第2章で説明します。

要点BOX
- ●記憶を消して、新たな形を記憶できる
- ●新たな形に固定し、拘束加熱法で塑性変形
- ●形状記憶処理は熱処理で形状を覚えさせる

形状記憶処理

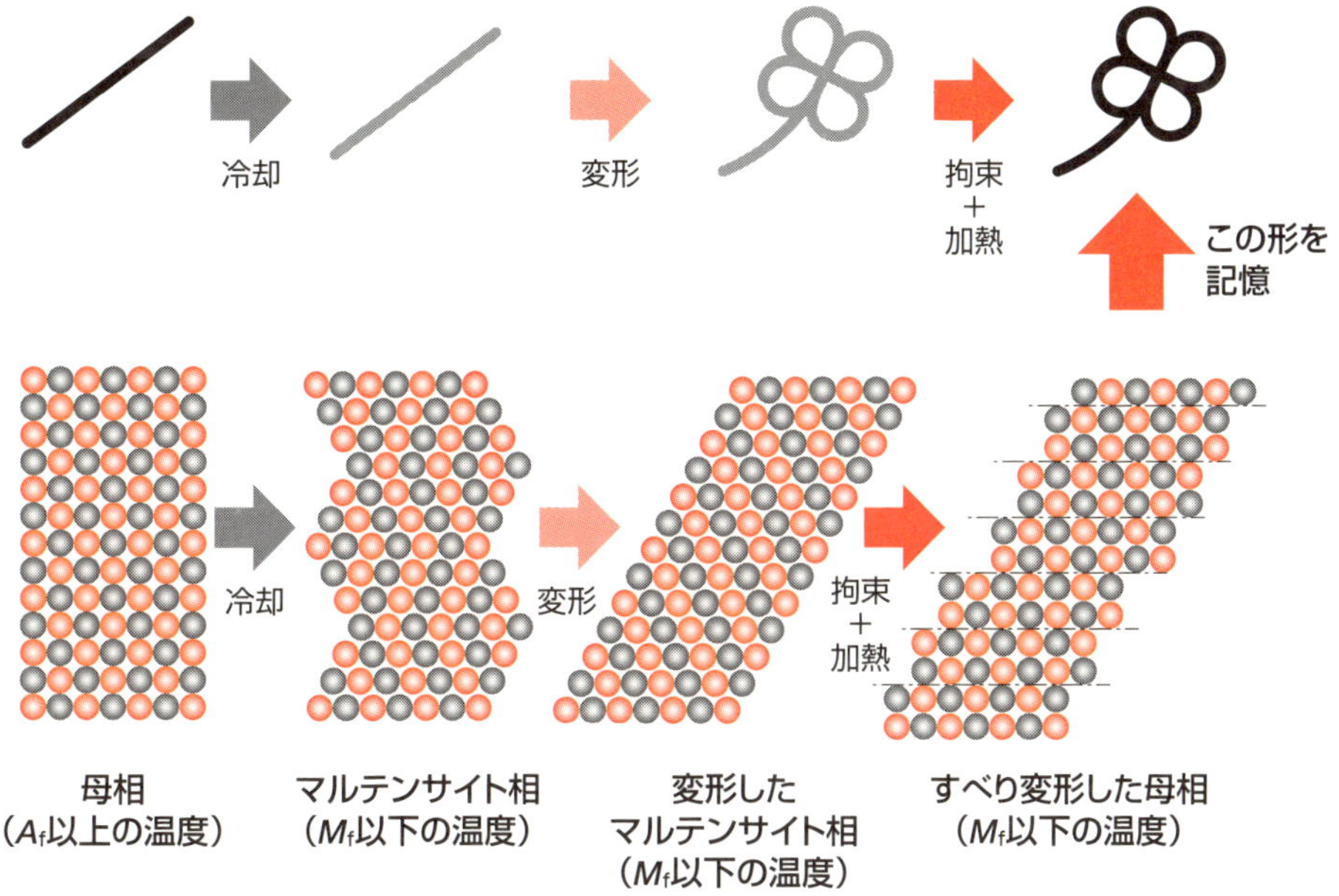

チタン・ニッケル合金フォイルの三次元的な形状変化

加熱前

加熱後

9 複数の形も記憶することができる

二方向形状記憶効果

これまで説明してきた形状記憶効果では形が変わるのは加熱の時だけ、つまりマルテンサイト相が母相へと逆変態する時だけでした。冷却する時、つまり母相がマルテンサイト相に変態する時にはひずみの自己調整のために形は変わりません。しかし、冷却する時にも形が変わるようになれば面白いのに、と思った人もいるかもしれません。これを「二方向形状記憶効果」といいます。

二方向形状記憶効果を実現するには冷却でできるマルテンサイト結晶の並び方と、向きをある特定の状態になるように制御する工夫が必要です。せん断の向きの異なるマルテンサイト兄弟晶が同じ割合になるのではなく、ある特定の向きのものが多く生成するようにすれば、冷却時にも形状変化が現れます。

試料の内部の応力を不均一にすると、その応力を緩和するようにマルテンサイトの結晶が並びます。このような不均一な内部応力を導入するには試料を変態ひずみ以上に変形して導入される転位を利用する方法や、析出物を利用する方法などがあります。この時の析出物の結晶構造は母相と違うので、その周囲の応力を不均一にします。

析出物を利用する方法では、試料をある形状に変形して拘束した状態で熱処理をします。この時、引張変形されているところにはその方向に引張応力を形成し、圧縮変形されている場所には圧縮応力を形成するように析出物ができます。その後、拘束を外して冷却すると析出物の周りはその応力を緩和するようにマルテンサイト相の結晶が並ぶので、形状が変化します。このように加熱と冷却の両方で形状が変化することが二方向形状記憶効果です。しかし、冷却で変化するひずみの量は小さく、また発生応力も小さいので実用では使われていません。冷却で形状変化させたい場合は24項で説明するバイアスばねと組み合わせて使う場合がほとんどです。

要点BOX
- ●二方向形状記憶効果はマルテンサイト結晶の並び方と向きの制御がポイント
- ●発生応力が小さいので実用化されていない

二方向形状記憶効果

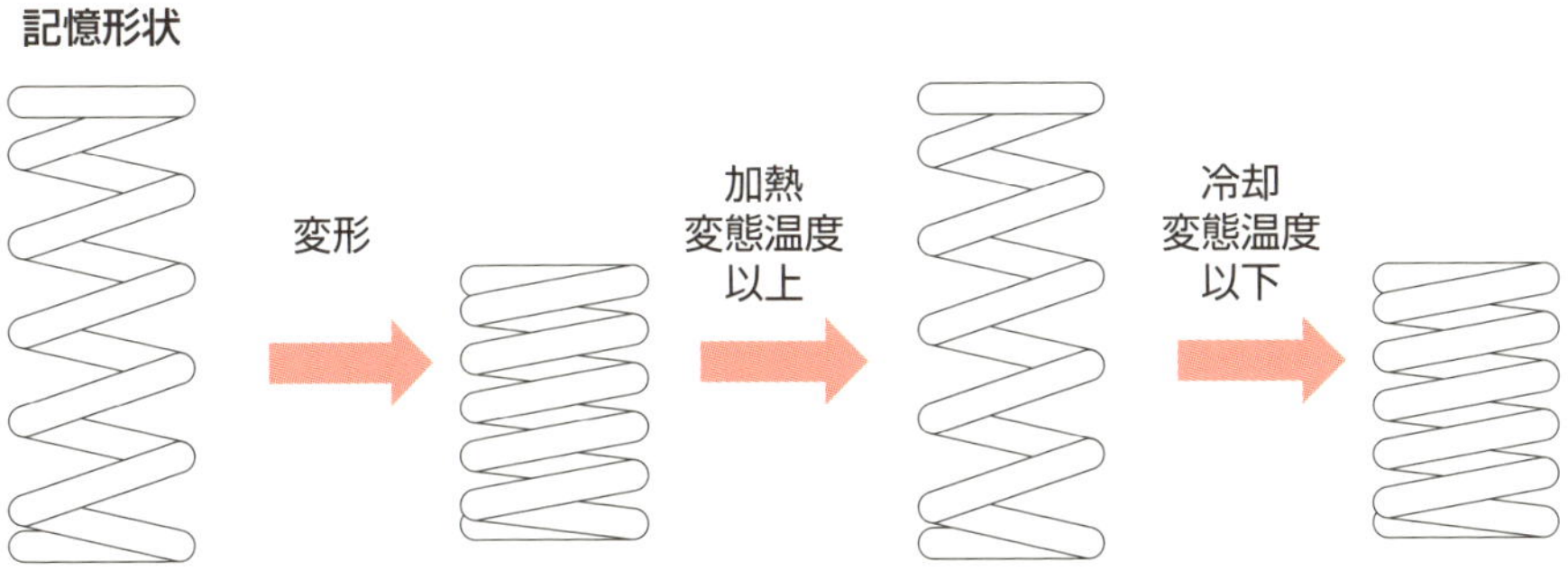

高温（母相）状態と低温（マルテンサイト相）状態の2つの形を記憶する

析出物を利用した二方向形状記憶効果

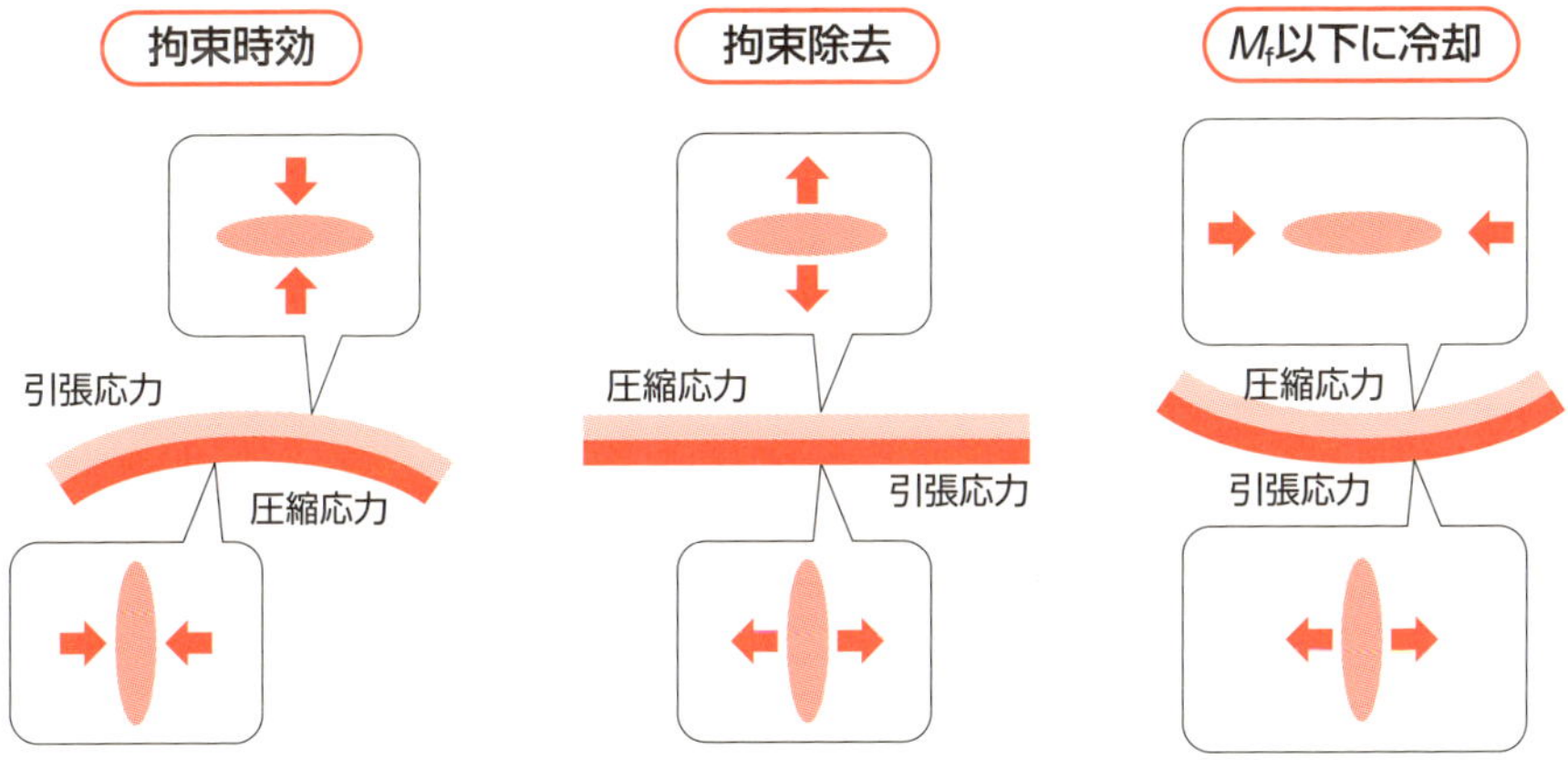

- 析出物の応力場を利用して冷却時のマルテンサイト兄弟晶の配列を制御
- 他に加工組織を利用する方法、トレーニング法などがある
- あまり大きな形状変化、出力は得られない

10 ゴムのように変形する金属

超弾性のメカニズム

形状記憶合金の変形挙動は温度に強く依存します。低温のマルテンサイト相の状態で変形すると加熱で形状回復する形状記憶効果を示しますが、マルテンサイト逆変態終了温度（A_f）より高い温度で母相を変形すると、除荷するだけで形状回復する現象を示します。これが「超弾性」という性質です。

超弾性は応力でマルテンサイト変態が誘起されることによります。通常の金属では弾性ひずみはおよそ0・1%で、それ以上変形するとすべり変形し、除荷しても塑性ひずみが残ります。しかし、超弾性ではチタン・ニッケル合金の線材で最大約8%程度と非常に大きな回復ひずみが得られます。

通常の弾性変形では応力とひずみの間に比例関係が成立しますが、超弾性の場合には図のように、ほぼ一定の応力（プラトー応力）で変形が進みます。プラトー応力は変態誘起応力に対応します。除荷する時は負荷時よりも低い応力で形状回復します。負荷時と除荷時のプラトー応力の違いを「応力ヒステリシス」と呼びます。このプラトー応力の存在が金属でありながら、あたかもゴムのようにしなやかに曲げることができるという感覚を与えます。超弾性も形状記憶合金の示すユニークな性質であり、眼鏡から医療機器まで、いろいろな分野で応用されています。

変形温度が高くなると、変態誘起応力も高くなります。一方、降伏応力は変形温度が高くなると低下します。ある温度を超えると降伏応力が変態誘起応力よりも低くなり、塑性変形する方が容易になるので超弾性は起こらなくなります。従って、できるだけ広い温度範囲で安定した超弾性を得るためには降伏応力を高くする必要があります。これには析出強化や加工硬化などの方法が用いられます。

この様に形状記憶効果も超弾性もマルテンサイト変態が関与しています。

要点BOX

- 応力によるマルテンサイト変態の誘起が要因
- 通常の金属は0.1%、超弾性合金は最大8%
- しなやかさの秘密は応力プラトー

形状記憶効果と超弾性

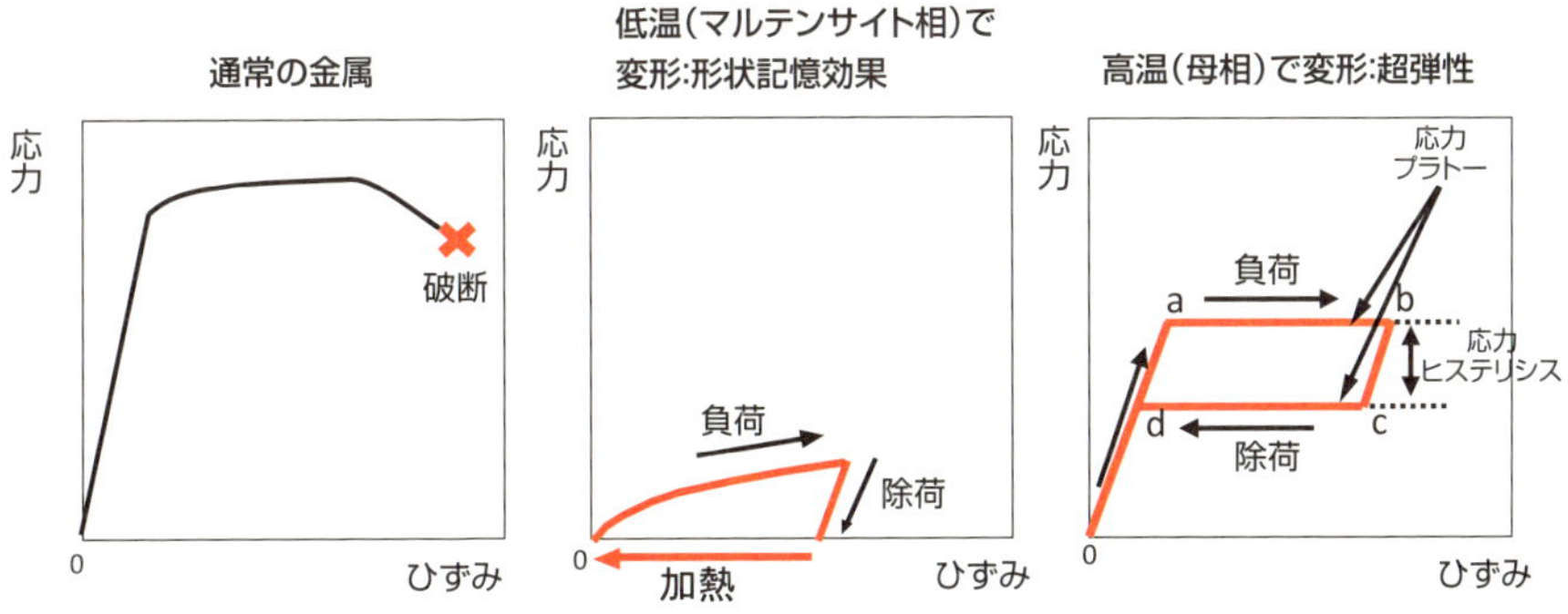

超弾性=応力誘起マルテンサイト変態

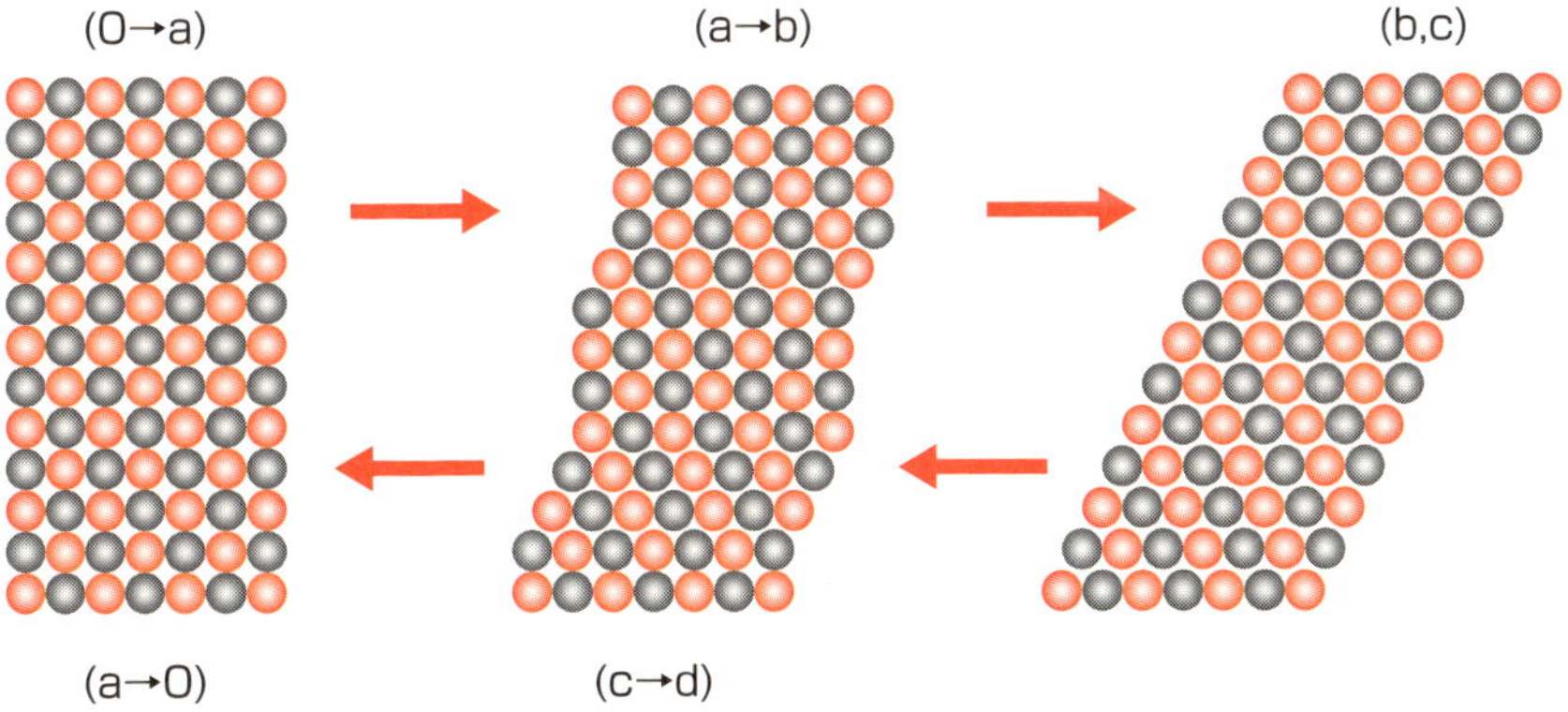

応力の方向に最も大きなひずみを与える兄弟晶が優先的に生成する

用語解説

析出強化:熱処理によって母材中に微細な粒子を析出させる事で転位の運動を妨げ、材料の強度を高くすること。

11 金属にもボケがある

形状記憶合金の劣化

材料に繰り返してひずみや応力を負荷し続けた時に性能が低下する現象を「疲労」といいます。通常の金属材料は主としてすべり変形の効果のみを考えれば良いのですが、形状記憶合金の疲労はひずみや応力だけではなく温度の変化を同時に与える場合もあり、塑性変形以外にも熱誘起や応力誘起のマルテンサイト変態が関与するので非常に複雑です。

形状記憶合金の線材に一定応力下での熱サイクルで形状記憶効果を繰り返すと、回復するひずみ量が低下します。この傾向は試験初期で特に顕著です。また、コイルばねに一定ひずみを与えた状態で熱サイクル試験すると、次第に形状回復量や回復応力が低下します。また、ひずみが大きいほど疲労寿命は低下しますし、加熱温度が高すぎたり加熱時間が長すぎたりしても劣化します。形状記憶合金にも記憶を失うボケが生じるのです。

超弾性の繰り返しでも同様な特性の低下が起こります。この場合はサイクル数とともに変態誘起応力が低下し、残留ひずみが増加することが知られています。これらの特性の劣化は、温度や応力サイクルでマルテンサイト変態、逆変態を繰り返すことで材料中に転位などの欠陥が導入されるためと考えられます。欠陥はマルテンサイト相が優先的に生成する場所となると同時に、変態中の母相とマルテンサイト相の界面の移動を妨げます。また、繰り返し数が増えてくると結晶粒界などへの応力集中を引き起こし、疲労破断につながります。

繰り返しても安定した形状記憶効果や超弾性を得るために、変態ひずみの小さなマルテンサイト相（12 項で述べるR相、O相など）や、形状記憶処理の際に生じる析出物を使って母相の強度を上げるなどの工夫がされています。ショットピーニングなどによって表面に残留応力を入れることも、疲労寿命の向上に有効であるという報告もあります。

要点BOX

- 疲労の要因はひずみ、応力、温度の変化など
- 疲労によって記憶は失われる

温度サイクルによる発生ひずみの変化

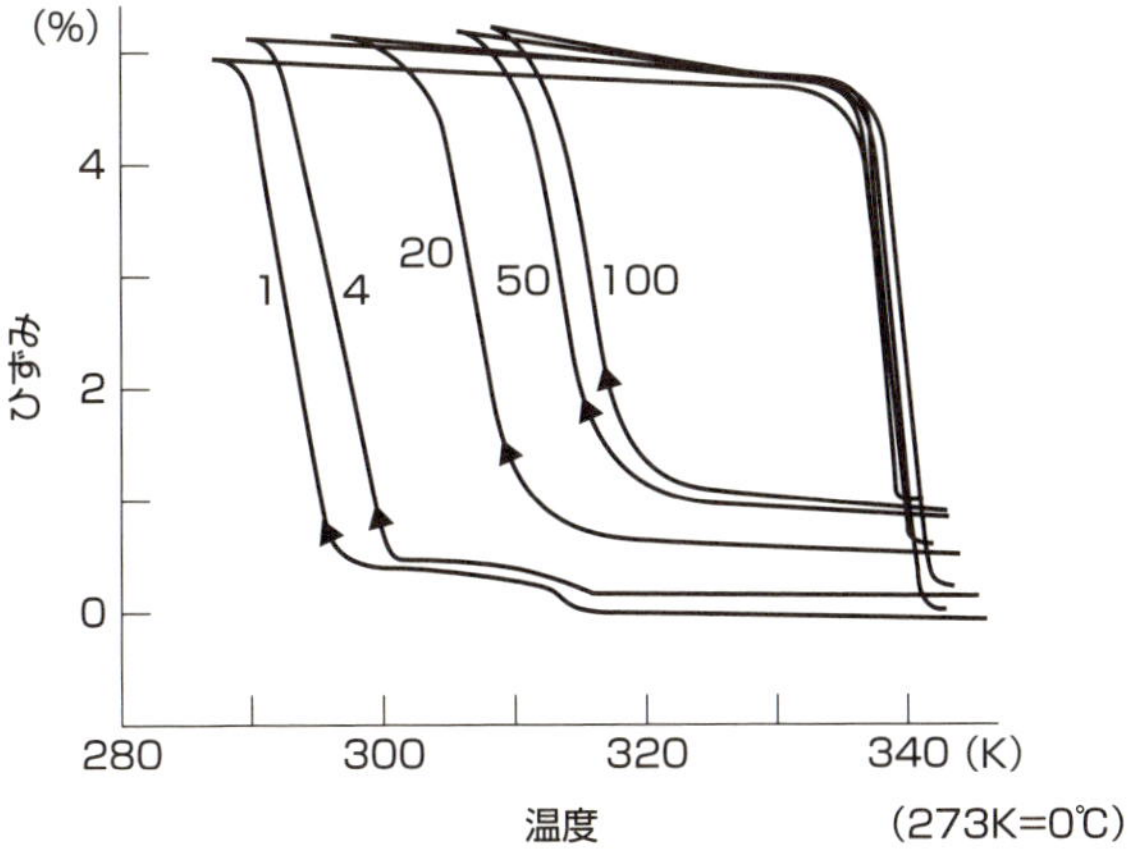

チタン･ニッケル合金を200MPaの応力下で温度サイクルした時のひずみの変化(数字はサイクル回数)

コイルばねの疲労による回復力の低下

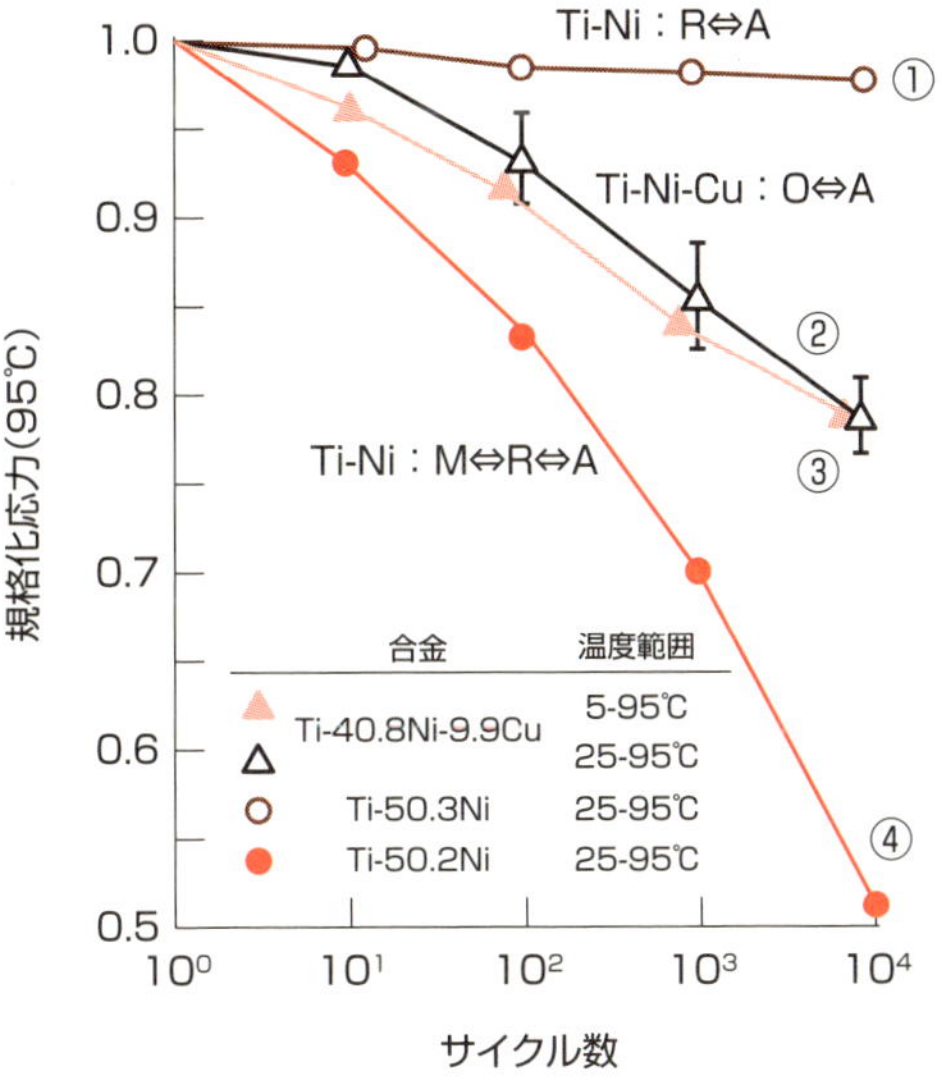

一定ひずみ下での温度サイクル試験の結果
①R相、②③O相、④B19'相

Column

形状記憶特性は会議室で発見された?!

「チタン・ニッケル」、「ニッケル・チタン」、「ニチノール」、「ナイチノール」、「ニッチ」。これほど呼び名が多い金属は珍しい。「チタン・ニッケル」は成分を表していると容易に想像できますが、「ニチノール」、「ナイチノール」とも呼ばれるのはなぜでしょうか。

その答えは、この金属の開発秘話まで遡ることになります。

形状記憶合金は、研究者が「形を記憶する金属を作りたい!」と思って開発されたものではありません。元々、アメリカ海軍兵器研究所で対潜水艦攻撃用ミサイルの先端部に使用する金属として、いくつかの候補の1つに耐衝撃性に優れたチタン・ニッケル合金が選定されました。研究者のビューラー（William J.Buehler）は、チタン・ニッケル合金に非常に靭性があることを知り、さらに研究を進めたところ、温度変化で音響減衰が変化するという驚くべき現象を発見しました。冷えたチタン・ニッケル合金の棒を叩くと鈍い音、熱した状態で叩くとベルのような高い音がします。この現象は、チタンとニッケルが1対1の原子比で組成されている場合が最も顕著であることも分かりました。その後、組成による硬さの変化や金属組織観察などが行われましたが、形状記憶特性の発見には至りませんでした。では、どのようにして発見されたのでしょう。

ある会議室での出来事でした。チタン・ニッケル合金の薄板をアコーディオン形状に折り曲げて出席者に回覧しました。チタン・ニッケル合金は急速な圧縮と引張りを繰り返しても破断しないことを見せて、材料の柔軟性と疲労特性が優れていることを示すつもりでした。その時です。出席者の1人が何を思ったのか、このサンプルにライターの火を近づけたのです。すると、ものすごい勢いで瞬間的に元のまっすぐな状態に戻りました。これが、形状記憶特性の発見です。実にユニークな大発見だと思いませんか。科学は、時にこうした偶然によって思わぬ発展を遂げ、我々の生活を便利にしているのです。

ニチノールは、実は商品名なのです。「ニ」はニッケル（Nickel）、「チ」はチタン（Titanium）、「ノール」はアメリカ海軍兵器研究所（U.S. Naval Ordnance Laboratry）の頭文字から、英語で「NITINOL」と書きます。これはビューラーが命名しました。このNITIを「ナイチ」と読み「ナイチノール」とも呼ばれます。

第2章

形状記憶合金のつくり方

12 形状記憶合金の代名詞

チタン・ニッケル合金について

形状記憶特性を有する合金は数十種類にのぼりますが、実用事例のほとんどはチタン・ニッケル合金によるものです。これは、この合金が他の形状記憶合金に比べて形状記憶効果や超弾性特性に優れているからです。また、強度や耐食性、耐摩耗性、さらには冷間成形性にも優れ、チタン・ニッケル合金は形状記憶合金の代名詞ともなっています。

チタン・ニッケル合金は、ほぼ同量のチタン原子とニッケル原子によって構成されています。上図のようにニッケル濃度の増加とともに変態温度が低下し、実用的にはニッケル濃度が50から51 at%程度の組成が用いられています。

この合金の高温域での結晶構造は、オーステナイト相（B2相）と呼ばれます。温度を下げるとマルテンサイト相に変化しますが、この合金のマルテンサイト相には2種類あります。まず現われるのがR相、さらに温度を下げた時に現れるのがB19'相です。圧力を増加させた際にもこの順番で結晶構造が変化します（下図）。

5 10項で説明したように、形状記憶効果や超弾性効果は合金の相変態によるものです。オーステナイト相とB19'相では図に見られるように結晶構造がかなり異なるため、外部から力が加えられた状態でオーステナイト相⇔B19'相の相変態が生じるとわずかに原子が移動します。この繰り返しによって、チタン・ニッケルの形状や特性は変化してしまいます。

一方、R相は、結晶構造がオーステナイト相に近いことから、オーステナイト相⇔R相の相変態は、可逆性に非常に優れ、10万回以上の相変態を経ても形状や特性がほとんど変化しません。この驚異的な可逆性をもたらすR相の存在のために、チタン・ニッケル合金は他の形状記憶合金に先立って広く実用化されることになりました。

要点BOX
- ●超弾性特性、強度、耐食性に優れる
- ●ほぼ同量のチタンとニッケルで構成
- ●10万回の相変態でも形状・特性は変化しない

ニッケル濃度と変態温度

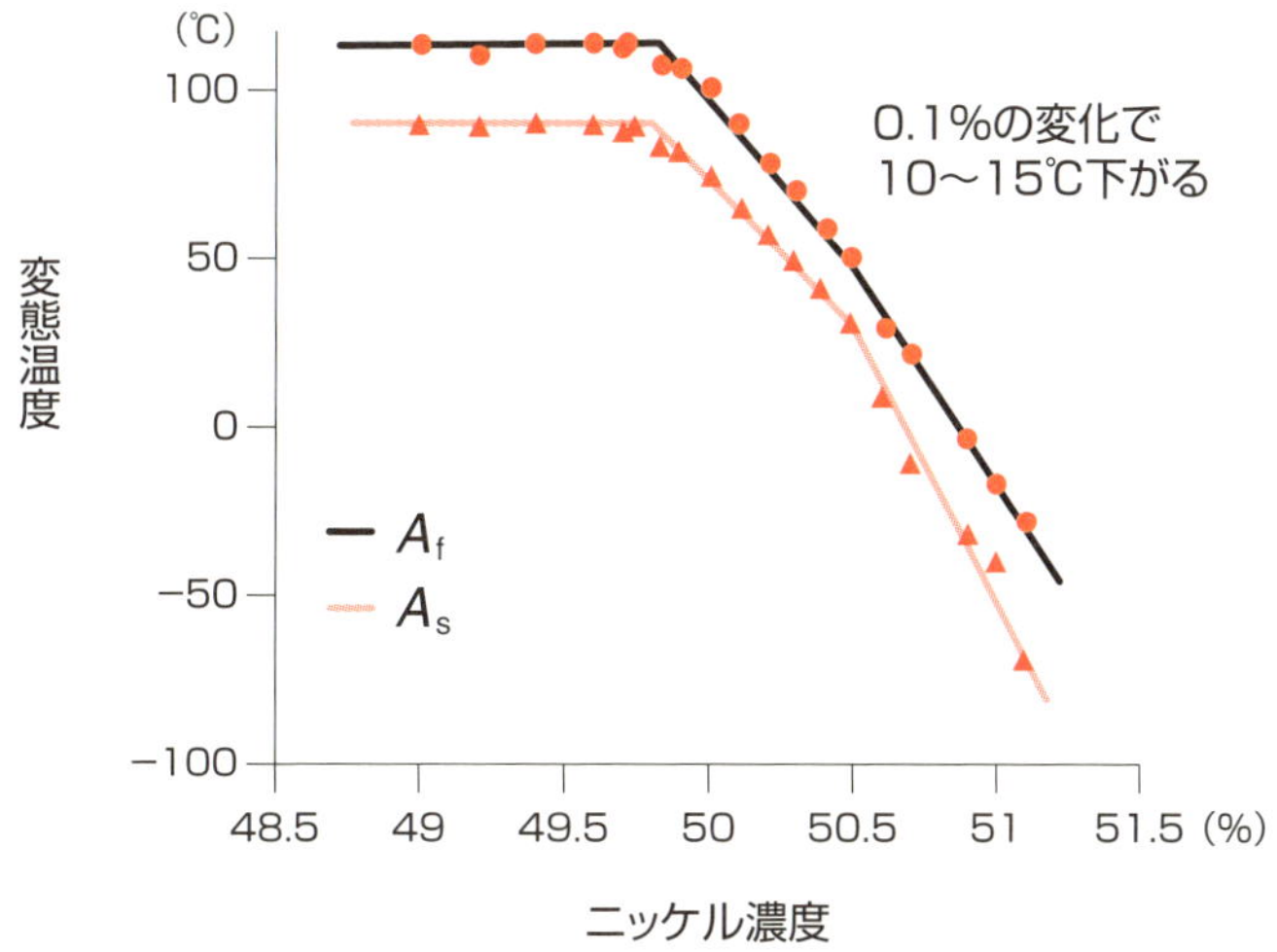

チタン・ニッケル合金の相変態

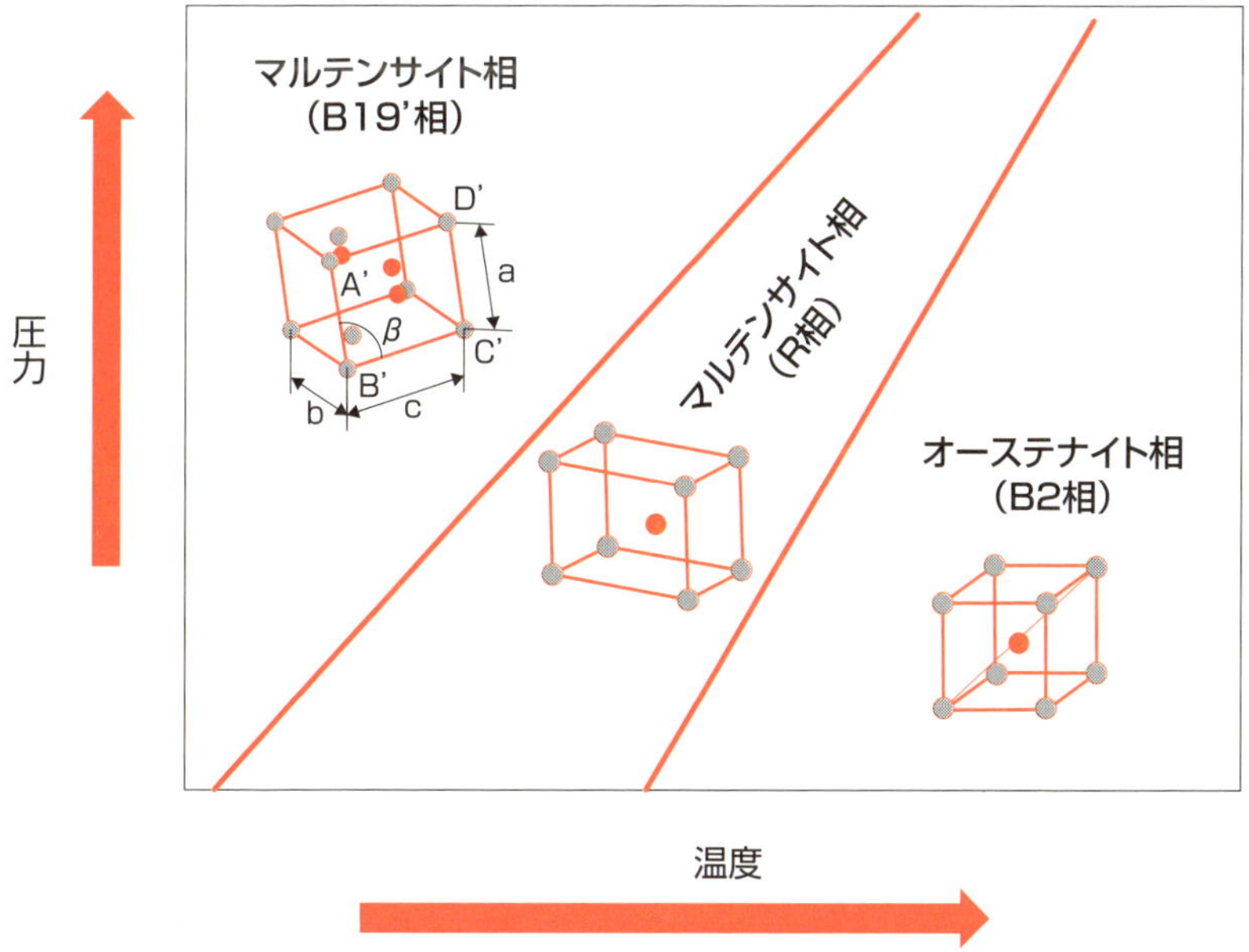

13 チタン・ニッケル合金のファミリー

チタン・ニッケル系多元合金

チタン・ニッケル合金は12項や16項に示すようにチタンとニッケルの比率や形状記憶処理で特性を調節できますが、さらに第三元素を添加すると、より大きく特性を変えることができます。

クロムやバナジウム、また鉄やコバルトの添加は変態温度を下げる効果があります。チタン・ニッケル合金のニッケル濃度を高くしても変態温度を下げることはできますが、実用的な形状記憶処理条件ではTi_3Ni_4が析出し変態温度が上昇するので、眼鏡部品や超弾性ばねなどには、前述の変態温度低下元素がしばしば添加されます。

また、これらの添加元素は超弾性が発現する応力、すなわち「マルテンサイト変態誘起応力」を特に高めます。このため、医療用ガイドワイヤにおいて、硬い感触が要求される場合に用いられることがあります。

銅を添加すると、マルテンサイト相が「O相」と呼ばれる弾性率が極めて小さい結晶構造になります。このため、温度変化による発生力の差を大きく取りたい場合などに利用されます。また、チタン・ニッケル合金は高い繰り返し能力が特徴ですが、12項で説明したB19'相が低温域で現れると繰り返し能力が低下することが問題です。B2相⇔O相変態は、B2⇔B19'相変態よりも耐久性に優れるため、チタン・ニッケル合金ではB19'相が生じやすい作動温度（A_f）が60℃以上の製品に用いられる場合があります。

ニオブの添加は、温度ヒステリシス（昇降温時の変態温度の差）を大きくします。パイプの継手に使用した場合、一旦加熱して締結力を高めると、温度が室温まで下がっても締結力が低下しません。

また、パラジウム、ジルコニウム、白金の添加は変態温度を著しく上昇させます。これらの応用開発については62項で説明します。

要点BOX
- ●添加元素によって特性が変化
- ●変態温度、硬化、締結力などの調節に利用

TiNiCuばねの発生力の一例

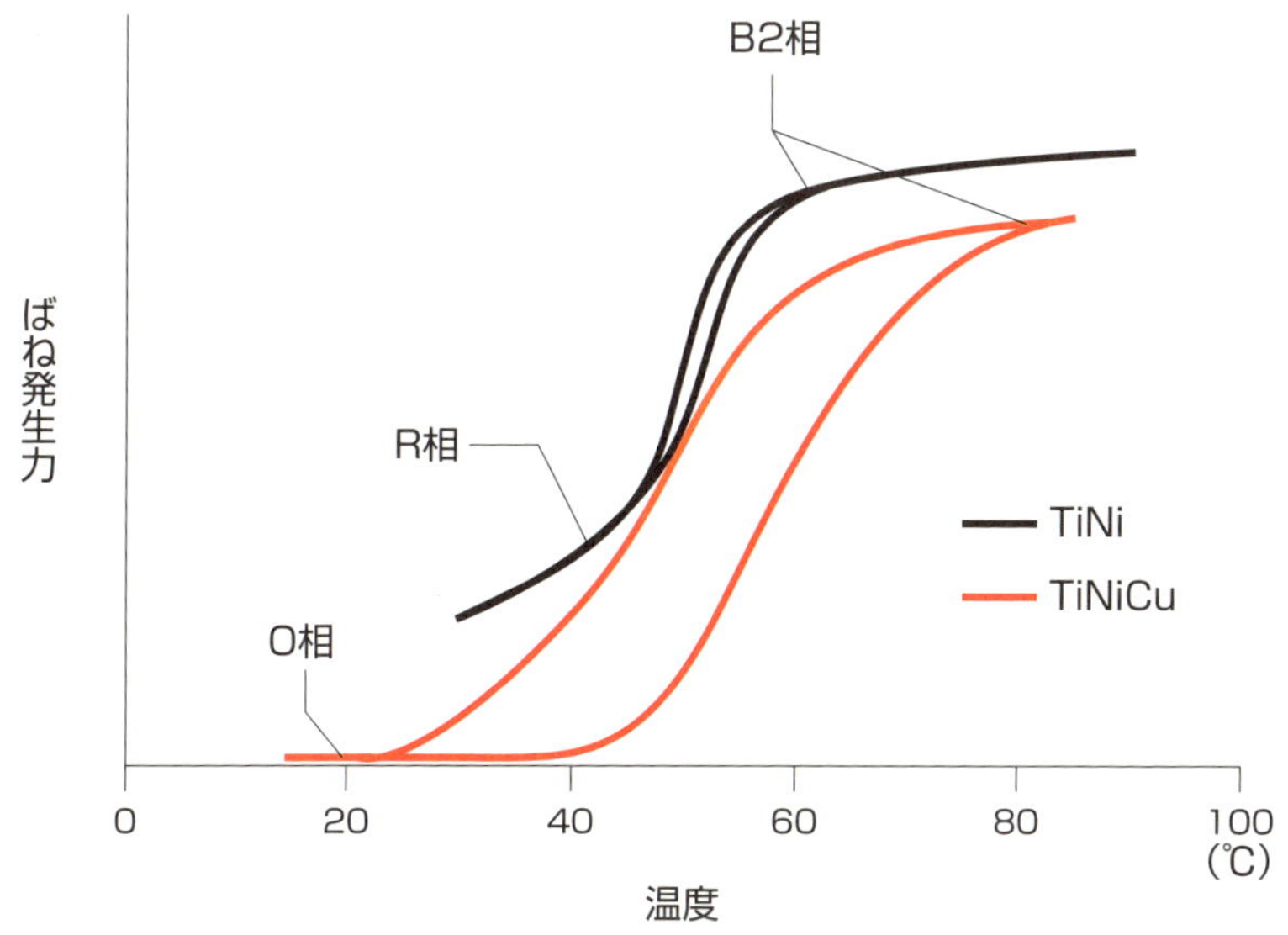

添加元素と変態温度

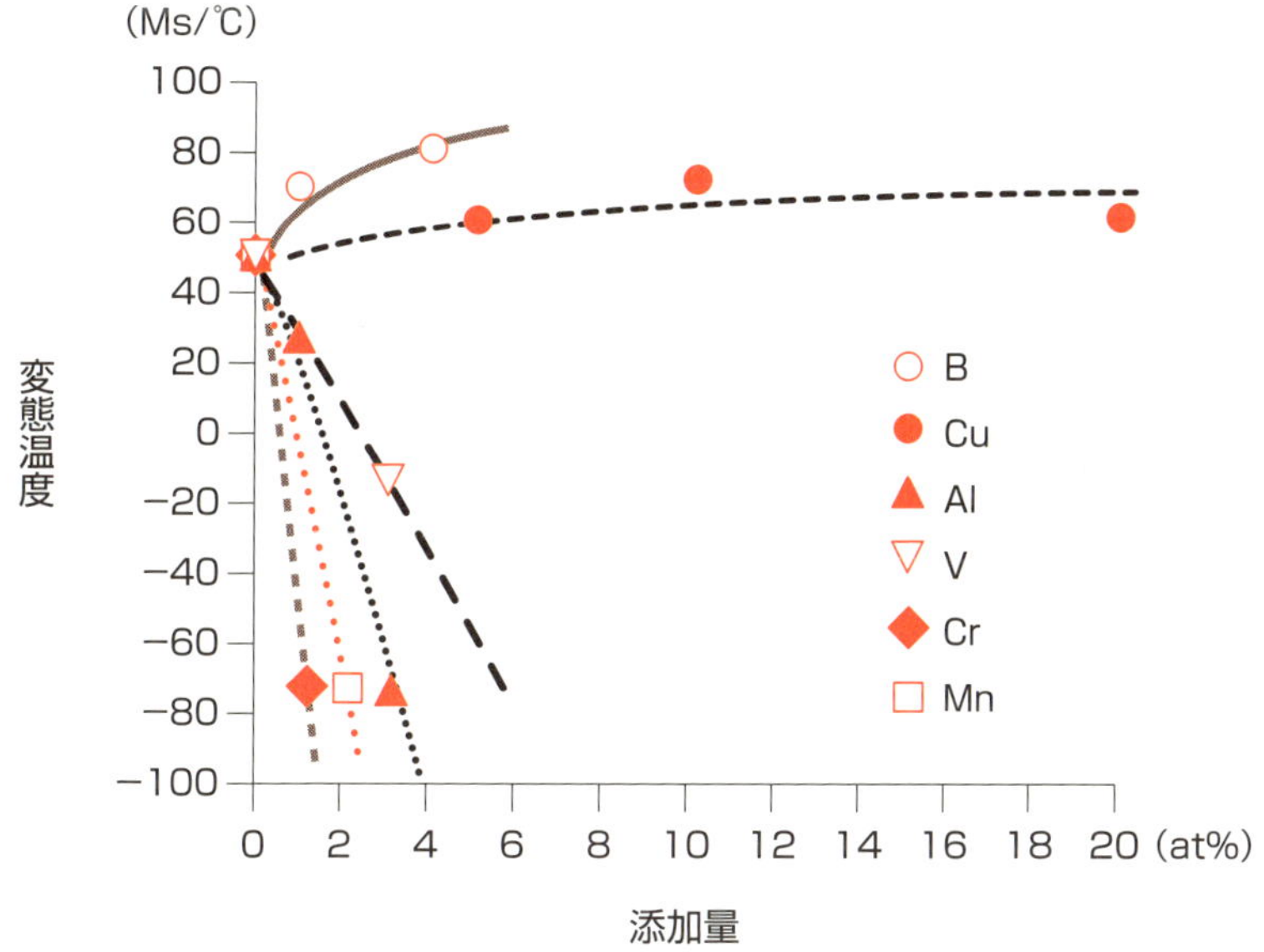

14 酸素や窒素と反応させないために

チタン・ニッケル合金の溶解プロセス

不思議な形状記憶合金も、鉄鋼や銅合金などと同じように溶かして固めて、高温で伸ばして、室温で形を整えて作られます。少し違うのはその溶かし方と、最後に形状記憶処理という加熱処理を加えることです。

それでは、溶かし方について見てみましょう。ここで大切なのは成分を正確に調整することです。形状記憶合金にとって結晶構造が変化する変態温度はとても重要ですが、ニッケル原子と結びつくチタン原子の割合が0・1％少なくなると、変態温度が10℃から15℃も下がってしまうのです。チタンは酸素や窒素ととても相性の良い元素なので、空気中で溶かすと酸素原子や窒素原子と結びついて酸化チタンや窒化チタンといった化合物が生じます。酸化チタンのような化合物が多量に生成すると、ニッケルと結合するはずのチタン原子が足りなくなって、狙いの変態温度が得られません。このことから、溶解時に空気と接触させないことがいかに大切か分かります。

工業的には真空高周波溶解炉という設備が一般的に使用されます。密閉した容器から真空ポンプで空気を吸い出して真空状態にし、この中でチタンとニッケルを溶かして混ぜ合わせ、さらにこの真空容器の中で冷やし固めてインゴット（鋳塊）にします。

通常の金属の溶解の際には器である「るつぼ」に酸化アルミが使用されますが、チタン・ニッケル合金の溶解の際には、チタンがこの酸化物から酸素を奪って自身の酸化物を形成することを防ぐため、黒鉛やチタンよりも酸素と相性が良い酸化カルシウム製のるつぼを用います。また、鋳型に付着した水分も酸素源になるので、事前の加熱による水分除去も大切です。溶解中にチタンが酸素や窒素と反応しないように、いろいろな工夫がなされています。

要点BOX
- ●0.1％で変態温度が10〜15℃変化する
- ●酸素や窒素に接触すると化合物が生じる
- ●黒鉛、酸化カルシウム製のるつぼも使用

真空高周波加熱炉

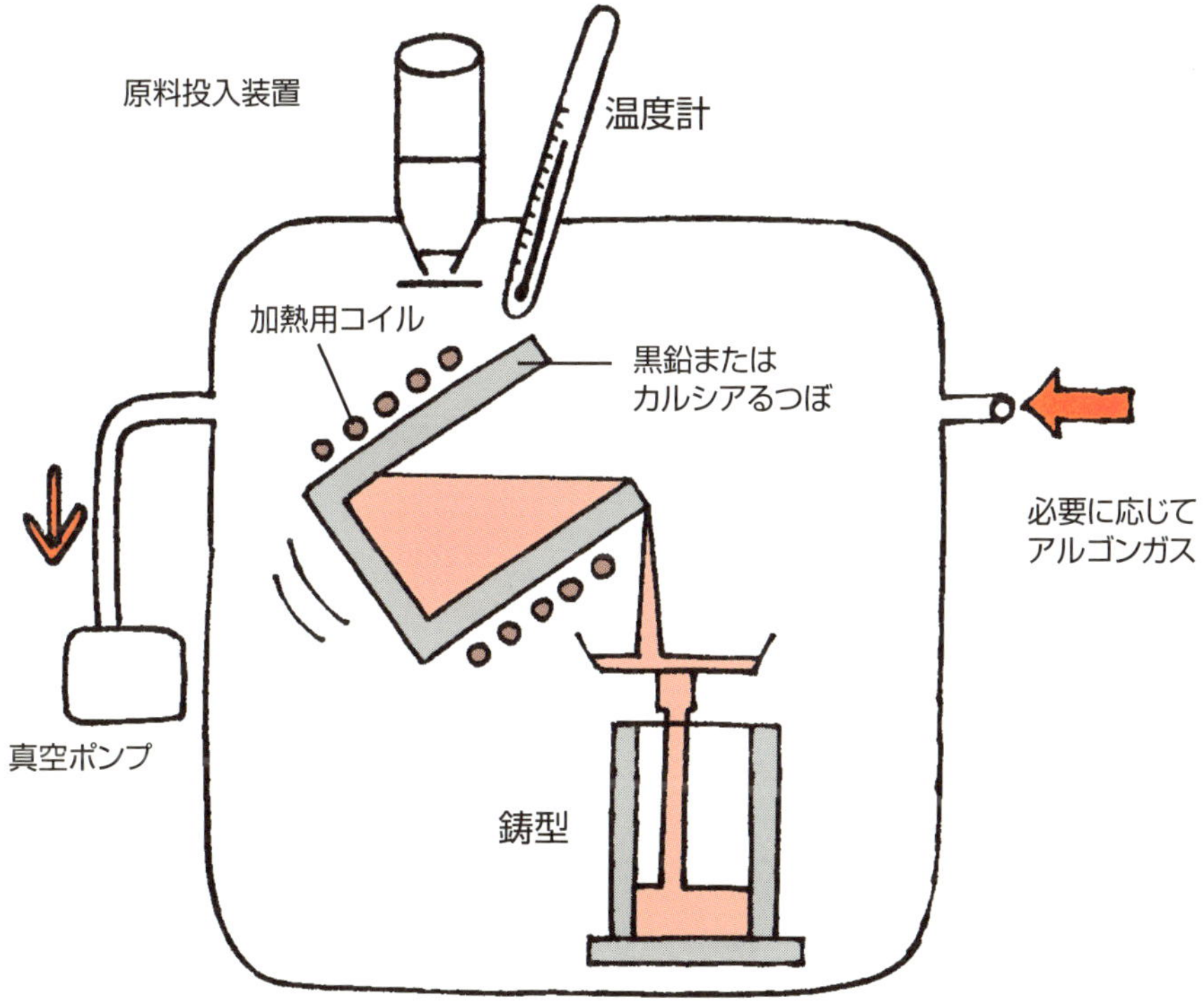

15 「温めて冷やす」の加工プロセス

熱間加工と冷間加工

チタン・ニッケル合金のインゴットは直径数十㎝の大きさですが、製品は一般的に直径3㎜以下の線材や管です。通常の金属と同じように加熱して伸ばし、さらに室温で形を整えるといった加工作業が必要です。

チタン・ニッケル合金は900℃まで加熱すると強度が10分の1以下程度まで下がるので、大きく変形させたい場合には、加熱した状態で力をかける「熱間加工」が便利です。溶解とは異なり、熱間加工は大気中で行うことができます。加熱することによって表面に酸化皮膜が形成されますが、固体のチタン・ニッケル合金の表面に生じる酸化皮膜はとても緻密で酸素が通りにくく、材料内部は酸化されにくいからです。熱間加工にはハンマーやプレス機を用いる「鍛造」と、ロールを用いる「圧延」があります。前者は粘土を上から押さえつけて変形させるようなイメージです。後者は材料を2本のロールの隙間に通すことで、隙間の寸法まで材料を変形させます。

一方、熱間加工は加工の寸法精度が低いことや、表面に生じる厚い酸化皮膜が製品の表面状態として適さないことなどにより、熱間加工後には室温付近での加工、すなわち「冷間加工」を行います。冷間加工でも鍛造や圧延が利用できますが、特に線材製造の場合には、「伸線ダイス」と呼ばれる工具を使用します。入口よりも出口が小さい穴に線材を通すことで、その直径を小さくする方法です。材料に穴をあけて芯材を挿入して、伸線加工後に芯材を引き抜くことで管が製造できます。また、線材を圧延で平たくつぶしたのが角線です。

チタン・ニッケル合金は冷間加工によってどんどん硬くなるので、一定以上の冷間加工を進めるためには、一旦加熱して材料を柔らかくする「焼鈍処理」が必要です。熱間加工や焼鈍によって生じた表面の厚い酸化皮膜は、冷間加工の工程中において酸洗や研削によって除去します。

要点BOX
- ●900℃まで加熱すると強度は10分の1以下に
- ●熱間加工には鍛造と圧延がある
- ●冷間加工を組み合わせて加工する

プレス機を用いた熱間鍛造

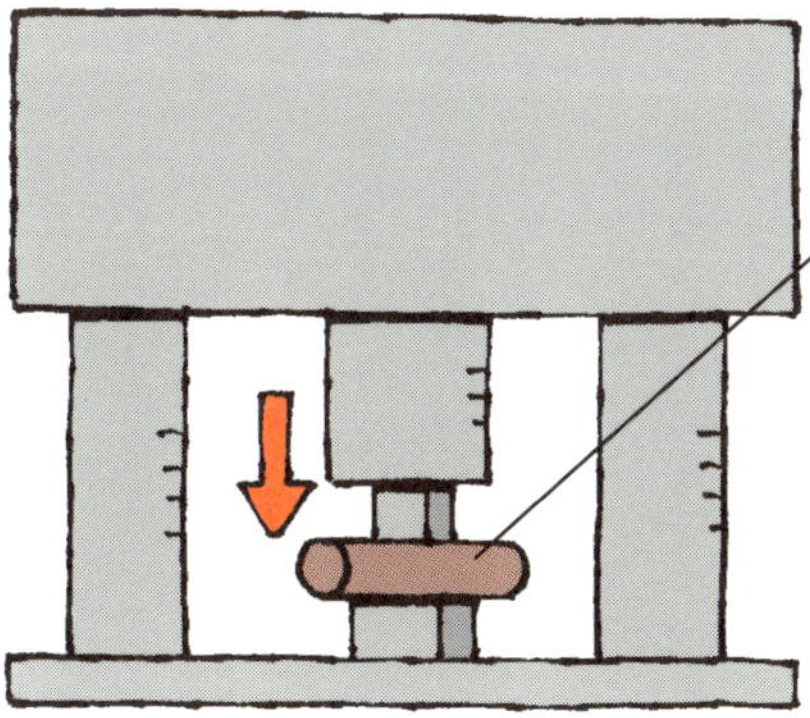

ロールを用いた熱間圧延

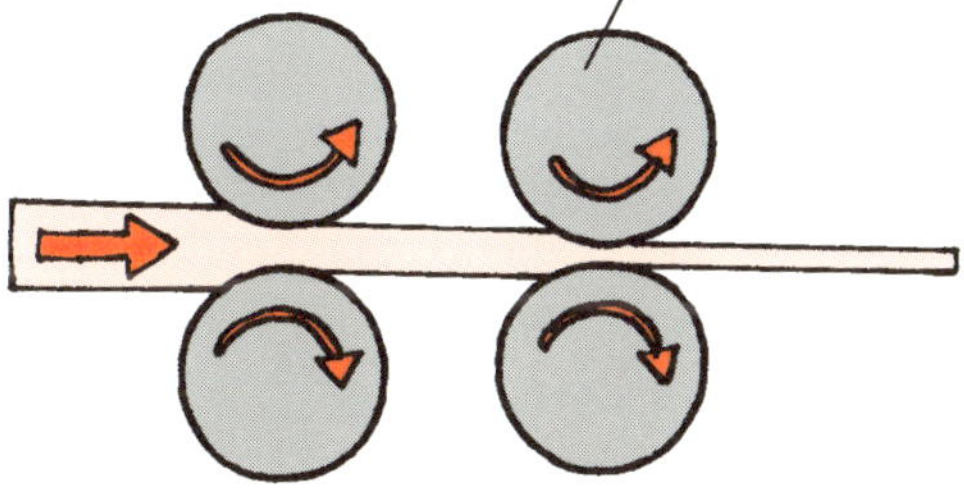

伸線ダイスを用いた冷間伸線加工

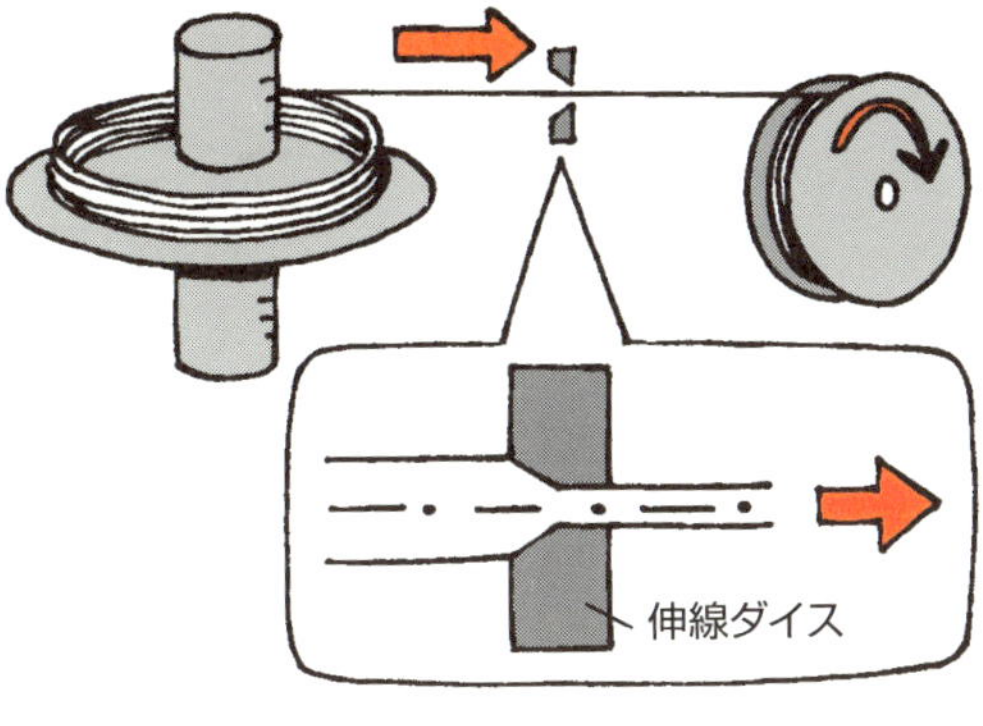

16 製品の形と変態温度を決める最終処理

形状記憶処理

チタン・ニッケル合金を記憶させたい形状に拘束して400～500℃の温度で加熱する、その名も「形状記憶処理」は、形状記憶合金の製造において最も特徴的な処理です。この形状記憶処理によって、形状記憶合金製品の形や特性が決まるのです。

チタン・ニッケル合金の線材を曲げて加熱する場合を考えてみましょう。図1はチタン・ニッケル合金線を曲がったパイプに入れた状態を表しています。マルテンサイトのチタン・ニッケル合金線を曲げると双晶変形、すなわち結晶の向きがそろう変形が生じます。少し温度を上げると結晶構造がオーステナイト相になり、元の形状に戻るのが形状記憶効果ですが、拘束されている場合は元の形には戻れず、外力に対抗する内部の応力が発生します。さらに、400℃程度まで加熱されるとチタン・ニッケル合金の原子は移動しやすくなり、内部の応力を小さくする方向、つまり無理な結晶のひずみがなくなるような方向に移動します。冷やした後もこの結晶の状態は保持されるので、この形状が原子にとって最も無理のない形状、つまり「記憶された形状」となるのです。

また、形状記憶処理で変態温度が調整できます。ニッケル量が50％以上のチタン・ニッケル合金では400～500℃の範囲において温度が低いほどニッケルを多く含んだ化合物（Ti_3Ni_4）が析出しやすく、結果として、B2相の中のニッケルが減少して変態温度が高くなります。

実例を見てみましょう。まずはコイルばねです。例えば、図2のように鉄製の丸棒の周りにチタン・ニッケル合金線を巻き付け、両端をクランプで固定した状態で形状記憶処理を行うと、らせん形状を記憶します。これを切り分けるとばねの完成です。直線形状が必要な場合は、図3のようにチタン・ニッケル合金線を引張りながら直線炉で加熱することで、連続的に直線記憶させることができます。

要点BOX
- ●400～500℃の加熱により形状を記憶
- ●形状記憶処理で変態温度の調節も可能

図1　形状記憶処理

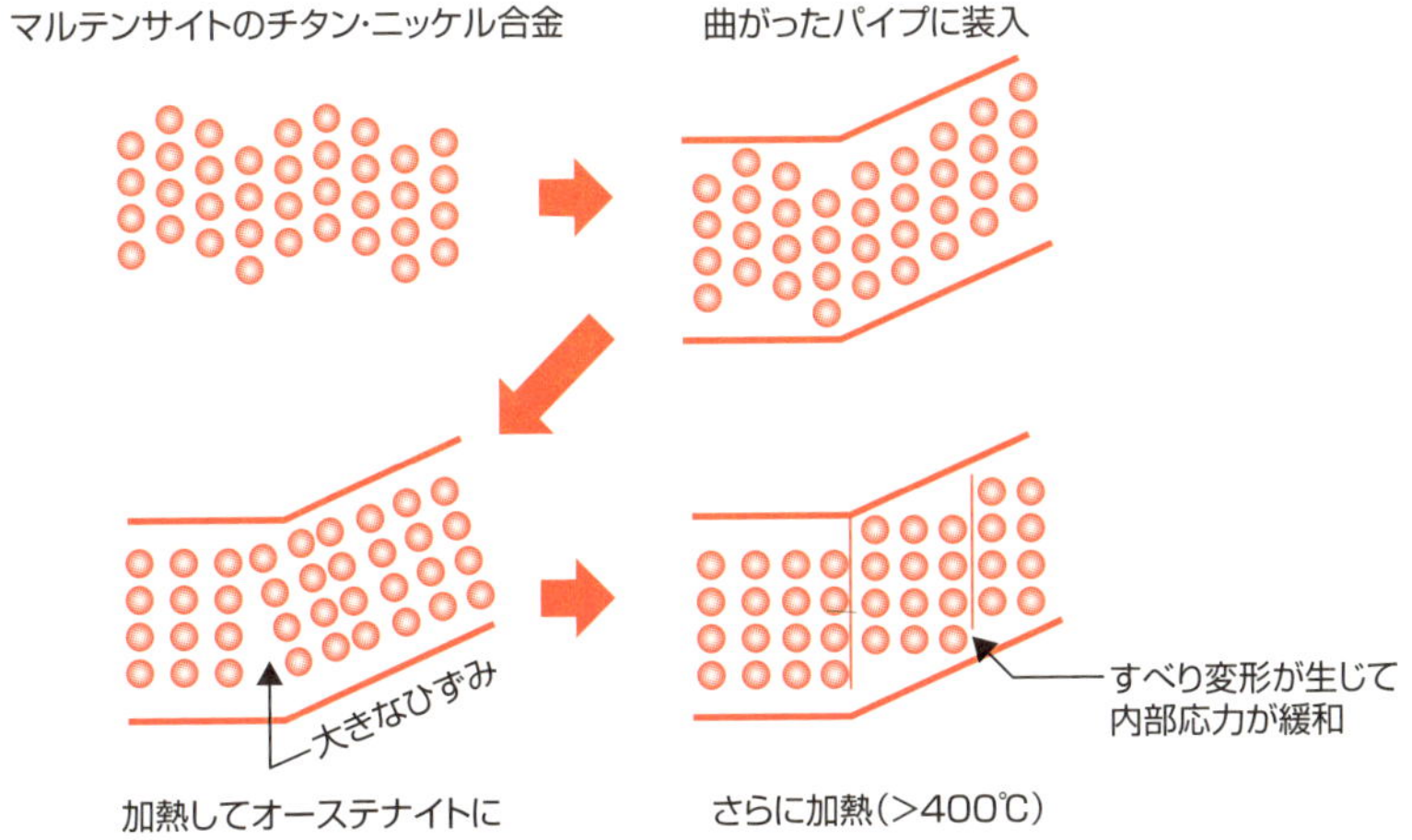

図2　ばねの形状記憶処理(芯金を用いた方法)

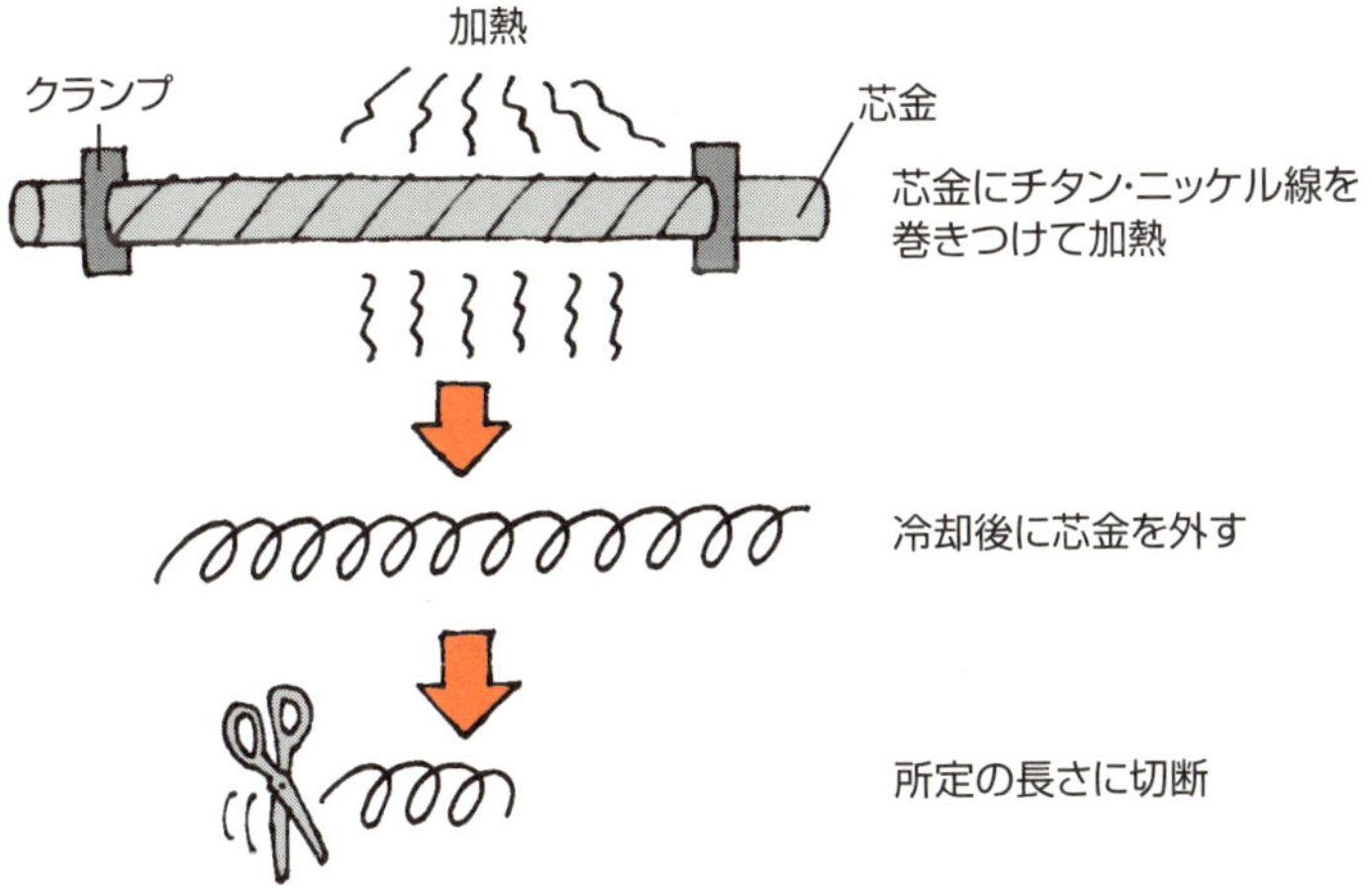

図3　直線記憶処理

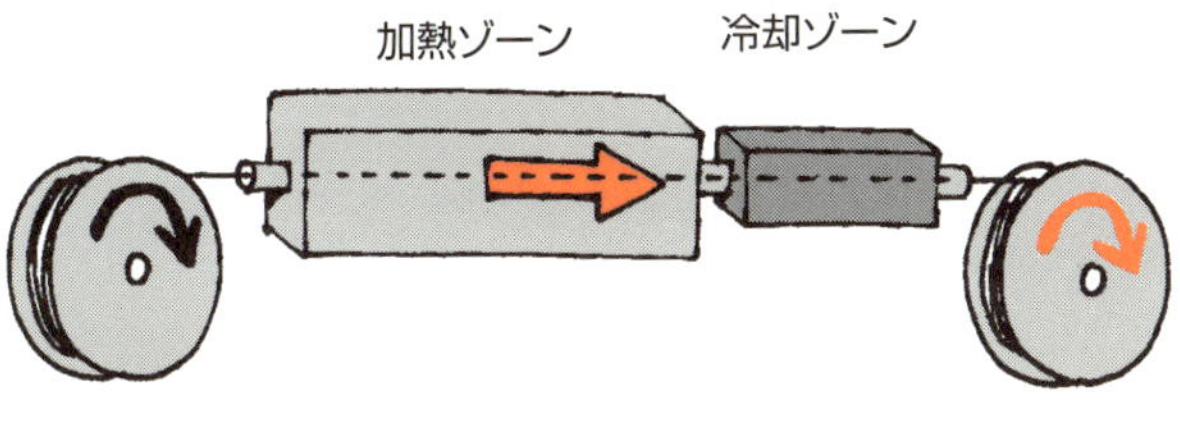

17 厚さ数ミクロンの薄膜

スパッタ膜の特性と応用

厚さ数㎛の形状記憶合金の薄膜は1990年頃から盛んになってきたマイクロマシン（MEMS）の微小なパーツを動かすアクチュエータとして注目され、研究開発が進められています。このような薄膜の作製にはスパッタリングが使われます。

装置を高真空にした後、微量のアルゴンガスを流してターゲット（チタン・ニッケル合金の板）に電圧をかけるとイオン化したアルゴンガスはターゲットに向かって加速され、衝突します。その際にターゲットから飛び出したチタンやニッケルの原子が対向して置かれた基板（例えばシリコンウエハ）に堆積することによって、合金の薄膜ができます。成膜速度を上げるためにターゲットの下に磁石を置いたマグネトロンスパッタリング装置では、1㎛の厚さの薄膜を10分程度で作ることができます。

スパッタリングで作製した薄膜は形状だけでなく組織や特性においても、鋳造で作った合金と異なる特徴を持っています。この膜は非晶質になっているので、結晶化のための熱処理が必要です。

この低温での熱処理によって①粒界析出物の抑制②粒径の微細化③非平衡相の形成④微細な析出物の均一な分散を実現することができます。また、⑤鋳造材に見られる介在物も存在しないことから、普通の合金に比べて優れた機械的特性（高い延性や強度）と形状記憶特性（安定した形状記憶特性、大きい変態ひずみと発生力）を示します。また、最近は疲労特性や耐食性にも優れていることが注目されています。

薄膜の用途として、マイクロポンプやマイクロバルブなどのアクチュエータだけでなく、超弾性を利用した脳動脈用ステントやステントカバーなどの医療分野への応用が検討されており、形状記憶合金の新しい応用分野の開拓が期待されています。

要点BOX
- 形状記憶合金の薄膜は形状記憶特性や機械的特性に優れる
- MEMSや医療など新しい応用に期待

スパッタリングによる薄膜作製

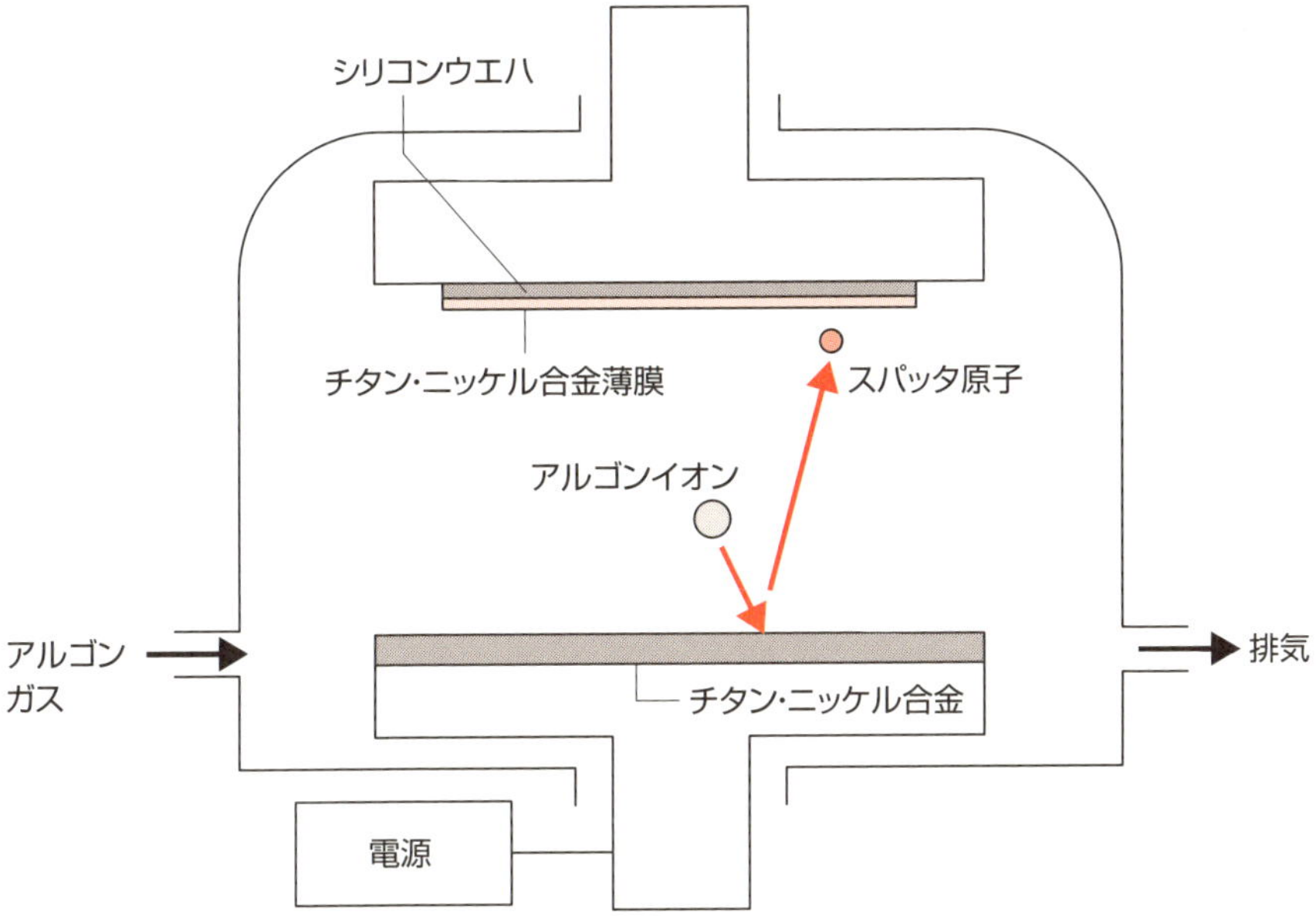

形状記憶合金薄膜アクチュエータの種類と応用

（MEMSの微細加工技術によって作製）

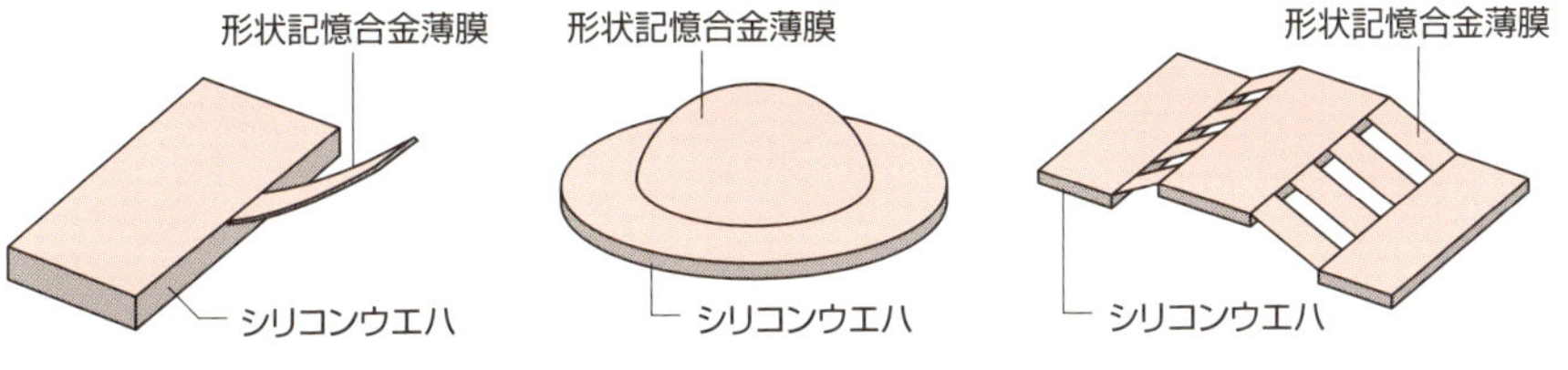

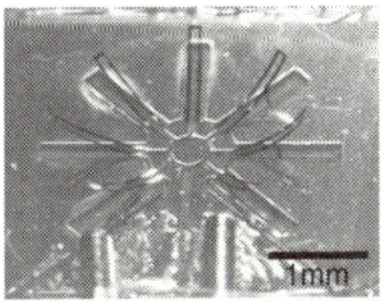

マイクログリッパ
（カンチレバー型）

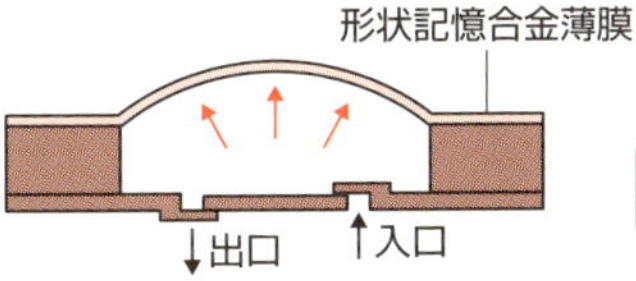

マイクロポンプ
（ダイヤフラム型）

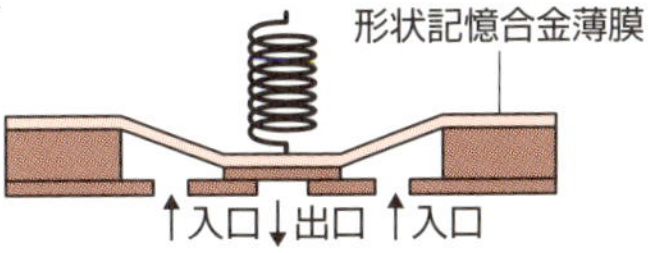

マイクロバルブ
（ブリッジ型）

用語解説

MEMS：micro electromechanical systemの略。シリコンやガラス基板を微細加工することによって作られ、電気的に駆動させることができる小さな機械。

18 粉末成型と液体急冷

溶解鋳造以外の製造法

チタン・ニッケル合金は一般的な溶解鋳造による製造プロセスでは薄板や線材の加工が難しく、その加工性を良くするために研究が進められています。

⑴粉末成型技術

純チタンと純ニッケルの粉末を混合し、成型と合金化を同時に行う技術もありますが、チタン・ニッケル合金を粉末にして使用する方法が一般的です。

溶解炉中の溶けた合金（溶湯）を不活性ガス（主にアルゴン）雰囲気中に噴射して50〜60㎛の球状微粉末にした後、棒やブロックなどの任意形状の型に詰め込んで成型する技術です。溶解鋳造法に比べて偏析が少なく、チタンとニッケルが均等に混じり合うため、変態温度が均一に制御できます。

また、金型や切削加工を必要としない3Dプリンタ造形技術にも金属粉末が使用されます。三次元造形では、金属粉末にレーザを照射し、一層ずつ焼結または溶解させて作ります。

⑵液体急冷技術

合金溶湯を噴射して一気に最終仕様の形状であるリボン材や極細ワイヤにする技術です。

リボン材は、溶湯を高速で回転しているロールの表面に噴射します。冷えたロールに触れて合金は一気にテープ状になります。チタン・ニッケル合金では、50〜60㎛の薄さが可能となりました。

極細ワイヤは「液中紡糸」と呼ばれる方法で作られます。合金の溶湯を細いノズルから回転している水槽中に噴射します。溶湯は水中で表面張力により細い糸状になり急速に凝固します。同時に、水槽は高速で回転しているので、遠心力で槽内壁に巻き取られていきます。チタン・ニッケル合金では150㎛径の連続細線の実績を得ています。

この方法では中間工程を省き加工時間が大幅に短縮されるため、コストダウンが期待されます。

要点BOX

- ●溶解鋳造は薄板や線材への加工が難しい
- ●粉末成型技術では変態温度が均一に
- ●急冷してテープ状、極細に加工

粉末成型技術

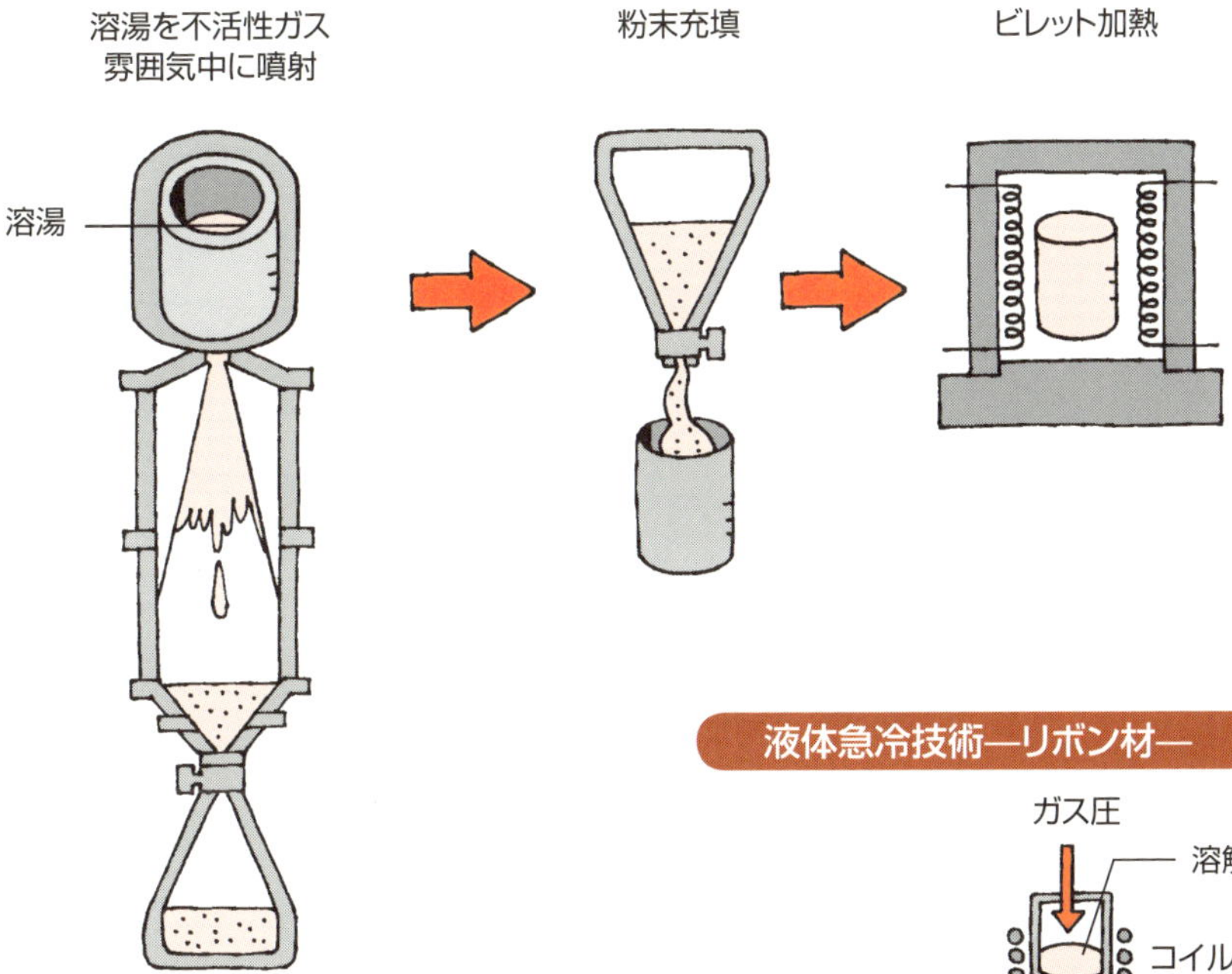

液体急冷技術—リボン材—

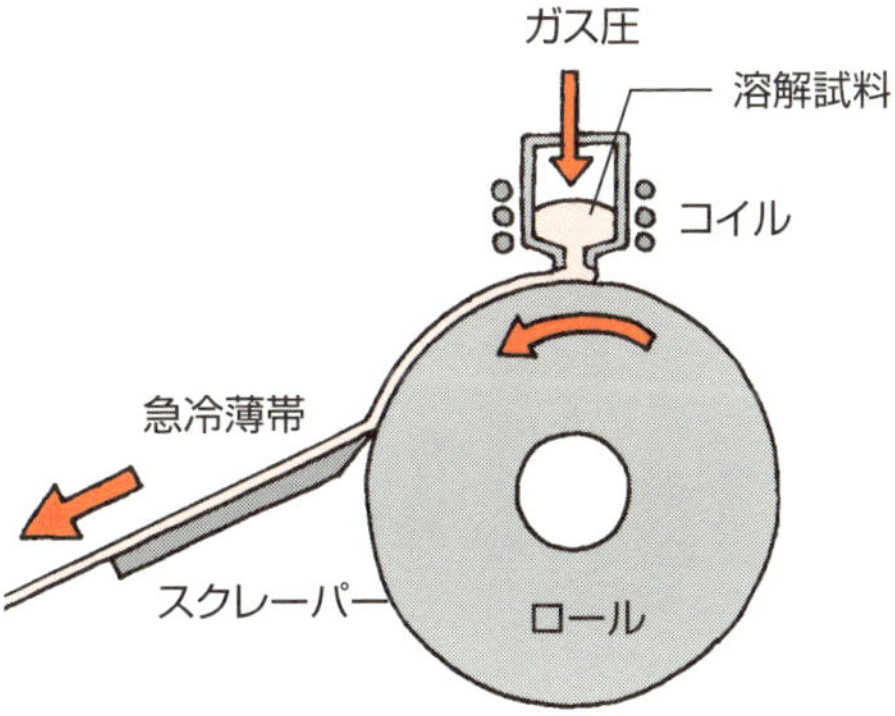

液体急冷技術—液中紡糸—

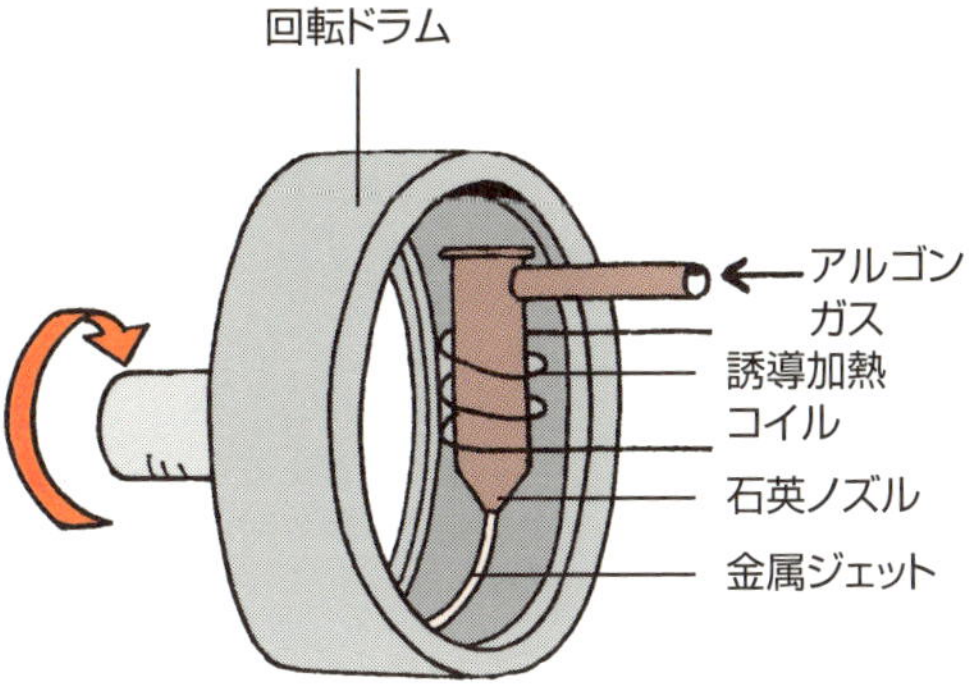

19 さびなくても行う表面処理

チタン・ニッケル合金は耐食性に優れています。そのため、表面処理は耐食性の向上が目的ではなく、装飾や加工によるバリなどを除去するために行われます。

形状記憶処理は400℃以上の高温に加熱して行われるため、表面に酸化皮膜が形成されます。酸に浸漬してこの酸化皮膜を除去します（酸洗）。酸洗で注意しなければならないのが「水素脆化」です。合金は酸に接触すると水素を発生します。水素の一部は内部に侵入して合金を脆くします。この脆さを改善するために行うのが「ベーキング処理」です。

200℃前後の温度で数時間加熱することで、侵入した水素を放出することができます。この処理により合金本来の粘り強い性質に回復します。

めっきを施す場合、形状記憶合金は他の金属とは比較にならないほどの大きな変形を受けるため、変形によって剥離しない柔軟な金属が適しています。眼鏡フレームなどには金めっきが施されます。

装飾以外の目的でもめっきが施されます。チタン・ニッケル合金は異種金属との溶接が困難なので、密着性を向上させる目的でニッケルや金をめっきした後に、ろう付け加工が行われます。

電解研磨は電解液の中で電流を流し、合金表面を溶解させるものです。電解研磨の特徴は、尖った部分を優先的に溶かすことです。この特性を利用して加工後のバリを滑らかにすることができます。

血管内治療などに使われるガイドワイヤ（50項参照）は滑り性と抗血栓性を与えるために、チタン・ニッケル合金の芯線にウレタン樹脂をコーティングし、さらに親水性処理を施します。親水性皮膜が血液の水分により膨潤してぬめりを生じるため、目的の場所までスムーズに到達できます。

要点BOX
- ●表面処理は耐食性ではなくバリ取りのため
- ●酸洗には水素対策が必須
- ●装飾性ではなく密着性のためのめっき加工

電解研磨による効果

未研磨品

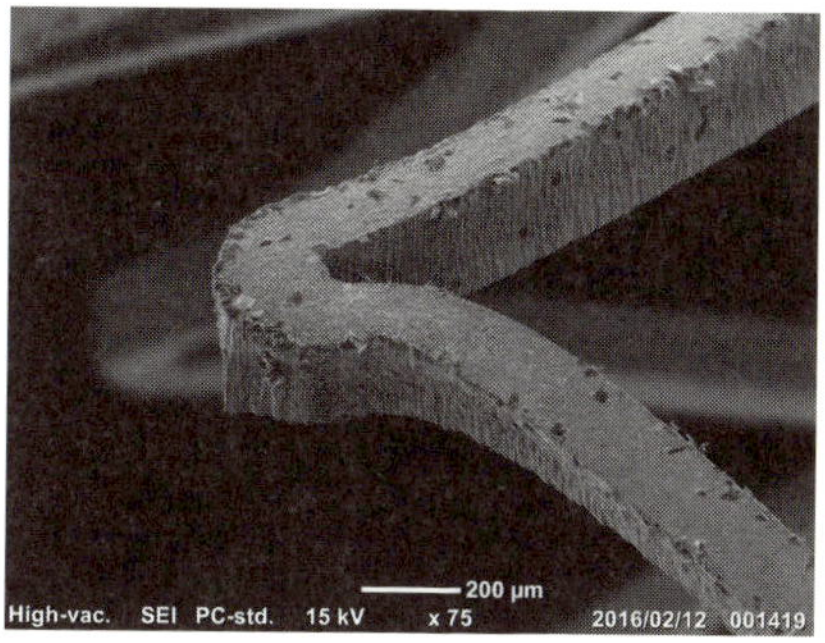

電解研磨品

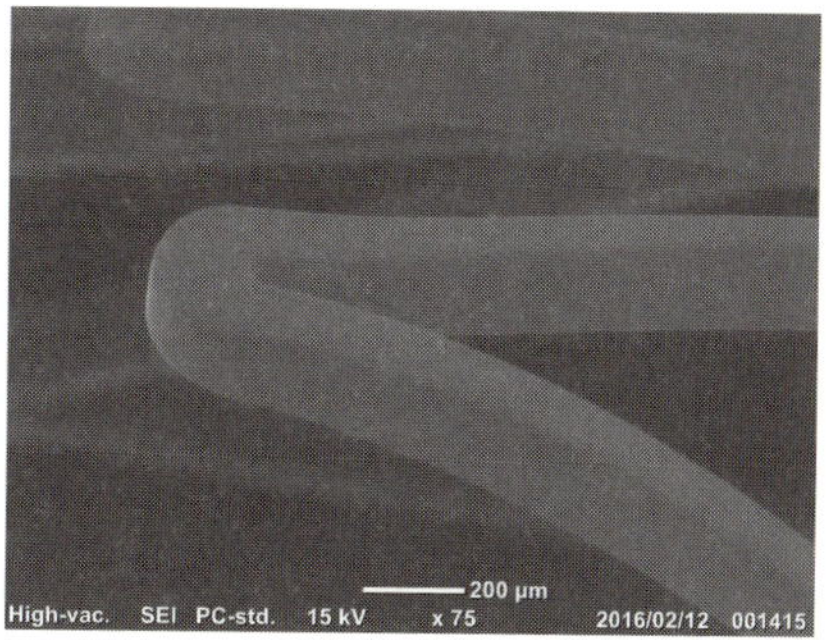

ガイドワイヤの断面構造

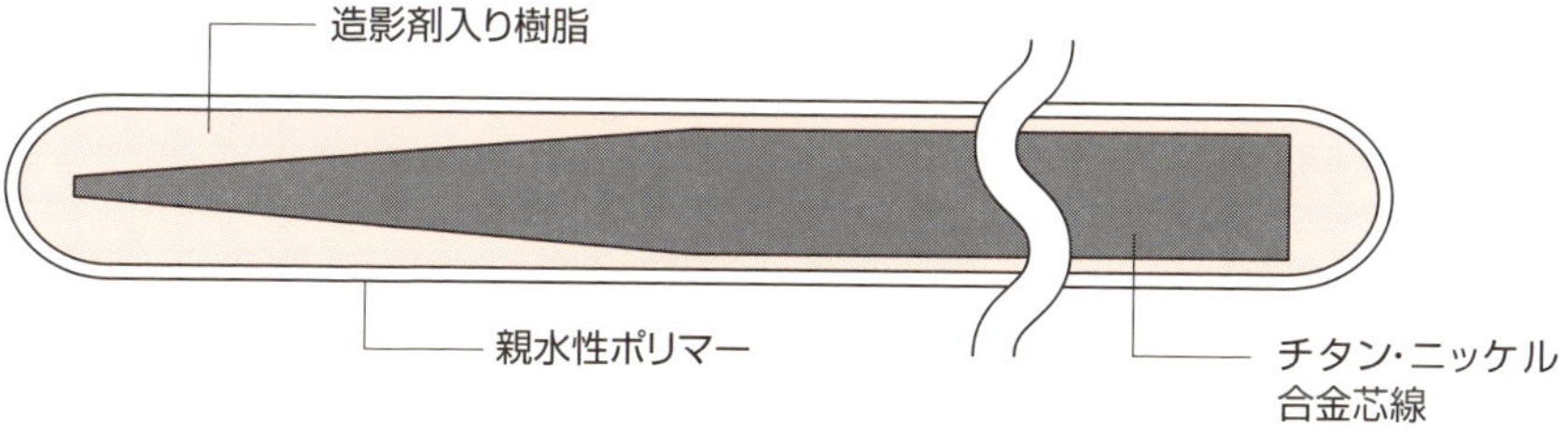

電気めっきの原理

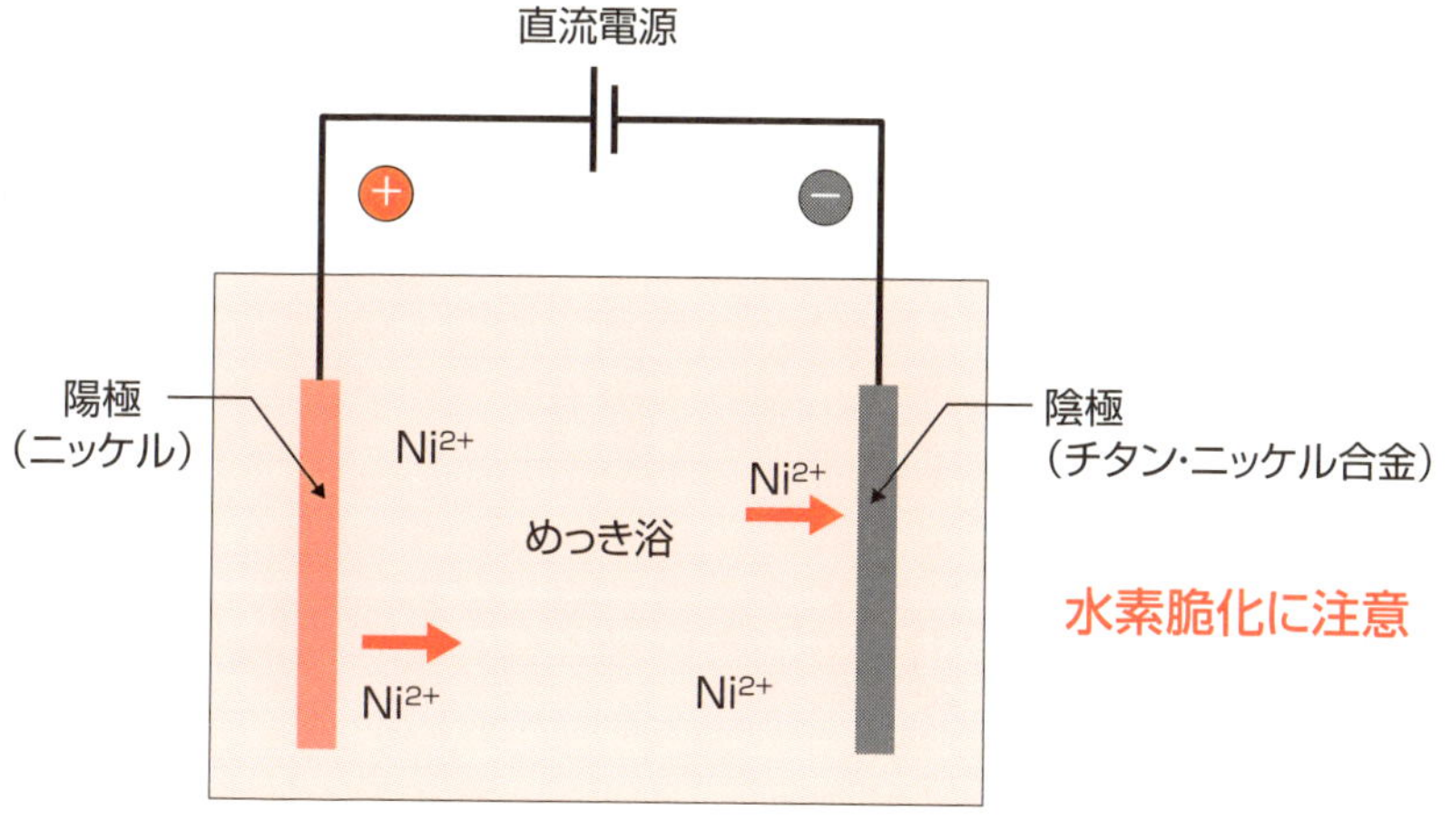

Column

どんな材料が形状記憶効果を示すか？

　形状記憶効果を示す合金に共通なのはマルテンサイト変態することです。しかし通常の鉄鋼はマルテンサイト変態はしますが形状記憶効果は示しません。材料の一部がマルテンサイト変態し、その結晶構造が変化すると周囲をひずませます。このひずみを緩和するためにマルテンサイト相自体が塑性変形し硬化します。また変態時の体積変化が数%と大きく、マルテンサイト相の変形だけでは完全にひずみを緩和できないため、周囲の母相にも多量の転位を導入するため変態の可逆性が悪くなります。

　それに対して形状記憶合金ではマルテンサイト相が双晶変形することでこのひずみを緩和するのと、マルテンサイト変態時の体積変化が1%以下と非常に小さいのでひずみを弾性変形だけで緩和できるのが特徴です。このため形状記憶合金のマルテンサイト相は変形しやすく、母相とマルテンサイト相の界面も動きやすいので変態の可逆性が非常に良いという特徴があります。

　また、形状記憶合金のほとんどが異なる元素が異なる格子点位置を占める規則合金となっています。規則構造は母相からマルテンサイト相へと引き継がれ、マルテンサイト相が元の方位と同じ母相へと逆変態するための道しるべの役割を担うと考えられています。規則構造の存在は塑性変形に対する抵抗を高くするので、材料の耐久性向上にも貢献します。

　中にはインジウムータリウム合金などのように、規則構造を持たないのに形状記憶効果を示すものもありますがこの理由ついてはまだよく分かっていません。

　合金以外ではジルコニアなどのセラミックス材料にも形状記憶効果を示すものがありますが、これらはマルテンサイト変態とは少し違う変位型変態によるもので、1%以下と非常に小さいひずみしか発生しません。しかし最近は材料サイズを数μmにすることでマルテンサイト変態による8%の形状変化を示すことが分かっています。

　高分子材料の形状記憶効果がガラス転移に関係していることは64項で述べられていますが、最近は高分子の単結晶でも金属と同じようなマルテンサイト変態による形状記憶効果や超弾性が報告されています。

　形状記憶ワイシャツもよく見かけますが、これは樹脂加工などで繊維間の結合を強くしてシワになりにくくしているもので相変態とは関係がありません。

第3章

形状記憶合金の使い方

20 汎用ステンレスとはどこが違うの？

チタン・ニッケル合金の諸特性

チタン・ニッケル合金は形状記憶や超弾性といった特異な現象を示しますが、その他の性質はどのようなものでしょうか。注意すべき点は、弾性率などの特性が相変態によって大きく変化することです。

それでは、身の回りでたくさん使われている汎用ステンレスと比較してみましょう。

比重はステンレスよりも小さく、同じ形状の製品を作ると重量は約80％程度になります。これは原子の約半分が軽量なチタンで構成されているからです。比熱や熱伝導率は大差ないので、熱を加えた時の温まりやすさはほぼ同じといえます。電気抵抗もステンレスとほぼ同じです。ただし、ステンレスは電気抵抗が銅やアルミニウムに比べると数十倍大きな材料なので、チタン・ニッケル合金も金属の中で比較的電流の流れにくい材料といえます。この特性は、例えば細いワイヤ状のチタン・ニッケル合金製品に通電して、抵抗加熱によって昇温、形状回復させるといった用途に対しては役に立つものです。

強度などはどうでしょうか。材料が引きちぎられる応力、すなわち引張強さはステンレスの倍以上の値です。チタン・ニッケル合金は金属の中でも比較的強度が高いという特徴があるのです。これは製品を設計する上で有効な特性の1つです。

一方、弾性率はオーステナイト相でもステンレスの約3分の1の値です。マルテンサイト相ではステンレスの10分の1程度に減少します。これは同じ形状の製品に同じ力を加えた場合、より大きく変形することを示しています。例えば、医療用のガイドワイヤ用途では、ステンレスのものに比べて小さな力で曲がるので、曲がりくねった細い血管に通しやすい反面、狭くなった血管を押し広げるような場合は不利な特性です。このようにチタン・ニッケル合金の特性を十分に把握して、その特性が利点となるような製品設計を行うことが重要と考えられます。

要点BOX
- ステンレスよりも比重は小さい
- 電流は流れにくい
- 引張強さはステンレスの倍以上

チタン・ニッケル合金とステンレスの特性比較

	特性		チタン・ニッケル合金	ステンレス（SUS304）
物理的性質	密度	g/cm^3	6.4〜6.5	7.9
	融点	℃	1240〜1310	1400〜1450
	比熱	J/(kg・K)	500	590
	熱膨張係数	$\times 10^{-6}$/K	10（オーステナイト）	18
	熱伝導率	W/(m・K)	10〜20	17
	比抵抗値	μΩcm	50〜100	72
機械的性質	引張強さ	MPa	1100〜1200（オーステナイト） 1200〜1400（マルテンサイト）	520以上
	伸び	%	〜20（オーステナイト） 〜40（マルテンサイト）	40
	ヤング率	GPa	50（オーステナイト） 20（マルテンサイト）	185
	剛性率	GPa	20（オーステナイト） 8（マルテンサイト）	70

チタン・ニッケル合金とステンレスの応力—ひずみ特性

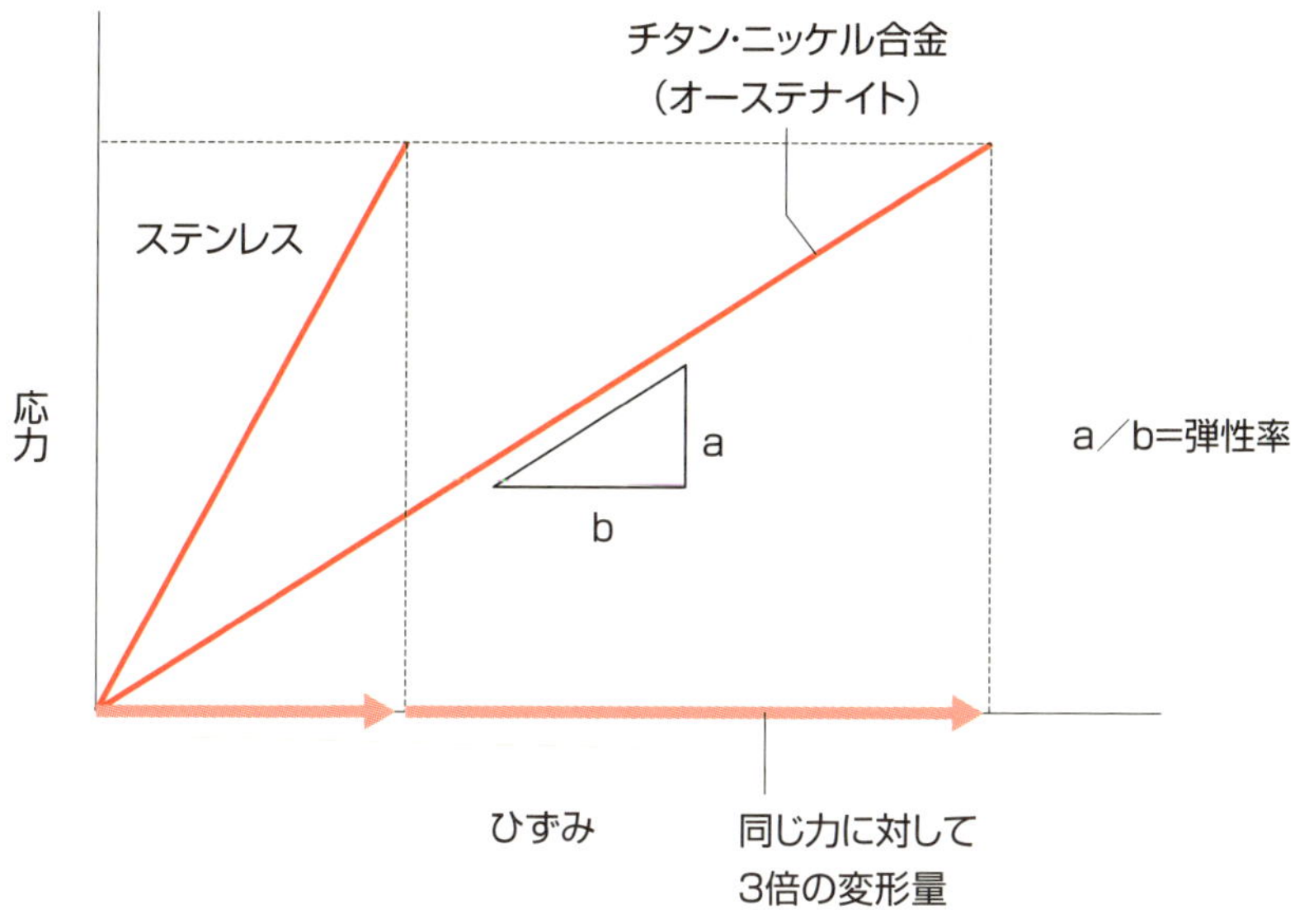

21 バイメタルとどこが違うの？

特徴的な発生力と変位

形状記憶合金は感温素子として用いることができます。他にはバイメタルや自動車のサーモスタットに使われているワックスエレメント、そして温度で膨張する媒体を封入した金属ベローズなどが知られています。これらの感温素子の中で、形状記憶合金は素子の重量に対して出力の割合が大きいという特徴があります。直線でそのまま使うのはもちろんコイルばねの形にしてストロークを拡大させ、小さくても大きな力が取り出せるため、アクチュエータとして有効に使えます。しかも、構造がシンプルなのでさまざまな用途に適用しやすいのです。

温度特性をバイメタルと比較して見てみましょう。バイメタルは熱膨張率の違う金属同士を貼り合わせたものであり、温度が高くなると膨張率の大きい側が伸びて、膨張率の小さい側との貼り合わせ面に対して直角方向に湾曲します。温度に対する変位率は一定で、加熱冷却でヒステリシスはありません。つまり、直線的な特性となります。

一方、形状記憶合金素子をそのままの状態で加熱冷却しても、形状の変化は起きません。素子に負荷をかけると初めて変位するようになり、特定の温度で急激な変化を示します。加熱冷却で変位にヒステリシスがあり、材料や負荷条件で変わります。この急激な変化は第1章で述べた通り相変態に起因していて、作動温度は材料の組成と形状記憶処理の熱処理条件で制御できます。そのため、何℃でどのくらい動く素子にするか設計、設定できるのです。

その他の特徴としては、低温での変形と加熱での形状回復に形状的な制限がないということです。バイメタルは貼り合わせ面に対して直角の方向しか湾曲しませんが、形状記憶合金はいろいろな形に変形しても加熱すれば元に戻るため引張り、圧縮、曲げ、ねじり、すべての力方向に応用できます。これらを組み合わせれば三次元の動きも可能です。

要点BOX

- 小さなばねでも、大きな力を発揮
- 変形と形状回復に向きの制限はない
- 組み合わせによって三次元の動きが可能

感温素子の重量と出力の関係

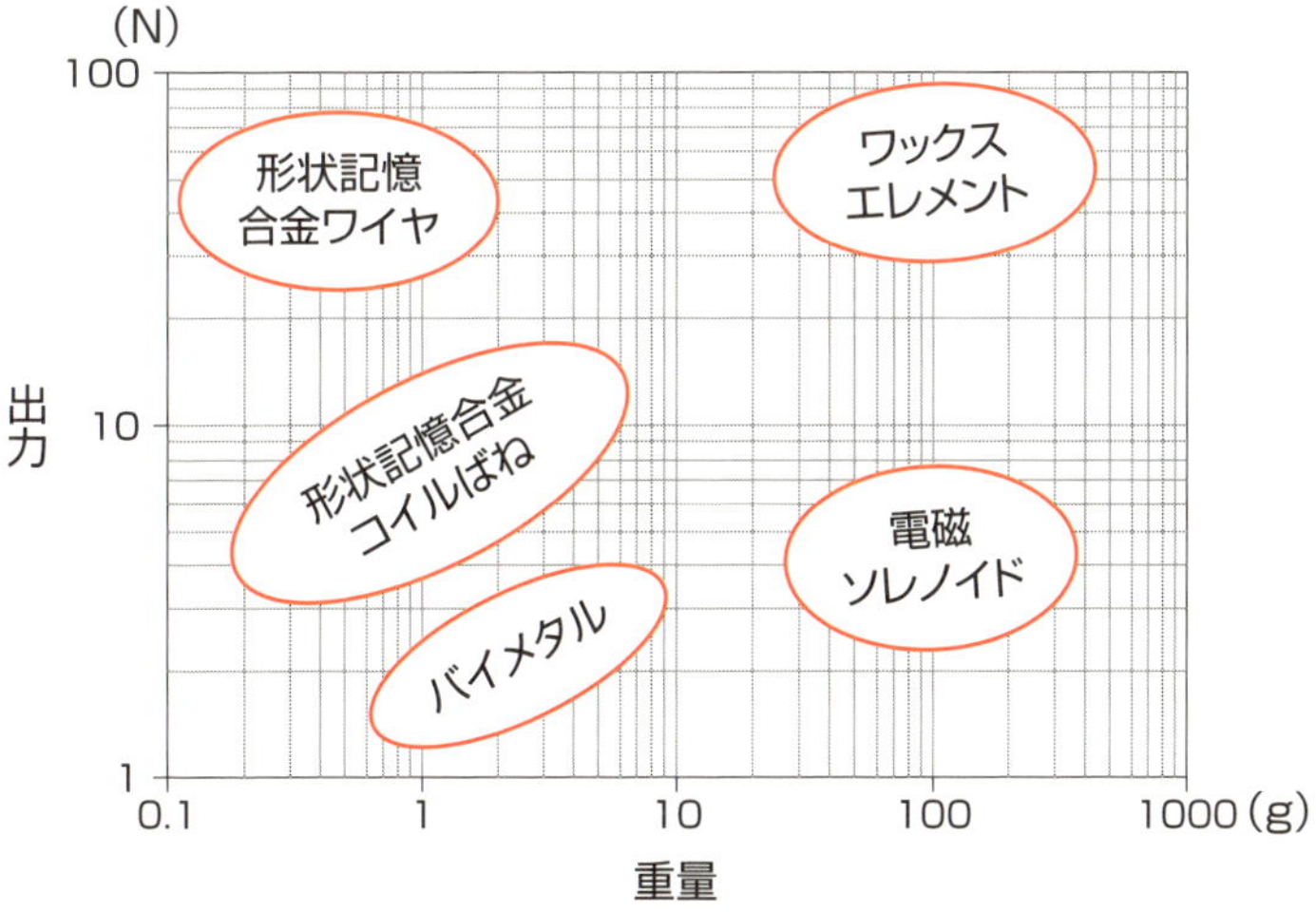

形状記憶合金とバイメタルの変位の違い

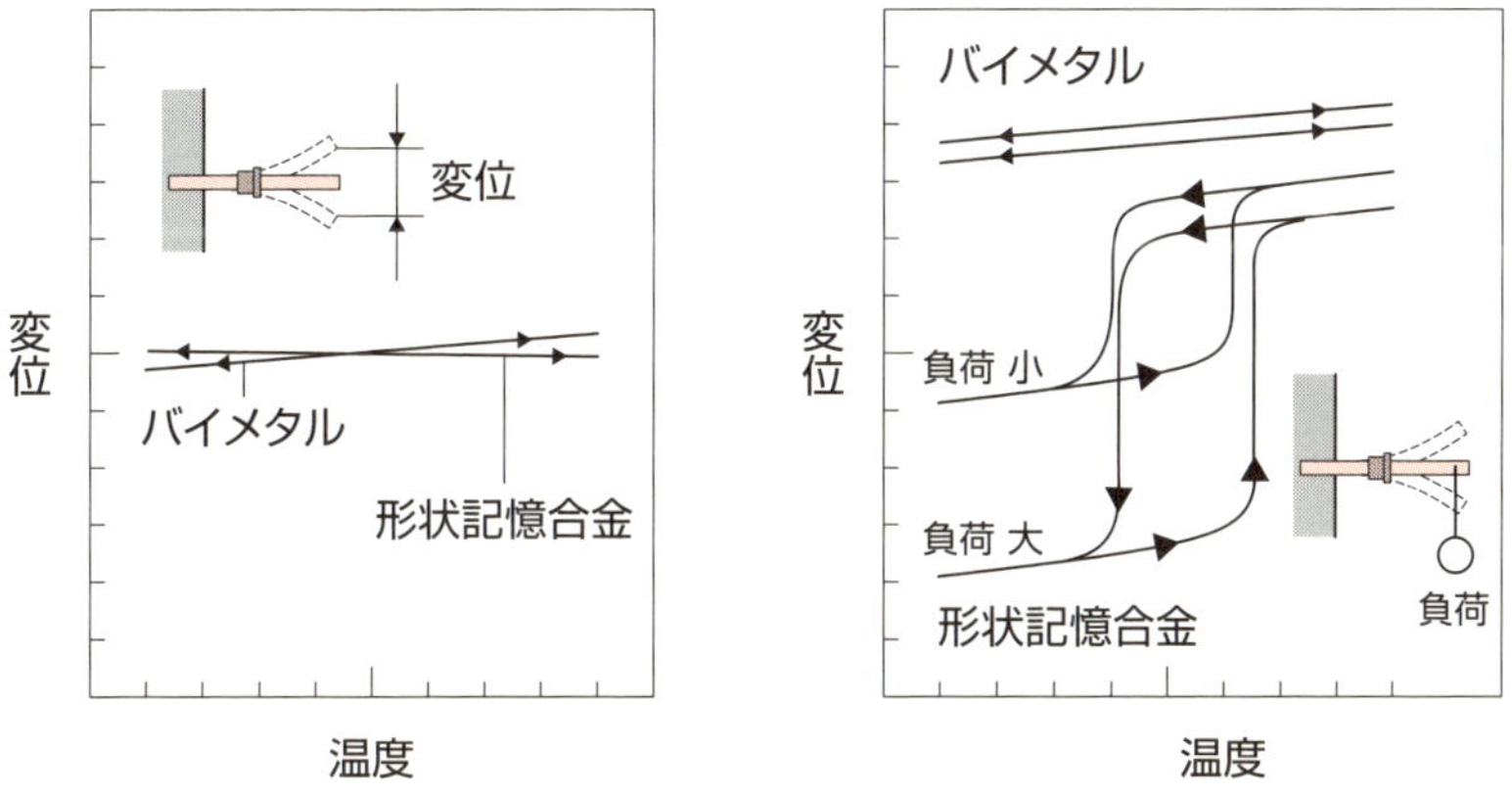

負荷をかけない状態　　負荷をかけた状態

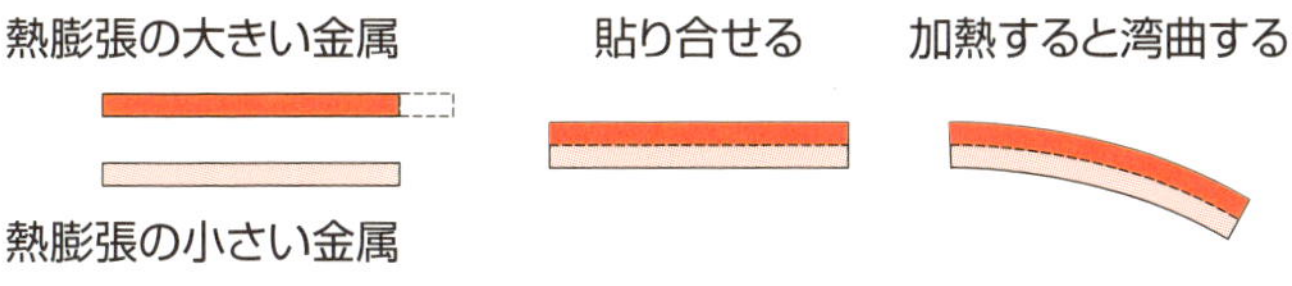

用語解説

感温素子：温度を感知して作動する部品。

22 2タイプの形状変化

一方向性と二方向性

通常、チタン・ニッケル合金は「一方向性」で使われます。これは、円形を記憶させたものであれば、低温（マルテンサイト相）で変形させてから変態温度以上（母相）に加熱すると円形に戻る現象です。一方向性は、このまま再び低温にしても、形状変化は起きません。これに対して、母相で高温側の形状に変形し、マルテンサイト相で低温側の形状に変形する現象を「二方向性」といいます。

一方向性の作り方は、材料を記憶させたい形状に成形・拘束した状態で形状記憶処理をします（16項参照）。二方向性の作り方は、「強加工」、「トレーニング」、「拘束時効」という方法があります。

強加工は、チタン・ニッケル合金に弾性限を超える大きな変形を与えます。その部分は変形により加工硬化しているので、加熱しても完全には元の形状に戻りません。しかし、これを再び冷却すると、自発的に強加工した方向に動きます。

トレーニングは、チタン・ニッケル合金が正常に形状回復するひずみ約1～2％の範囲内で、加熱・冷却による変形と形状回復を数多く繰り返します。その際、母相とマルテンサイト相をしっかりと発現させることが重要です。R相領域内で加熱・冷却を繰り返しても二方向性にはなりません。

拘束時効は、ニッケル含有量が51at％前後の場合のみ有効な方法です。溶体化処理した後に成形・拘束し、400～500℃で数時間の熱処理をします。他の処理方法と比較して、低温時の発生力が大きいという特徴があります。

一見、二方向性の方が応用には便利そうですが、温度特性や変位量、発生力を正確に記憶させることは難しく、繰り返し耐久性に課題があります。そのため、チタン・ニッケル合金の応用製品は、形状や温度―荷重特性が安定し、大量生産に適している一方向性が多く使われています。

要点BOX
- ●高温と低温で形状を変化させる二方向性
- ●作り方は強加工、トレーニング、拘束時効
- ●二方向性は温度、変位量などの制御が難しい

一方向性と二方向性の動作の違い

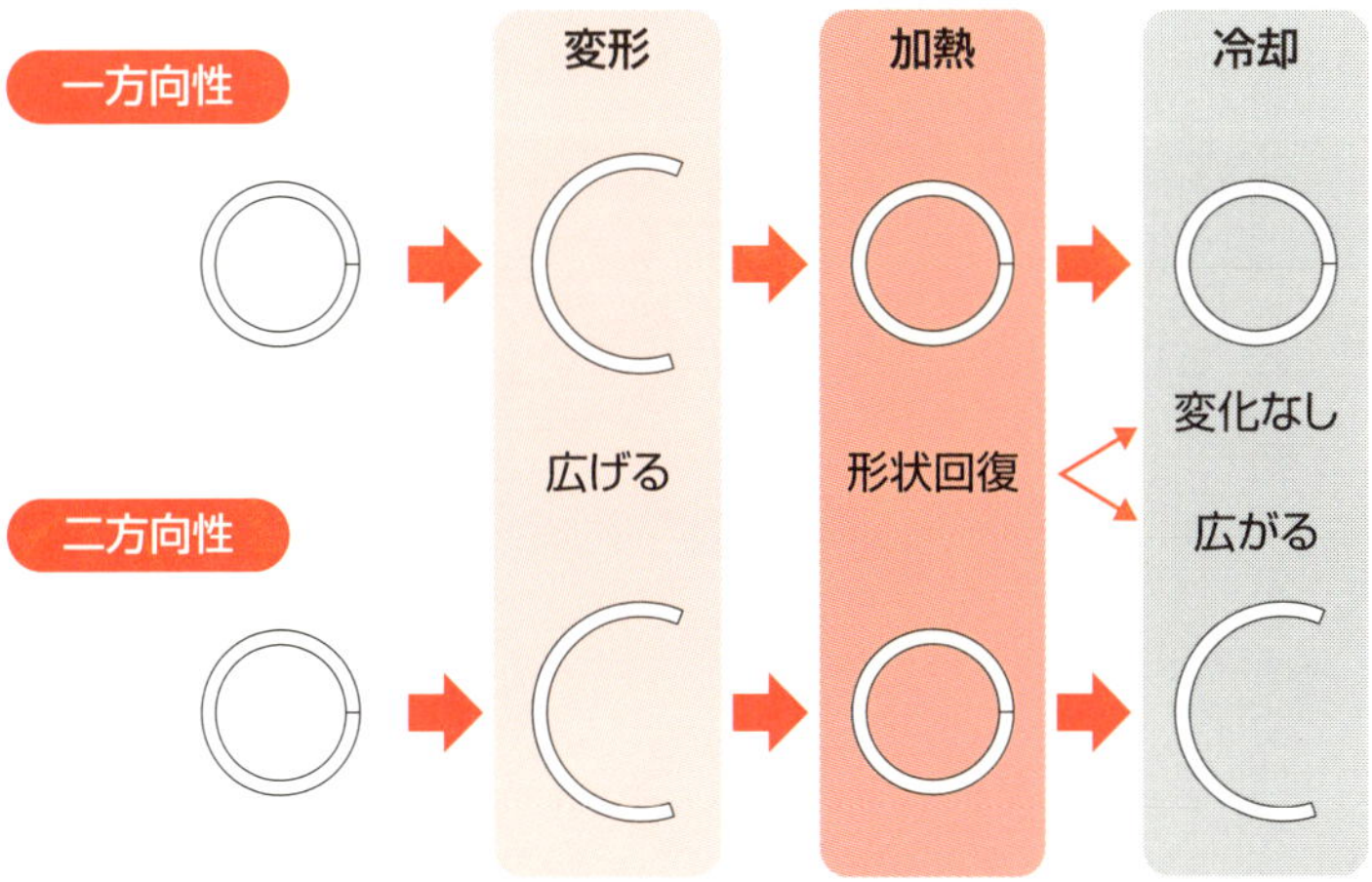

二方向性形状記憶合金ばねの作り方

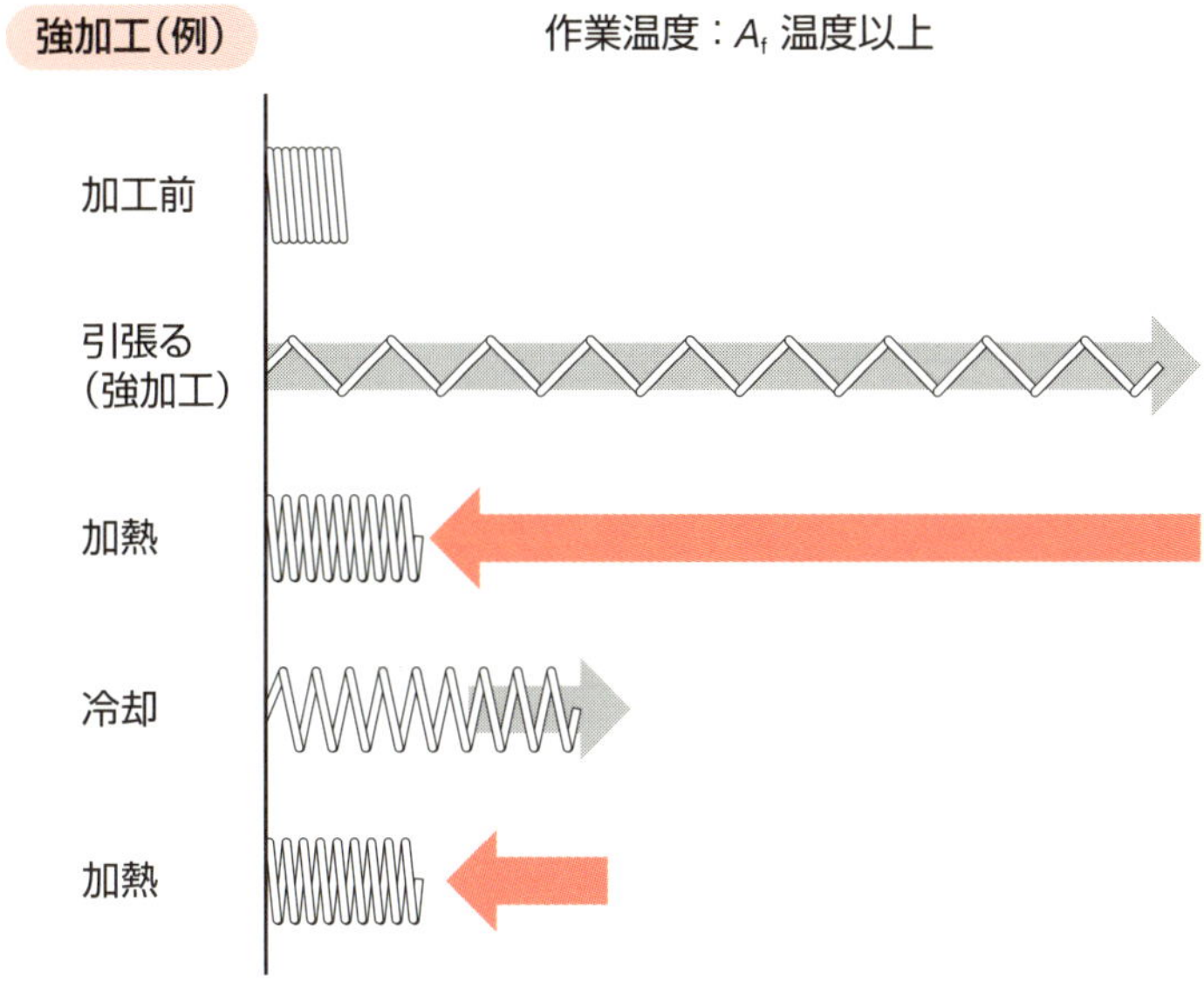

23 1つのばねに2つの役割

コイルばねの活用

チタン・ニッケル合金は、用途に応じてさまざまな形状に加工して使われます。素材形状は線、条（ツブシ線）、管、板があります。その中でも線が最も多く使われます。動作の種類は「縮めて伸ばす」、「伸ばして縮める」、「曲げて戻す」、「ねじって戻す」の4種類があります。縮めて伸ばす動きの応用例には、岩石破砕器（35項参照）があります。伸ばして縮める動きの応用例には、通電アクチュエータ（37 38項参照）があります。曲げて戻す動きの応用例には、歯列矯正ワイヤ（49項参照）などの主に超弾性特性を利用した製品があります。ねじって戻す動きの応用例には、形状記憶効果を利用した応用製品のほとんどに使われているコイルばねがあります。この4種類の動きは、いずれも変形によって蓄積されたエネルギーを、形状回復する力に変換しています。これはまさに「ばね」です。

チタン・ニッケル合金は、直線のままでは十分な変位を得られません。これでは、アクチュエータとして使用するには不十分です。そのため、動作ストロークを大幅に拡大するために、コイルばね形状に加工して使用します。例えば、下図のチタン・ニッケル合金を引張って1％のひずみを与えても、全長は0・3㎜しか伸びません。これに対して、図の仕様のコイルばね形状に加工して1％のひずみを与えると、60㎜の変位を得ることができます。この変位が動作ストロークになります。この合金をコイルばね形状で使用する利点は、温度センサとアクチュエータを1つのばねで対応できることにあります。

コイルばねには、「圧縮」、「引張り」、「ねじり」の3形状があります。圧縮は、最も一般的に使われている形状です。引張りは、フックの変形や折損を避けるため、金具フックを使用する方法があります。ねじりは、形状記憶効果を利用する場合、腕部にも均等に熱を伝える工夫が必要です。

要点BOX
- ●素材形状は線、条、管、板の4つ
- ●変形によるエネルギーを形状回復の力に変換
- ●コイルばねは圧縮、引張り、ねじりの3形状

動作の種類

縮めて伸ばす

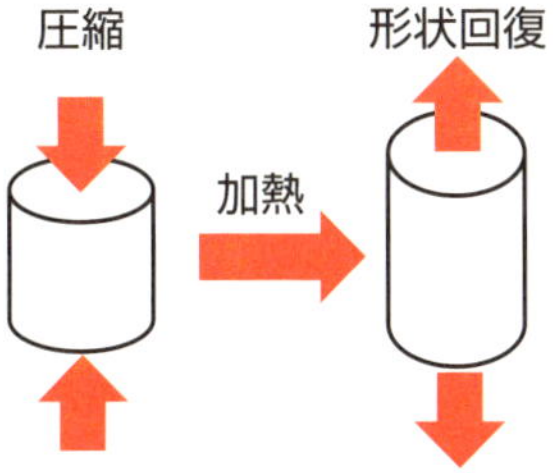

伸ばして縮める

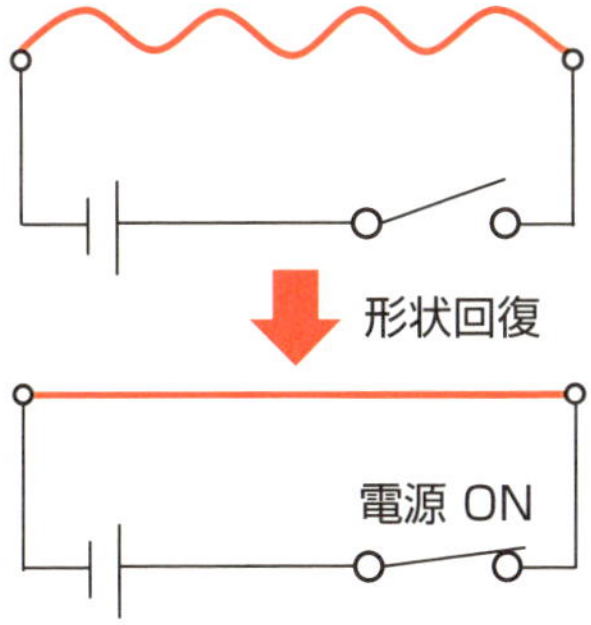

曲げて戻す

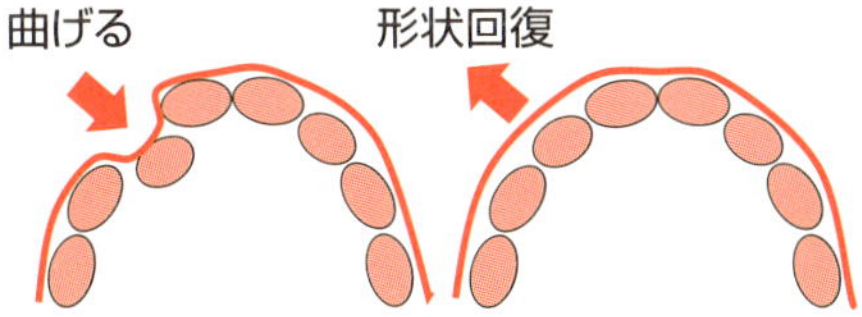

超弾性特性を利用して
歯列を矯正する

ねじって戻す

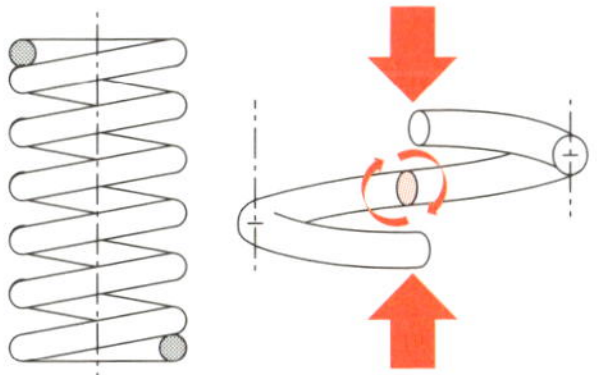

コイルの断面には、圧縮、引張りの動作で
ねじりの力が作用する

動作ストロークの比較

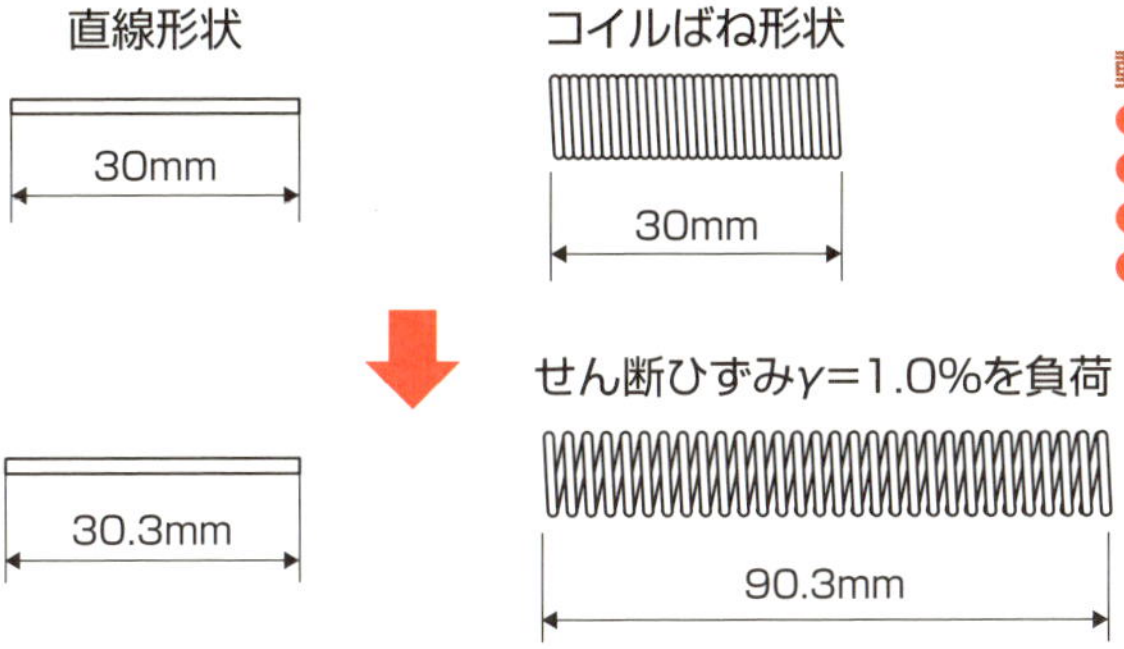

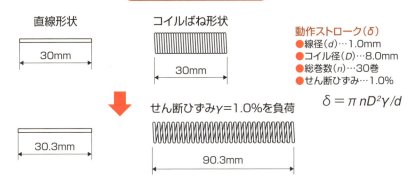

動作ストローク（δ）

- 線径（d）…1.0mm
- コイル径（D）…8.0mm
- 総巻数（n）…30巻
- せん断ひずみ…1.0%

$$\delta = \pi n D^2 \gamma / d$$

24 アクチュエータとしての基本的な動作

バイアスばねとの組み合わせ

形状記憶合金ばねを高温側と低温側で繰り返し使用するためには、低温時に形状記憶合金ばねを変形させる外力（バイアス力）が必要になります。

例えば、上図に示すような組み合わせです。これは、左側に形状記憶合金ばね、右側に通常のばね材でできたコイルばね（バイアスばね）を互いに押し合うようにセットしています。形状記憶合金ばねは、温度が上がると降伏応力が高く（硬く）なることで形状回復をします。すると、バイアスばねは右側へ圧縮されます。温度が下がると、形状記憶合金ばねの降伏応力が低く（柔らかく）なるので、バイアスばねによって左側に圧縮されます。温度の昇降によってこの動作は繰り返され、高温と低温での軸の移動距離が動作ストロークとなります。これを「バイアス式二方向性アクチュエータ」と呼びます。バイアスは、ばね以外にも、おもり、流体や気体の圧力などが使えます。この方法は構成が非常に簡単で、部品点数が少なく、省スペース化も可能です。そのため、多くの応用製品で使われています。

形状回復温度の異なる2種類のばねを組み合わせる方式もあります。これを「差動式二方向性アクチュエータ」と呼びます。これは形状記憶合金の低温時の低い降伏応力に着目したものです。

バイアス式の場合、バイアス力に通常のばねを使用すると、フックの法則で力は変位量に比例して増減します。つまり、形状記憶合金ばねがバイアスばねを圧縮するほど、バイアスばねの反力は強くなるので、外部に与える力は弱くなってしまいます。

これに対して、差動式は、片側を低温、もう片側を高温にすることで、高温側のばねの形状回復力が有効的に外部に与えられるので、バイアス式よりも大きな力を得ることができます。この方式は、温水などのエネルギーを機械エネルギーに変換する熱エンジンとして応用されています。

要点BOX
- ●バイアス力は低温時に変形させる力
- ●バイアスを利用すると省スペース化を実現
- ●回復温度の異なるばねの組み合わせもある

バイアス式二方向性アクチュエータ

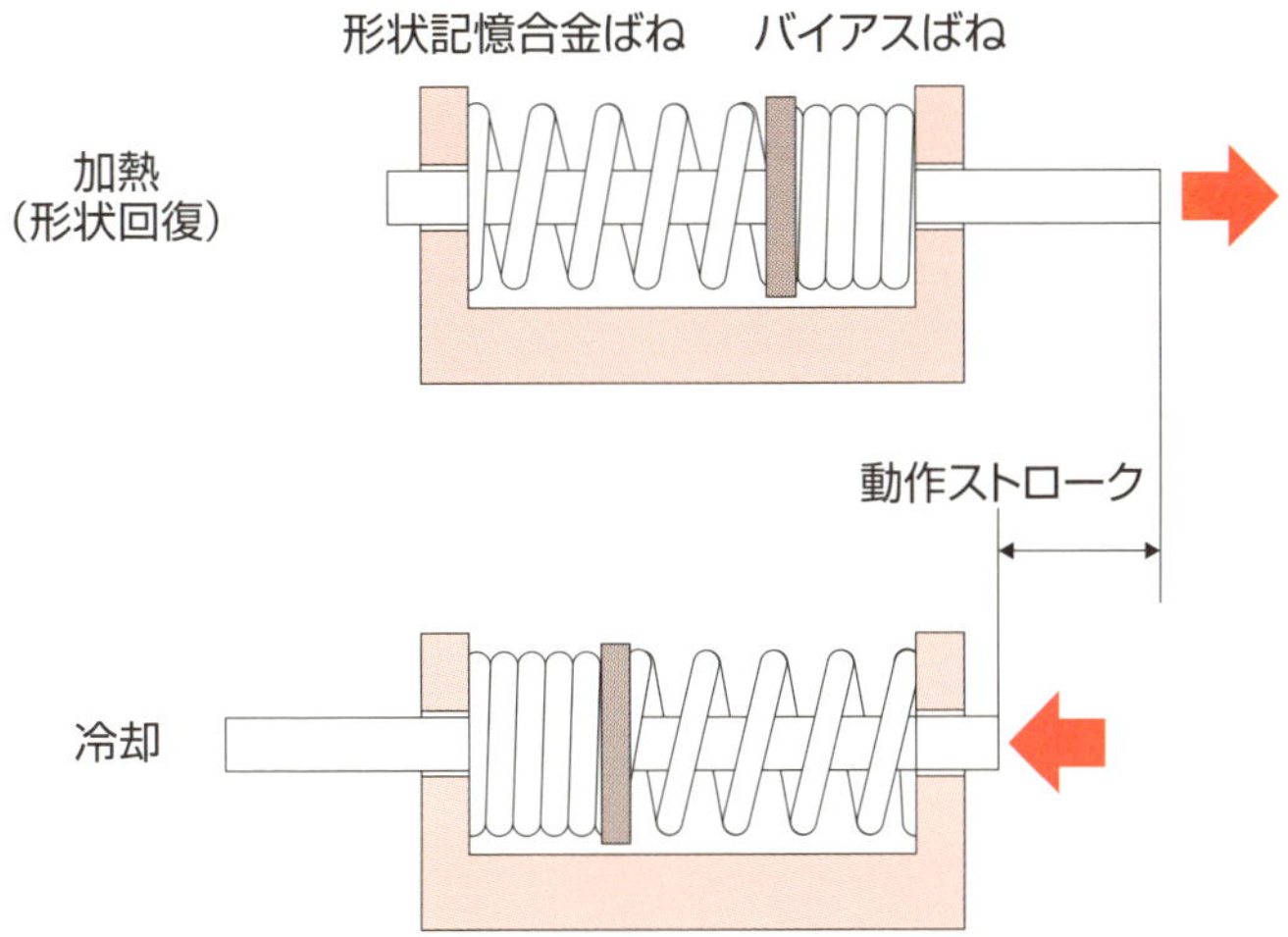

バイアス式二方向性アクチュエータ（応用例：形状記憶合金ばねと板ばね）

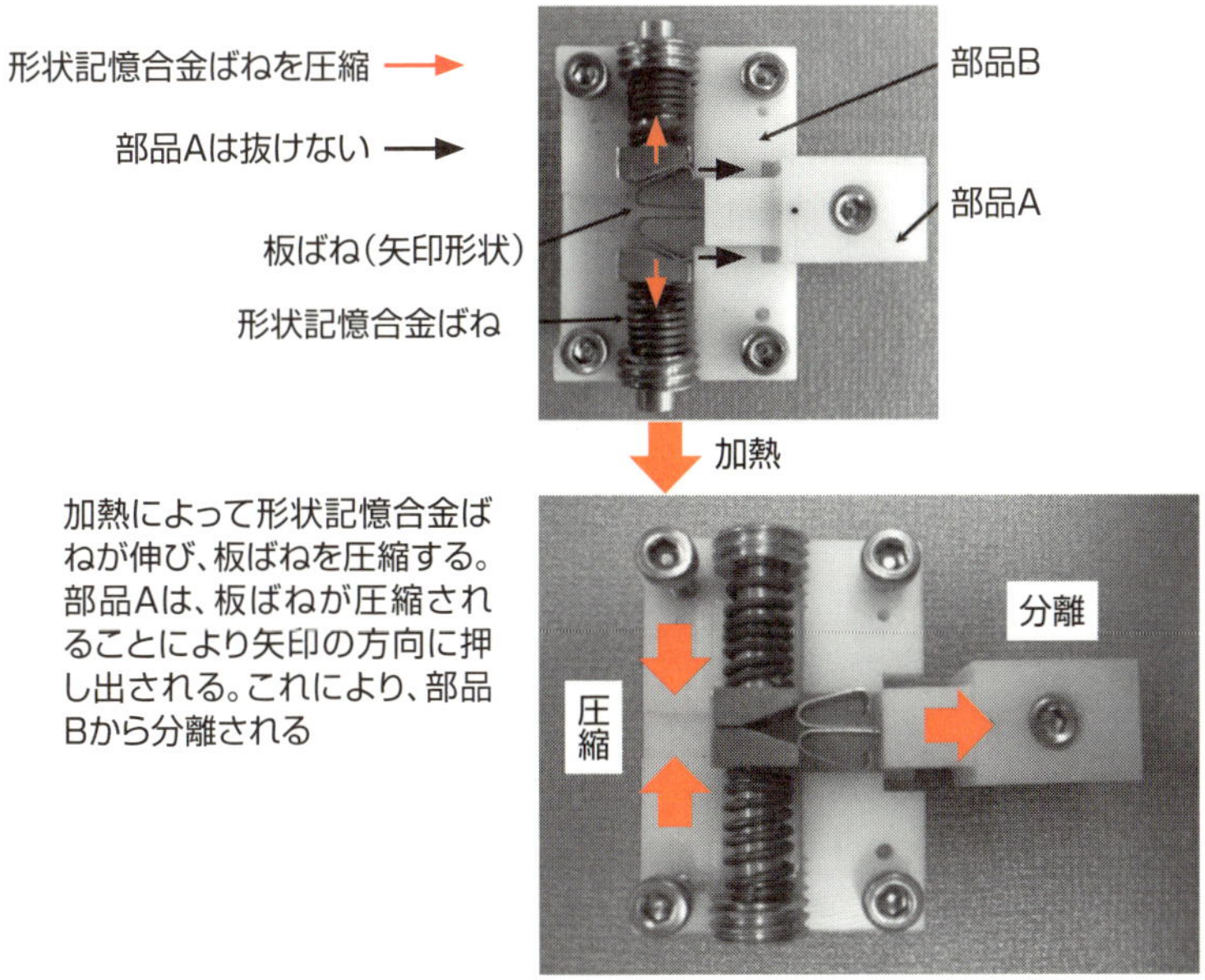

加熱によって形状記憶合金ばねが伸び、板ばねを圧縮する。部品Aは、板ばねが圧縮されることにより矢印の方向に押し出される。これにより、部品Bから分離される

25 熱の伝わりやすさが作動時間を左右する

クイックアクション、熱の伝わり方

形状記憶合金素子を作動させる時の注意点と、回転機構で速く作動させる方法を紹介します。

チタン・ニッケル合金の熱伝導率は、アルミニウムの約10分の1と小さいため、部分的な加熱では全体が温まらない現象が起きます。

例えば、上図に示すように形状記憶合金ばねを圧縮して一定の高さに固定します。この状態でばねの中央をドライヤで加熱すると、熱風が当たった中央部分のピッチが拡大します。しかし、加熱を続けてもばね全体が均一の温度にならないため、部分的な回復だけで終わってしまいます。形状記憶合金を加熱冷却する時は、できるだけ均等に行う必要があり、形状記憶合金の温度特性を測る時は、熱容量の大きい水などの液体の媒体を使うことをJIS規格では推奨しています。

形状記憶合金を応用する際、素早く作動させたいという要望があります。材料の温度変化特性を急激にすることや、できるだけ細い材料で素子を作り、熱に対して敏感にする方法が検討されます。

回転軸を回すように応用する場合、図(a)のように軸から腕を伸ばして、回転軸に対して対抗するように形状記憶合金ばねとバイアスばねを取り付けます。

形状記憶合金ばねは、高温時には強い力が発生して縮んでいます。対抗するバイアスばねは伸ばされて力を発生しますが、回転軸と腕の角度が小さくなるため回転軸を回す力、モーメントはあまり大きくなりません。これを冷却すると形状記憶合金ばねの力が低下してバイアスばねの力で伸ばされます。この時、バイアスばねは取り付け角度が大きくなるのでモーメントも大きくなります。こうすると、回転変位の特性図(b)のように温度に対してクイックな作動にすることができます。この機構は、エアコンの風向調節に採用された実績があります（32項参照）。

要点BOX

- 安定した作動には均一に加熱することが重要
- 素早い作動には細さと構造で対応

部分的な加熱と形状回復

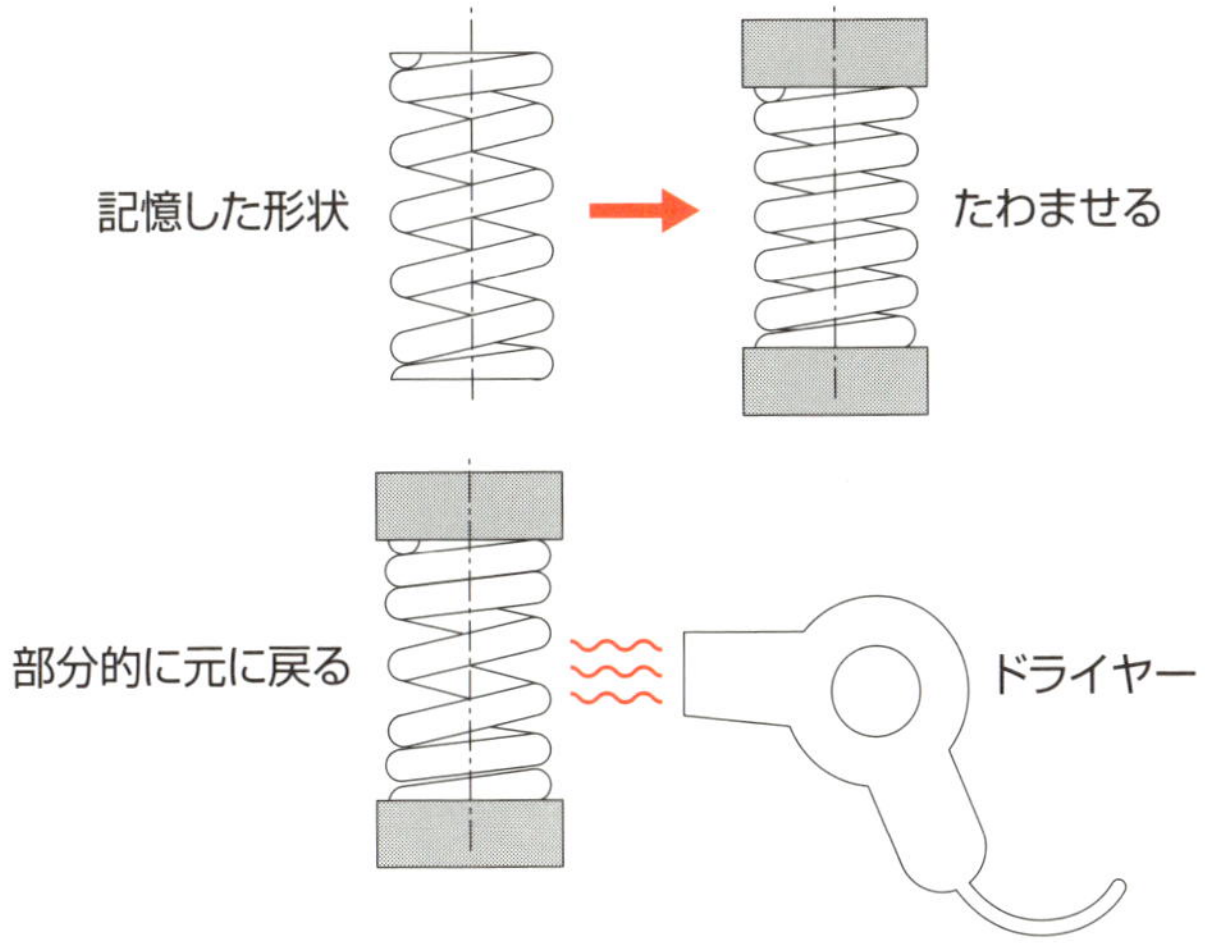

クイック作動の構造と特性図

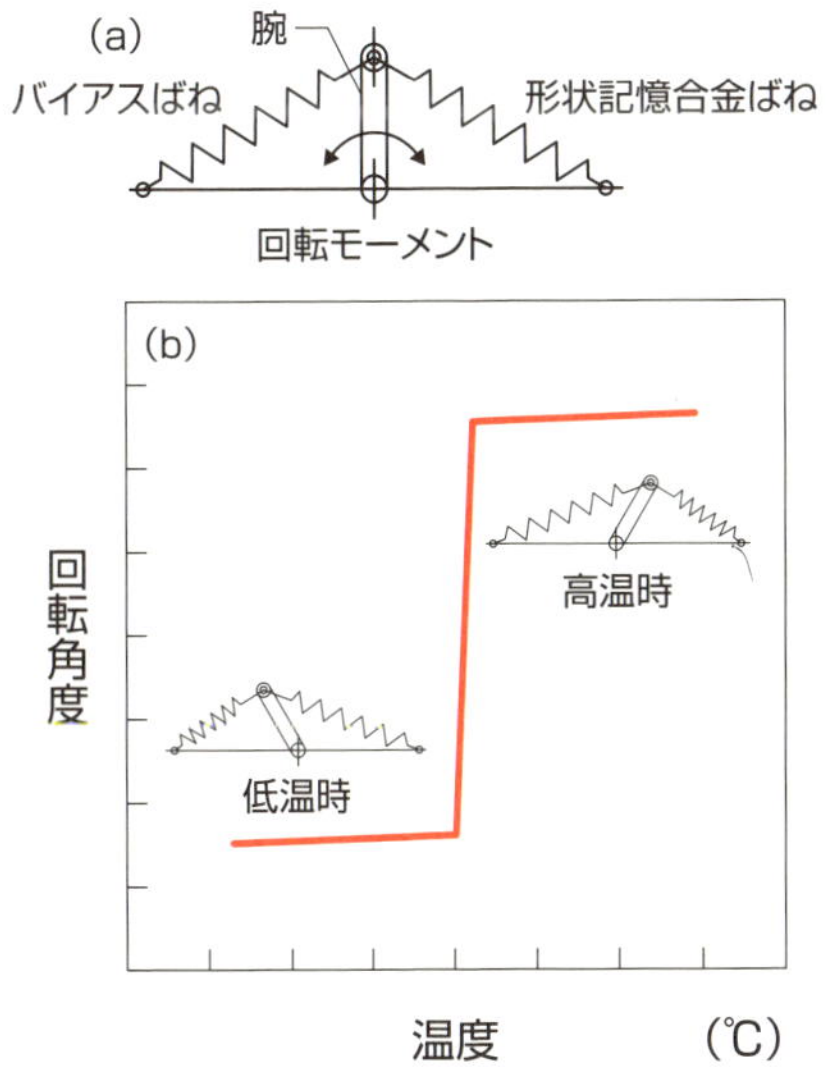

バランス作動の構造と特性図

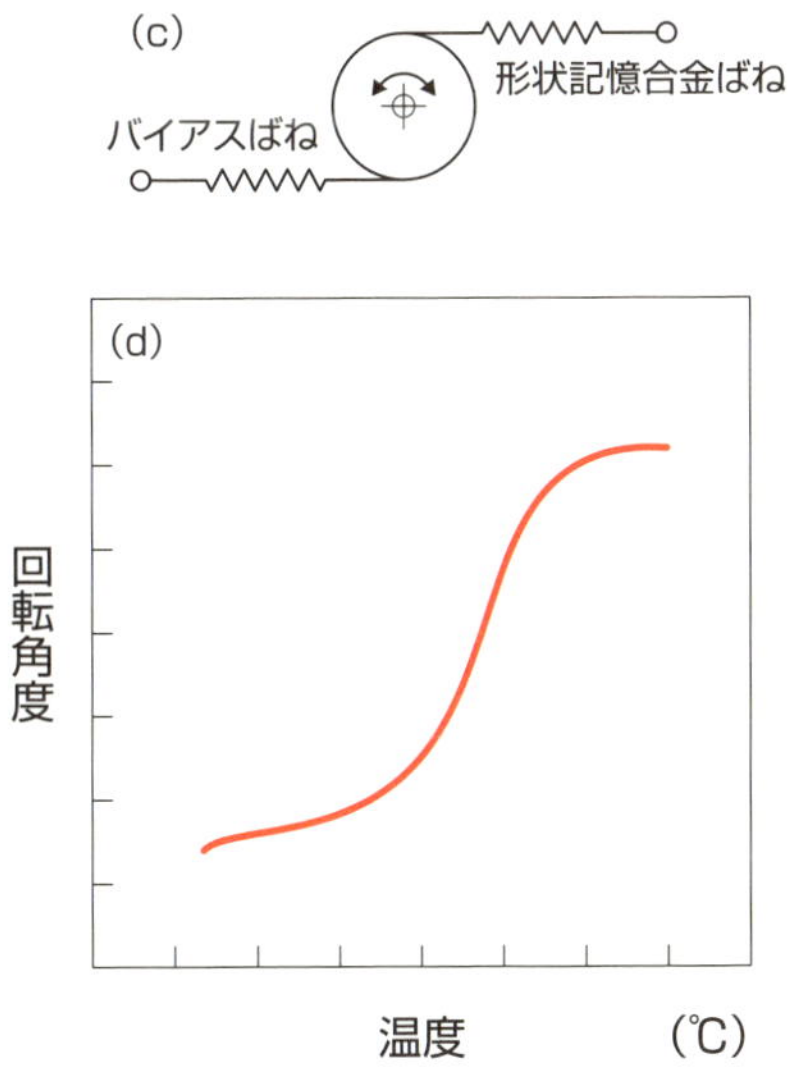

26 電気を流してみよう

チタン・ニッケル合金の通電加熱法

形状記憶合金は熱湯や熱風、環境温度など外部から加熱して利用されることが多いですが、電流を流して自己発熱させることもできます。特に、チタン・ニッケル合金はニクロム線に近い電気抵抗があり、電流を流すと簡単に温度が上がります。このような方法を「通電加熱」といいます。

変形した形状記憶合金に電流を流すと、熱湯に入れた時と同じように元の形状に戻りますが、電流を止めれば冷えて、簡単に変形できるようになります。途中で電流を止めると、それ以上の形状回復を停止できます。おもりやばねと組み合わせ電流をオン―オフすれば往復運動を行うことができます。電流を大きくすれば速く動きます。また早く冷却するには、放熱しやすいように細い線材や薄板の形状記憶合金を使います。

通電加熱では複雑な形よりまっすぐな線材やコイル形状の方が電流や温度、力が均一になり、効率良く動かすことができます。また、電流を流し続けると簡単に記憶形状を失うような高温になるため、カットオフスイッチなどの過熱防止策を使うこともあります。

形状記憶合金は電気抵抗が大きいので、電圧や電流を変えれば発熱を制御できます。しかし、発熱量は電流や電圧の二乗に比例して急激に変化するため、制御は簡単ではありません。このような場合、連続パルス通電で周期的にオンとオフを高速で繰り返し、オン時間の幅を変えて発熱量を調節します。電子回路の熱損失も少なく、発熱量はオン時間の幅に比例しますので、滑らかな形状回復ができます。

コンデンサを使って単発の電流パルスを加える方法もあります。コンデンサ充電用の抵抗を調節すれば、動き出しだけ大きな電流を流し、その後は電流を小さくして過熱を防止することもできます。

要点BOX
- ●電流による自己発熱を「通電加熱」という
- ●電流をオン―オフすれば往復運動が可能
- ●連続パルス通電で制御

形状記憶合金は通電で加熱形状回復できる

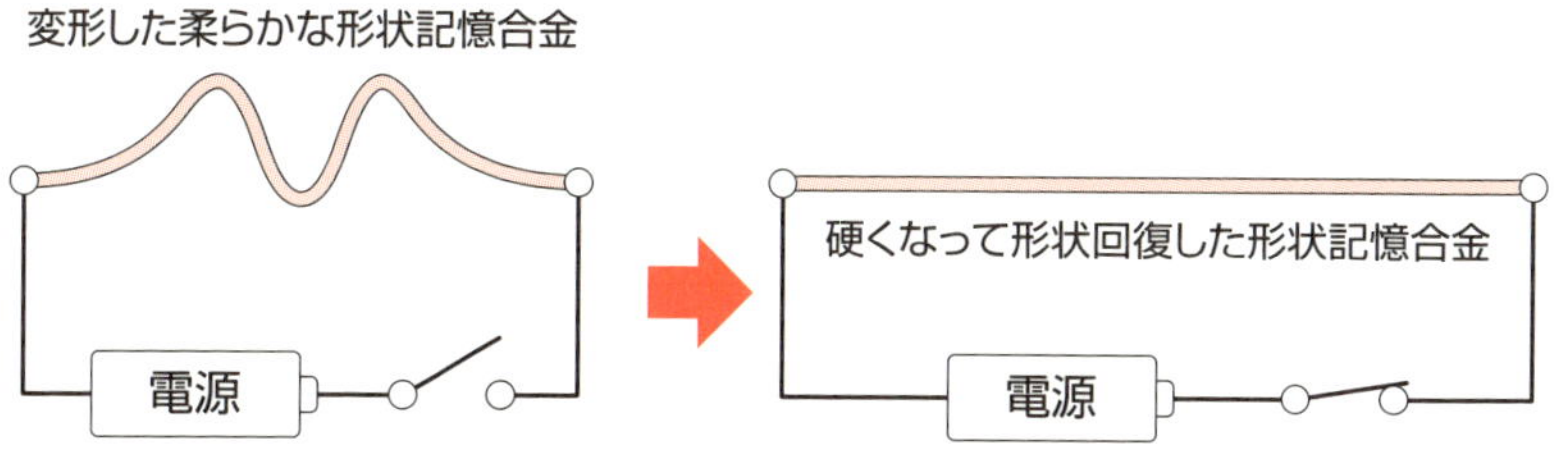

バイアス力と組み合わせれば電流のオン-オフで往復運動

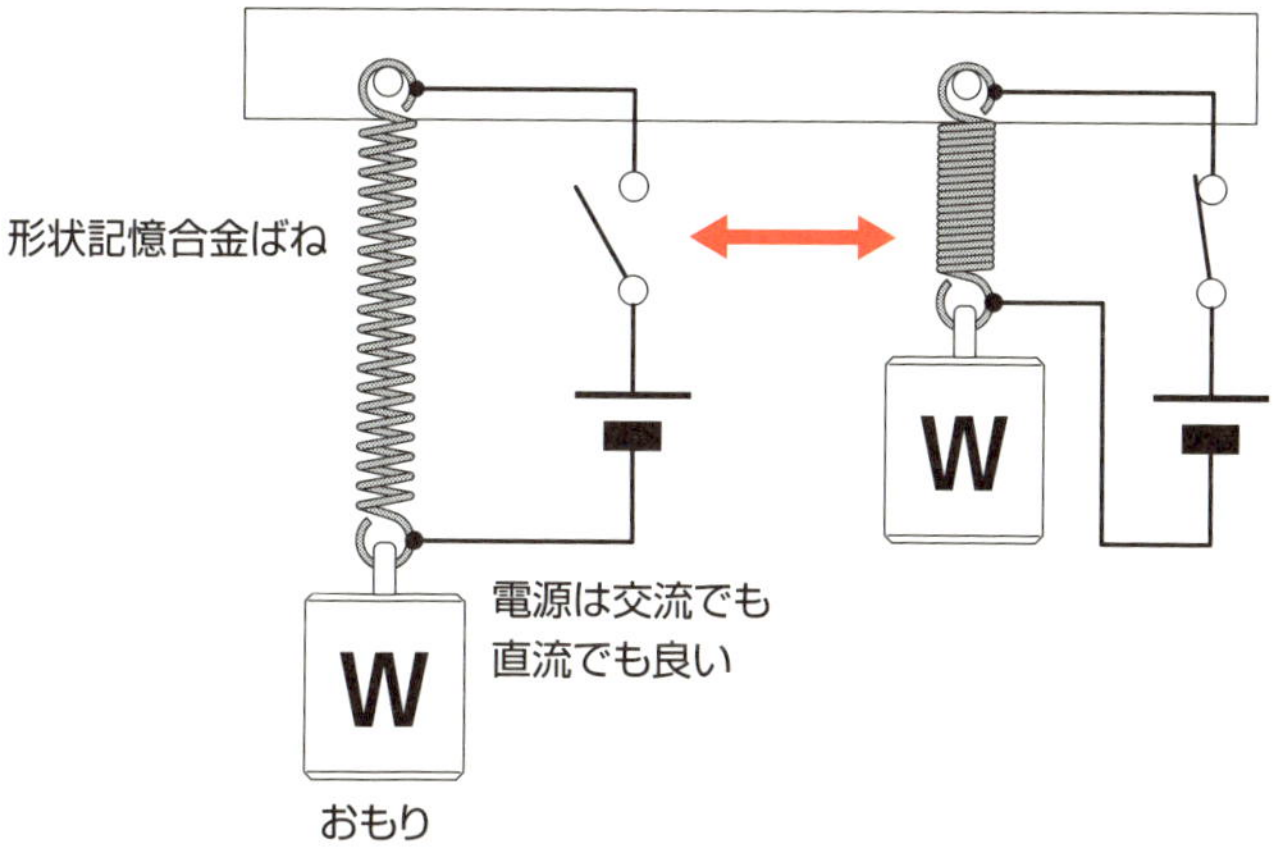

過熱を防止するカットオフスイッチ

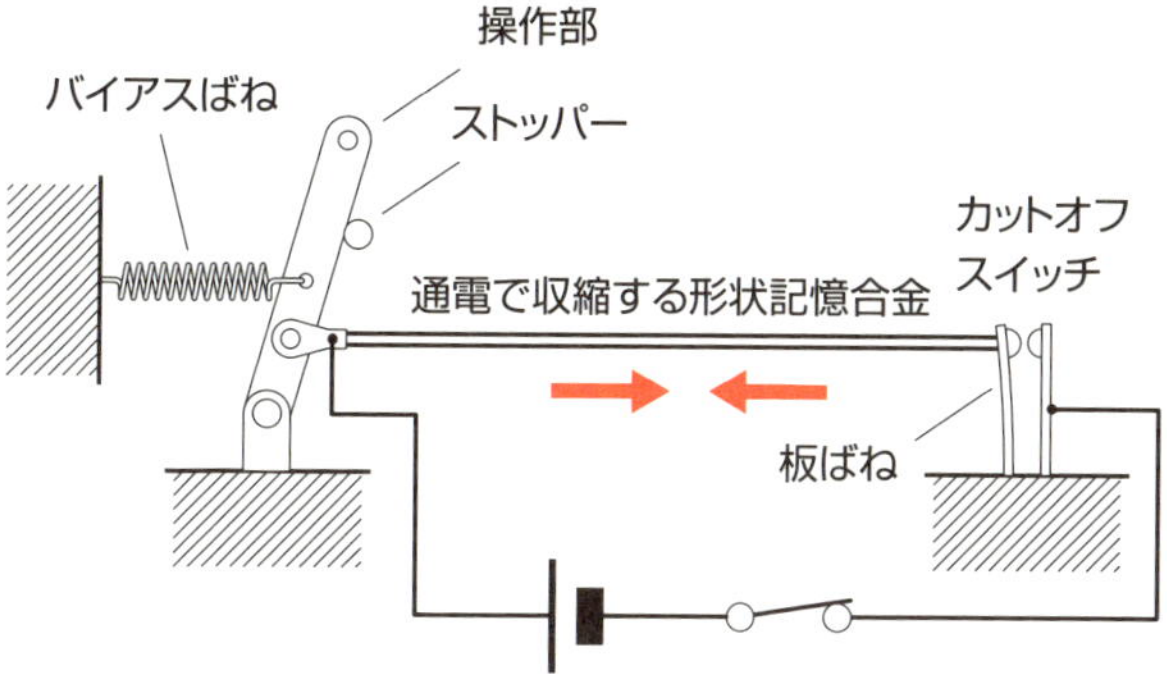

27 加工と接合は難しい

チタン・ニッケル合金のワイヤやばねなどの製品に、必要に応じて加工を加える場合があります。この合金には鉄鋼材料や銅合金などの汎用金属とは少し異なった特徴があるので、加工の際には注意が必要です。

この合金は超弾性効果によって弾性変形量が大きく、さらに高強度材でもあります。例えば、ニッパやカッタを用いてワイヤを切断する場合、破断までに大きな弾性エネルギーを蓄えます。この結果、破断時に材料が跳ねることがあるので注意が必要です。また、研削や切削加工時にもこの特徴が影響します。ミクロの世界では研削・切削も小さな破断の連続です。そのため、弾性変形量が大きく強度が高いこの合金は、「ねばりけ」があって加工しにくく、砥石や切削工具の損耗も大きくなります。

次に、接合方法について見てみましょう。この合金同士は溶接することが可能です。TIG溶接、電子ビーム溶接などの「融接法」、もしくはバット溶接などの「圧接法」を行います。一方、高活性であり多くの金属と反応し脆弱な反応相を生成するため、異種金属との溶接は容易ではありません。この問題を解決するため、接合部を短時間加熱によって局部的に高温軟化させ圧縮接合する技術が開発され、この合金とステンレスの溶接に応用されています。

その他の接合方法として「ろう付け」があります。この合金にあらかじめニッケルなどのめっきを施し、その上から相手部材とろう付けします。めっきによりこの合金とろう材との反応を阻止し接合強度が得られるため、眼鏡フレームの接合などに採用されています。また、機械的接合として、端部を平らにつぶしたこの合金のワイヤに金属製パイプをかぶせてかしめる方法があります。携帯電話のアンテナの接合に採用されており、難しい溶接やろう付けに比べて一般的な接合方法です。

加工上の注意点

要点BOX
●破断、研削時などに材料が跳ねる
●合金同士の溶接は容易、異種金属とは困難
●一般的な接合はかしめる方法

バット溶接

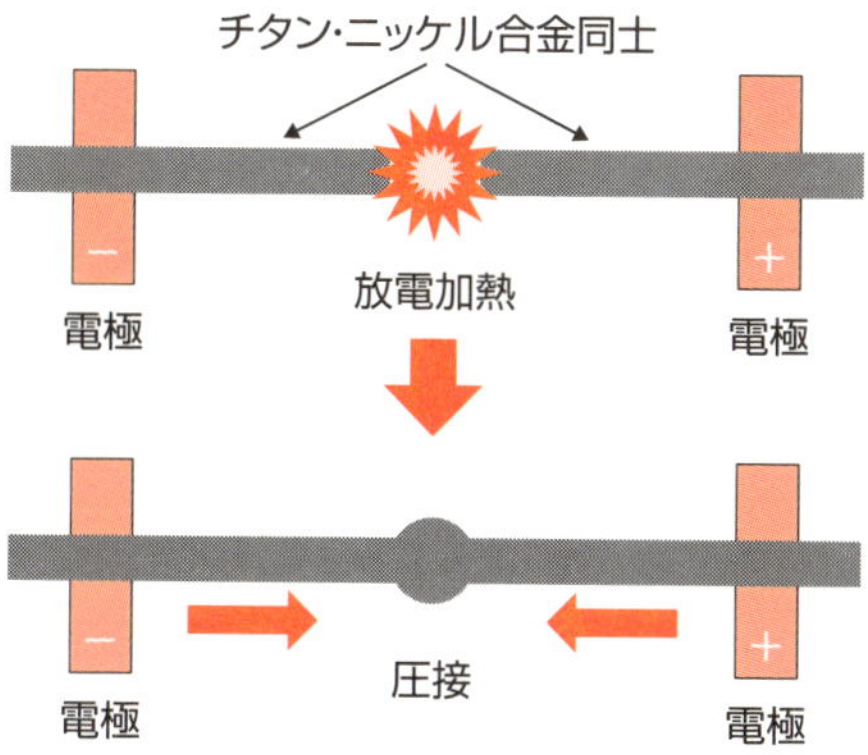

ろう付け

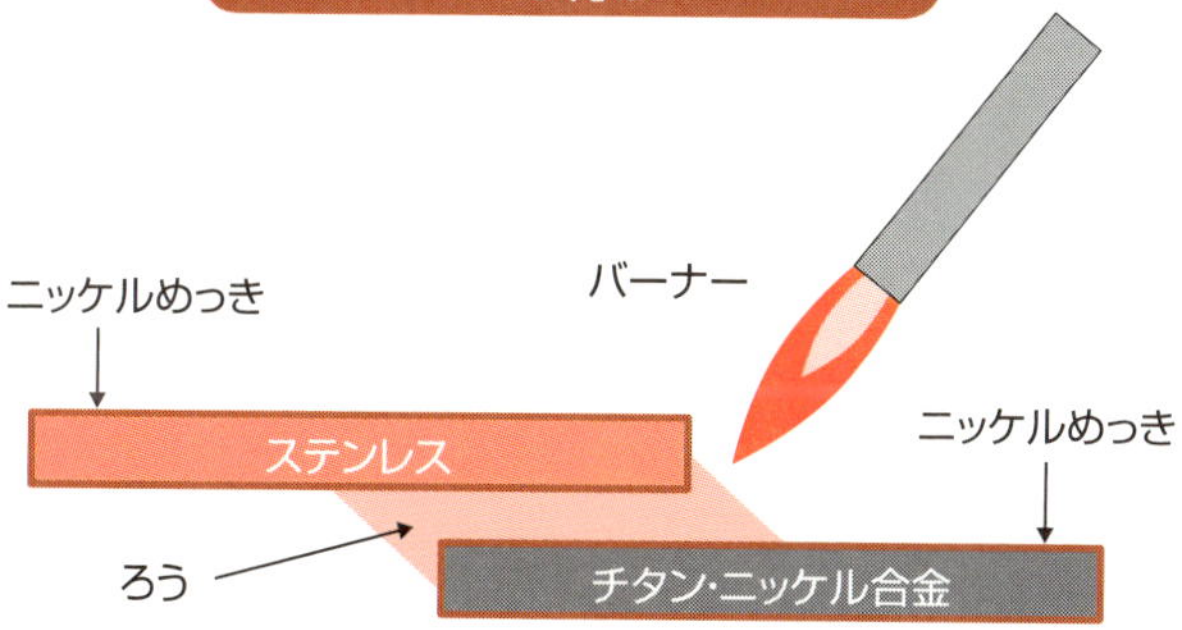

かしめ

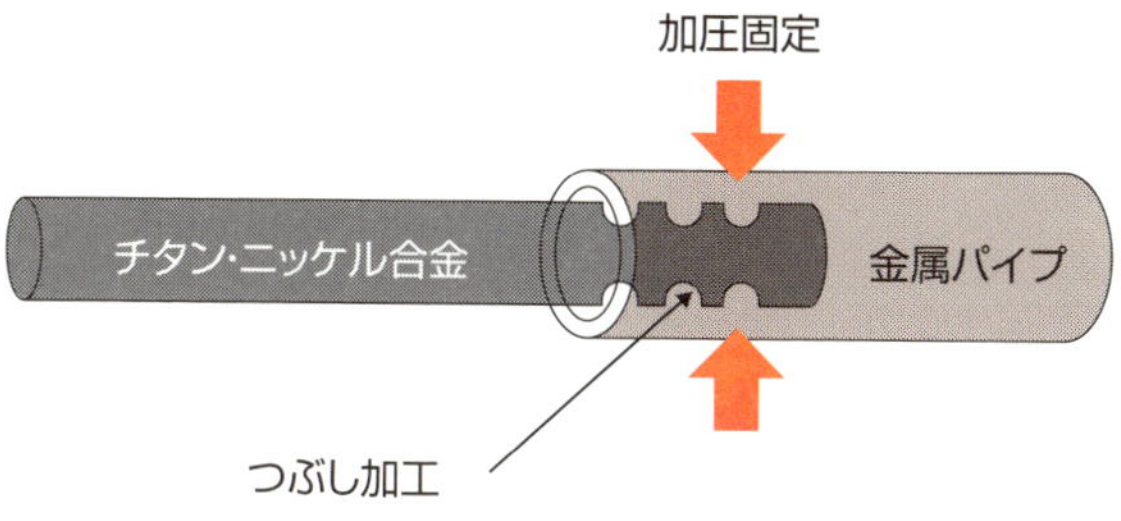

28 元の形に戻らなくなるのはなぜ？

チタン・ニッケル合金の繰り返し特性

チタン・ニッケル合金の繰り返し特性について考えてみましょう。形状回復の前後で原子の並び方がまったく同じであれば何回繰り返しても元の形に戻りますが、元とわずかでも違う場合、変形の繰り返しによって元の形に戻らない、または突然折れてしまうといった現象が起こります。これは、力がかかった方向へのすべり変形の結果、生じる現象です。それでは、どのような条件ですべり変形が生じるのでしょうか。

まず、温度が高いほどすべり変形は生じやすくなります。目安として、A_f温度よりも60℃以上高温で変形させて保持すると、すべり変形が生じる可能性があります。

相変態もすべり変形の原因になります。14項で見たように、R相とオーステナイト相との相変態は可逆性が高く、数十万回以上の繰り返しが可能です。一方、より低温域または高応力下で生じるB19'相とオーステナイト相との相変態では、わずかながらすべり変形が生じます。例えば、1万回程度の繰り返しによって、変形による性能低下が生じる場合があります。目安としてR相変態終了温度よりも50℃以下、あるいはひずみ量が1%を超えるとB19'相が出現するといわれています。また、大きく変形させても加熱なしで元の形状に戻る超弾性効果も、母相からの応力誘起によるマルテンサイト変態です。やはり1%以上の変形でB19'相に相変態するので、このような大きな変形量では1万回以上の繰り返しは期待できません。

製品設計の際には、以上のような繰り返し特性を考慮して、適用可否を検討する必要があります。

使用環境の影響はどうでしょうか。水素を含むガス中でこの合金を使用すると、合金中に水素が吸収される可能性があります。吸収された水素は特性を著しく低下させますので、注意が必要です。

要点BOX

- 元の形に戻らないのはすべり変形が原因
- 温度が高いとすべり変形が生じやすい
- 大きな変形量では1万回以上は繰り返せない

拘束した状態での加熱によるすべり変形の発生

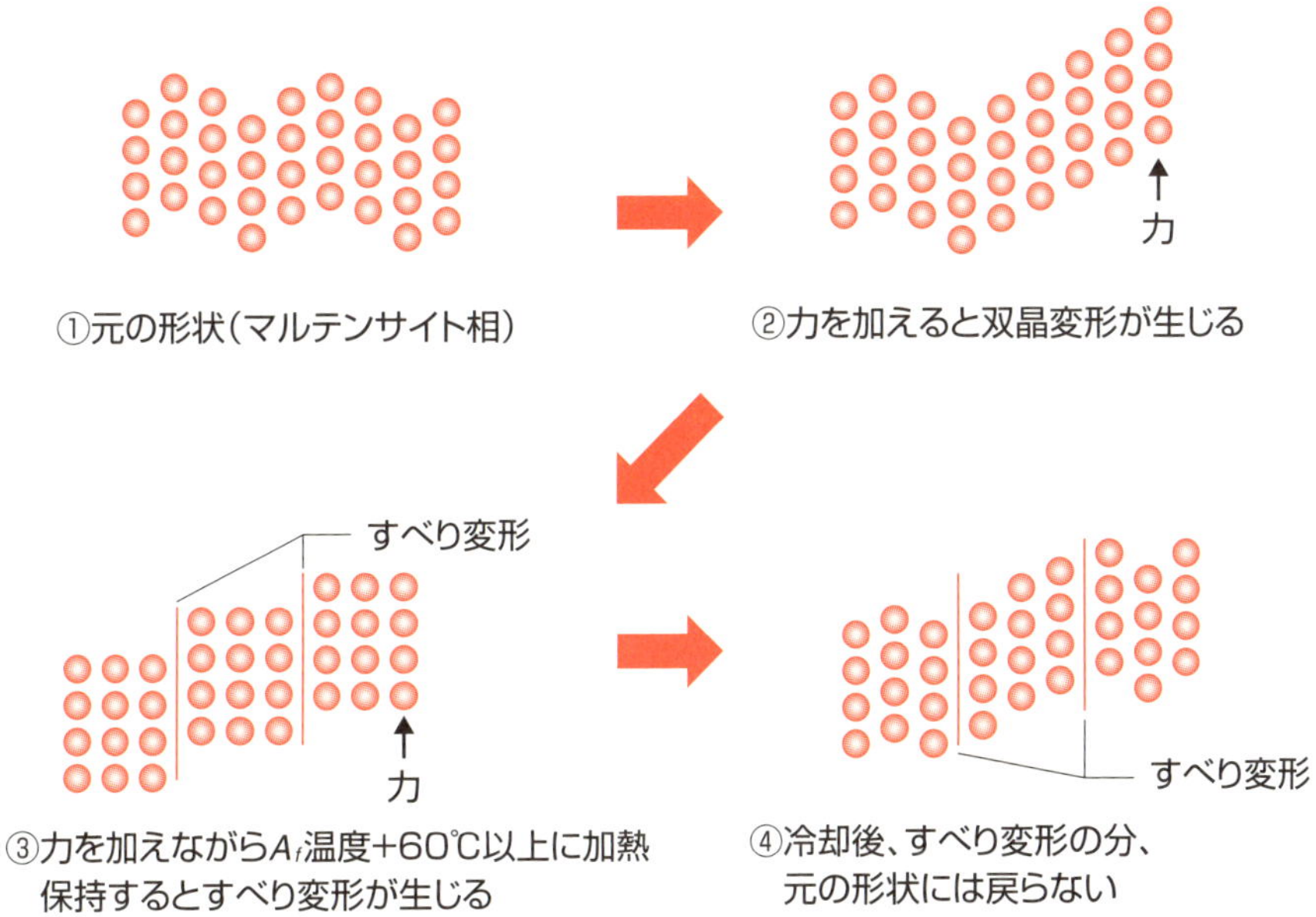

チタン・ニッケル合金の相変態

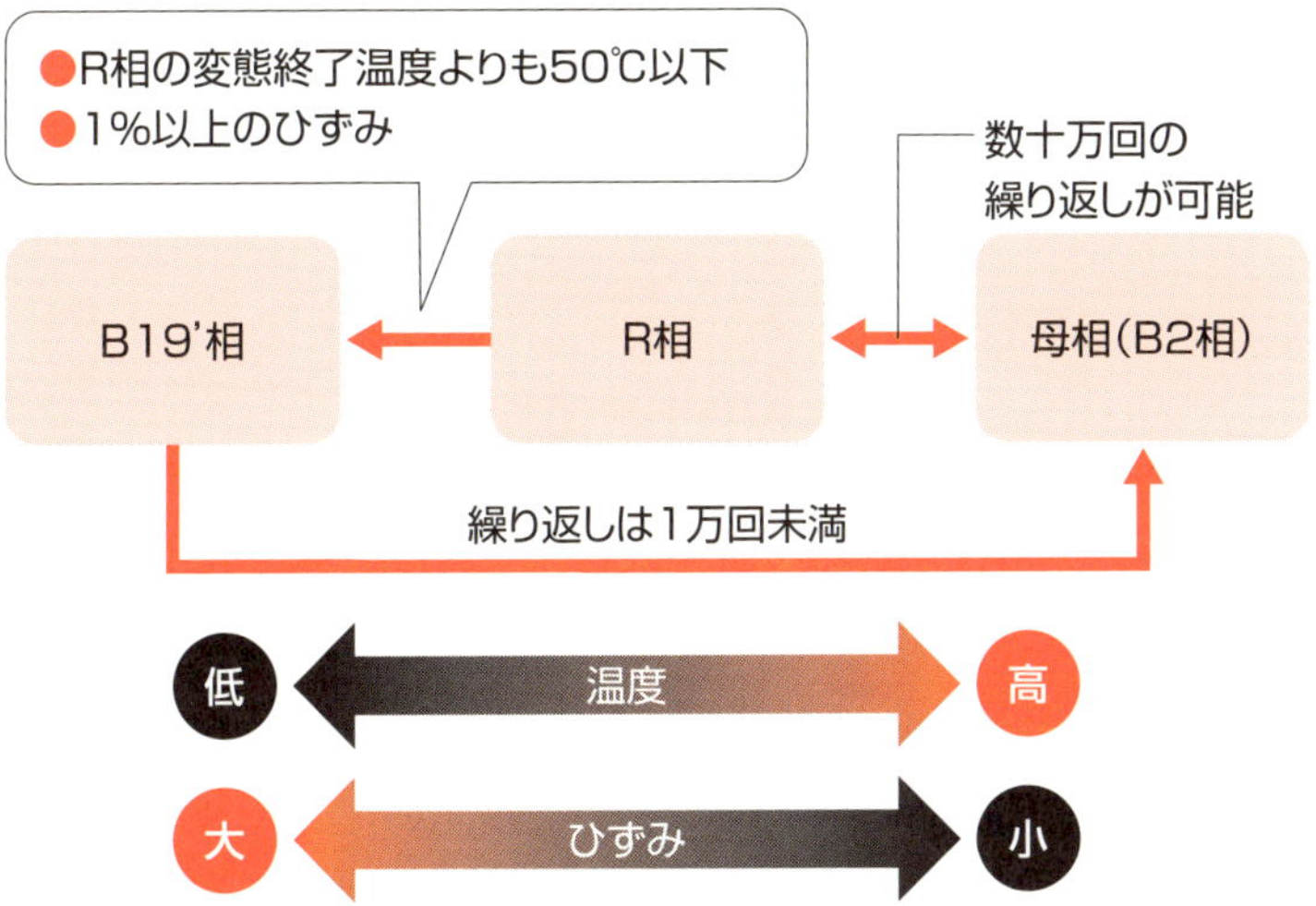

29 チタン・ニッケル合金は安全？

チタン・ニッケル合金には50％ものニッケルが含まれています。ご存知の通りニッケルは人体に有害な金属といわれています。ニッケルがこんなに配合されている合金は安全なのでしょうか。

医療機器は国の承認を取得しないと製造販売ができません。表に示す通り、使われる場所や条件によって安全性が審査され、合格しなければ承認されません。試験は培養した細胞や動物を使用して行われます。チタン・ニッケル合金で作られた医療機器もすべてこの基準で審査され、合格して製造販売されています。

しかし、20年、30年の長期にわたって体内で使用された場合のニッケルの溶出に対する心配は消えてはいません。まだ長期間の詳しいデータがないからです。

チタン・ニッケル合金の安全性については完全に証明されているわけではありませんが、世界で生産されているこの合金の80％くらいが医療機器に応用されているのも事実です。

グラフはヒト由来の細胞に及ぼす金属イオンの影響を実験した例です。整形外科で一般的に使われているニッケルを含まないチタン合金とチタン・ニッケル合金の金属イオンが、細胞にどれだけダメージを与えるか比較したものです。この実験ではチタン・ニッケル合金の方が細胞に影響していないという結果です。チタン・ニッケル合金はチタン原子とニッケル原子が規則正しく並んでいる金属間化合物なので、一般の無秩序に並んだ金属と異なり、ニッケルは強固に結合しているので溶出しにくいのです。

これからの課題は、動物や人間での長期にわたる安全性の研究です。また、チタン・ニッケル合金の特性に匹敵するような、ニッケルを含まない形状記憶合金の開発も期待されます。

要点BOX
- ●医療機器は国の承認を得たもの
- ●長期にわたる体内使用のデータはない
- ●ニッケルフリー合金の開発も進む

形状記憶合金の生体適合性

第一次評価のためのガイドライン　長期的接触(30日を超えるもの)

医療機器の分類		生物学的試験								
		細胞毒性	感作性	刺激性/皮内反応	急性全身毒性	亜急性毒性	遺伝毒性	発熱性	埋植試験	血液適合性
表面接触機器	皮膚	○	○	○						
	粘膜	○	○	○		○	○			
	損傷表面	○	○	○		○	○			
体内と体外を連結する機器	血液流路間接的	○	○		○	○	○	○		○
	組織/骨/歯質	○	○				○		○	
	循環血液	○	○	○	○	○	○	○		○
体内植込み機器	組織/骨	○	○				○		○	
	血液	○	○	○	○	○	○	○	○	○

金属イオンによる炎症反応

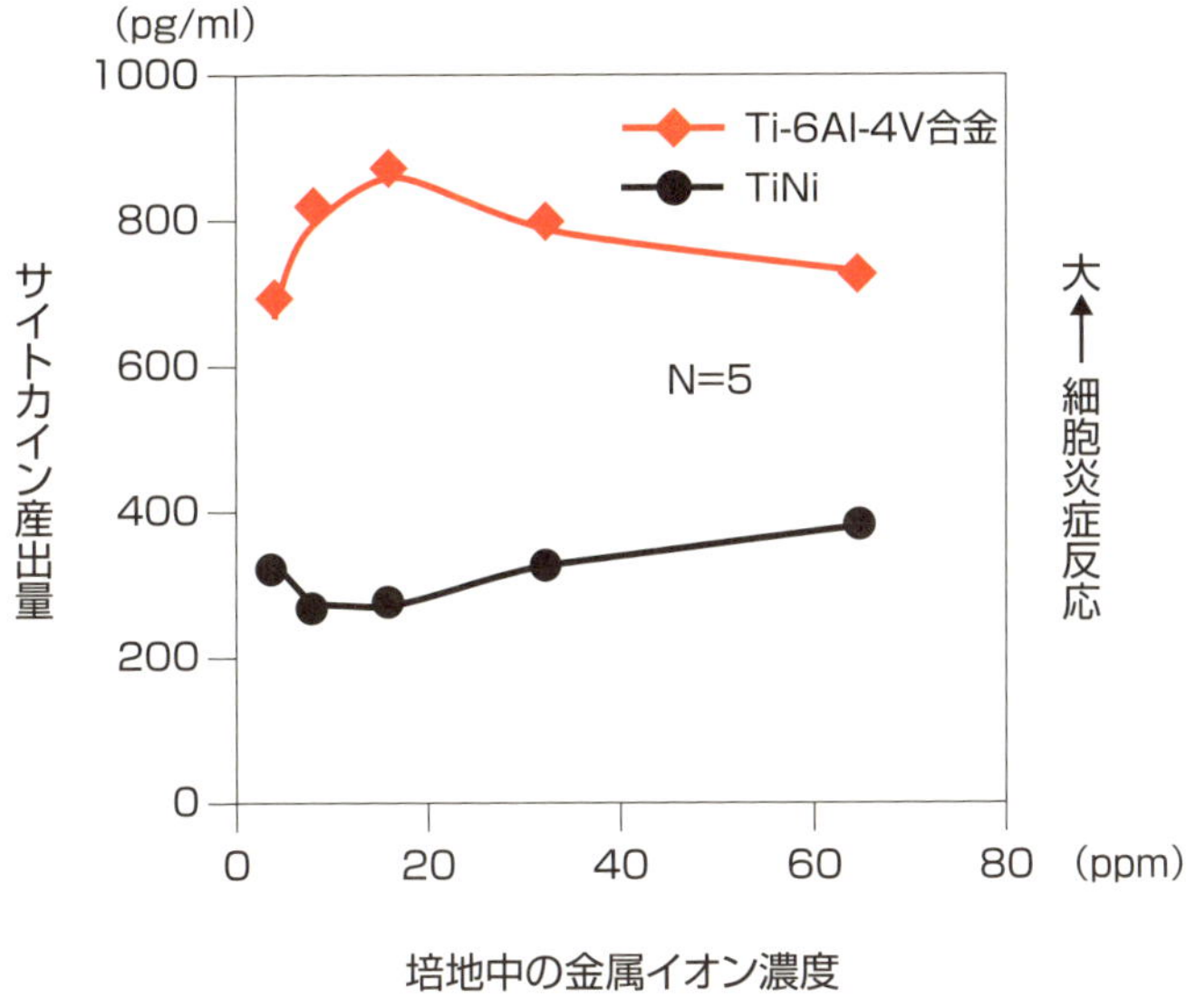

Column

優等生になるか、不良になるか。育てる環境が大事

チタン・ニッケルはデリケートで、バリケードな合金です。この合金は大きく変形させてもきっちり、そして何回も元の形に戻る超優等生です。しかし、人間と同じで、このような優等生を育て上げるためには、いろいろな苦労があります。

構成原子の約半分がチタンであるこの合金は、酸素や窒素とすぐに反応してしまうので、真空中で溶解しないといけません。とてもデリケートですね。俗な世間から隔離されて育った「箱入り娘」といったところでしょうか。

もし、悪い友達、いや酸素や窒素の影響で目標の成分からずれてしまったらどうなるでしょうか。鉄鋼材料の場合は、ちょっともったいないですが、再溶解して成分を調整すれば問題ありません。更生して「俺もむかしは悪さもやったよ」などと思い出話にできるわけです。

ところが、生来デリケートなチタン・ニッケル合金は一旦酸素や窒素と結びつくと、もう離れません。感受性の高さゆえに悪い友達と離れられない優等生。親としては歯ぎしりして見守るしかないでしょう。

成分がずれるほどの悪影響がなかったとしても、硬い酸化物や窒化物として内部に残り、それを起点として使用中にポキッと折れてしまうことも心配です。「あの時、あんなやつに会わせなければ…」後悔先に立たず、です。

一方、親のもくろみ通りに育ってくれた場合、生来のデリケートさがバリケードに変化します。酸素との結びつきの強さから、この合金の表面には緻密で強固な酸化被膜が形成されます。頑丈なバリケードといったところです。このバリケードをまとったこの合金は多少のことでは堕落、いや腐食しません。ステンレスが腐食するような環境もどこ吹く風、元の形状を維持して働き続けます。また、酸化被膜はこの合金の高い耐摩耗性にも影響していると思われます。

さて、ここまでくればもう安心、と思いきや、俗な世間は甘くありません。塩素イオンや水素の登場です。高濃度の塩素イオンはバリケードを浸食しますし、水素はバリケードを素通りして侵入し、この合金の特性自体を劣化させてしまいます。自慢の箱入り娘ですが、その点くれぐれもご注意ください。

第4章

形状記憶効果を活かした応用事例

30 世界で初めての応用製品

単純な使い方のパイプ継手

ここで紹介するパイプ継手は、形状記憶特性が十分に解明されていない開発初期に商品化されたものです。継手を冷やして広げ、加熱して元の記憶形状に戻すという単純な使い方ながら、形状を記憶する金属を初めて世界にアピールすることになりました。

(1)航空機油圧配管

最初の応用は戦闘機の油圧系統や燃料パイプを接続する補修用継手でした。継手はパイプより小さい径を記憶しており、低温からの締結力を保持するため液体窒素で冷やして内径を広げておきます。パイプ両側から差し込み継手が中央になる位置で保持して温度を上げると広げた径が戻るため、パイプを強く締め、パイプ同士をつなげます。継手の内径にリング状の突起を付けておくと、しっかりパイプに食い込んで高いシール性を発揮します。

戦闘機や潜水艦などは軽量化のためチタン合金パイプが使われますが、ねじ加工や溶接が困難です。そこで、複雑な配管作業を行うスペースの確保という課題を解決したチタン・ニッケル合金継手による接続が採用されました。

(2)発電プラント

素早く簡単な締結作業と信頼性の高いパイプ接続が得られる形状記憶合金パイプ継手は、発電所の配管にも使用されました。取り扱いやすくするために、TiNiNb合金継手が開発されました。この合金は低温時に変形を与えると元に戻る温度が100℃も上昇する特徴があり、継手を拡径した後、室温で保管することが可能です。

安全性が求められる原子力発電所では、耐用年数に達した部材を交換しなければならず、被ばくの防止と工期の短縮効果を狙い、この継手が採用された実績があります。

要点BOX
- ●戦闘機の省スペース作業に応える
- ●発電プラントで工期の短縮が狙い

TiNiNb合金の変態温度とひずみの関係

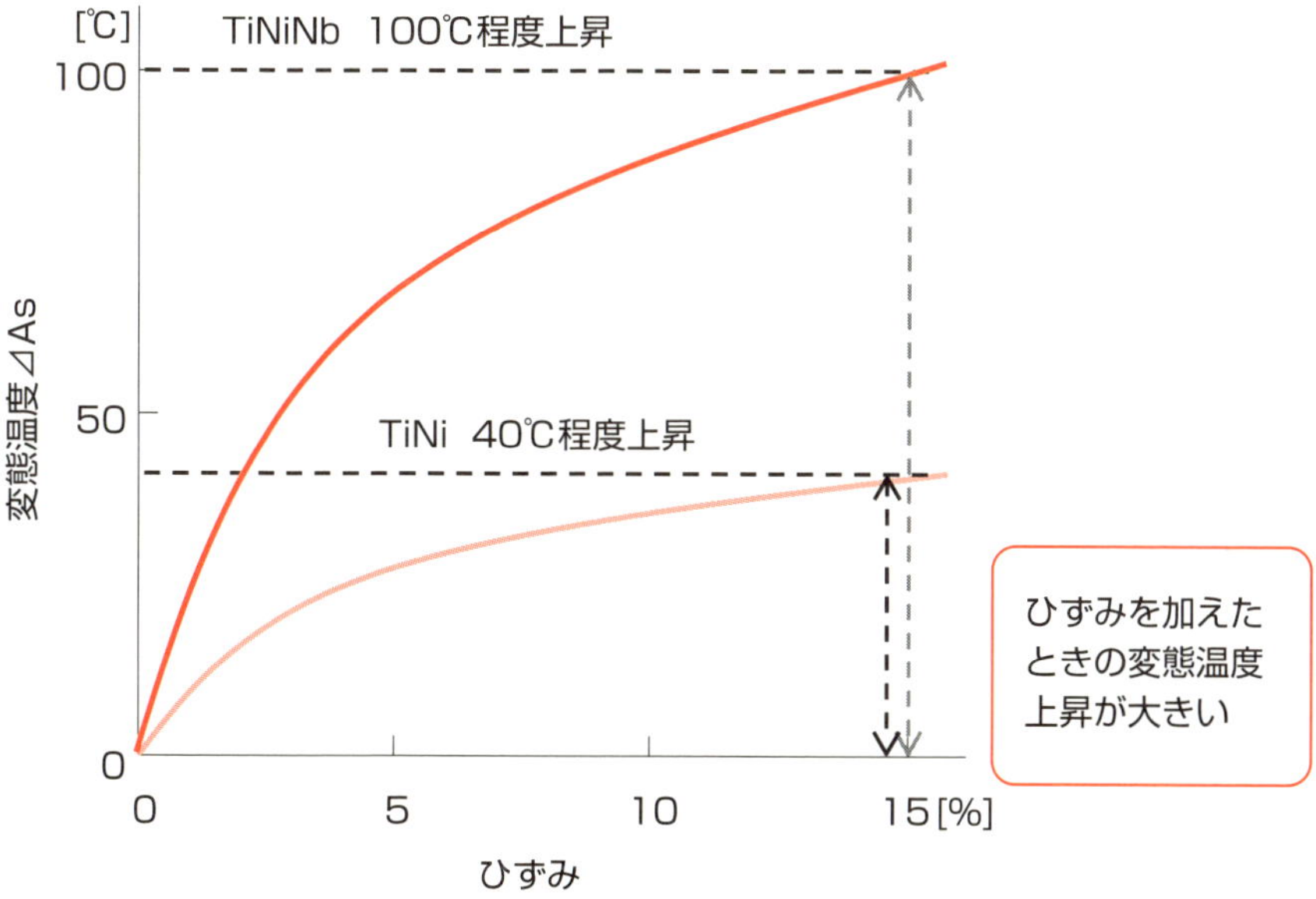

パイプ継ぎ手の締結方法

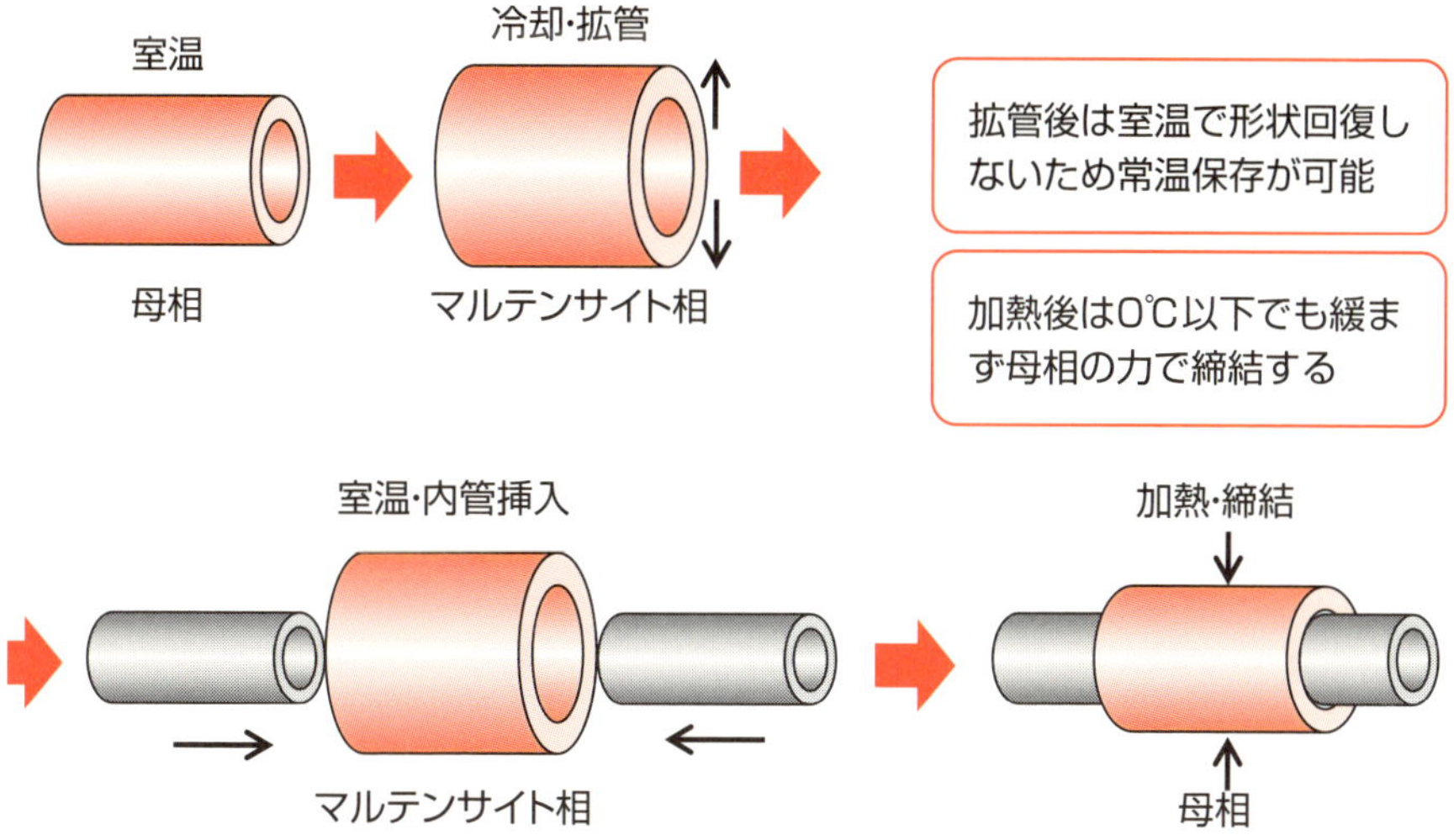

31 日本で初めての応用製品

玩具と防湿保管庫

1980年代になって形状記憶合金の実用化検討が始まりました。それ以前から形状記憶合金の応用特許は数多く出願され、アイデアもたくさん出されていたのですが、この合金の機能をうまく活かした上で、作動の確実性と繰り返し寿命の信頼性の確認のため、開発には時間を要しました。

(1)玩具

最初に発売されたのは玩具で、合金の本質をそのまま見せるシンプルなものです。写真のように、直線はマドラの柄やスプーンとしてお湯の中でまっすぐに戻るものに、また円形の方はその両端に付けた男子と女子の横顔や、破れたハートが温めるとくっ付くというものでした。

(2)全自動防湿保管庫

玩具の発売と同じ1982年、日本初の工業製品への応用が実現しました。内部の湿度を低く保持する防湿保管庫です。ボックス内の小箱に入った吸湿剤が能力いっぱいになるとヒータで加熱してリサイクルする機構になっています。このヒータの熱で形状記憶合金ばねが縮み、本体と小箱の境の扉を閉め、外側の戸を開けて湿気を追い出して吸湿剤を再生させるというもので、形状記憶合金の温度センサ兼アクチュエータとしての応用の手本となりました。

従来の製品には大きなソレノイドが付いていたのですが、形状記憶合金の小さな引張ばねと、さらに小さなバイアスばねに置き換わりました。作動の時に音がしなくなり薬剤を保管する病院や、カメラや研究器材の防湿保管にも役立っています。

形状記憶合金の応用が最初に進んだのはアメリカで、応用分野は軍用や国家プロジェクトでした。民生用への展開はこの2件を先駆けとして日本が早く、広い分野で数多くの応用製品が生まれました。

要点BOX
- ●日本での初商品は子供向け玩具
- ●初の工業製品がそれ以降の手本となる
- ●日本では民生品への応用が加速した

形状記憶合金の玩具

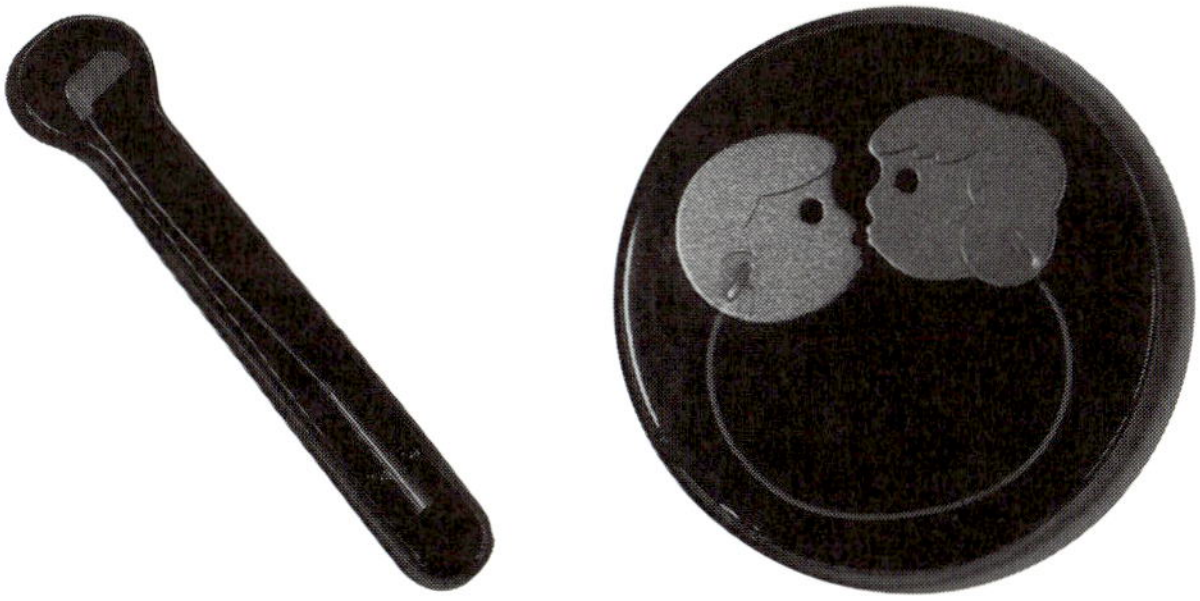

（提供:株式会社タカラトミー）

全自動防湿保管庫

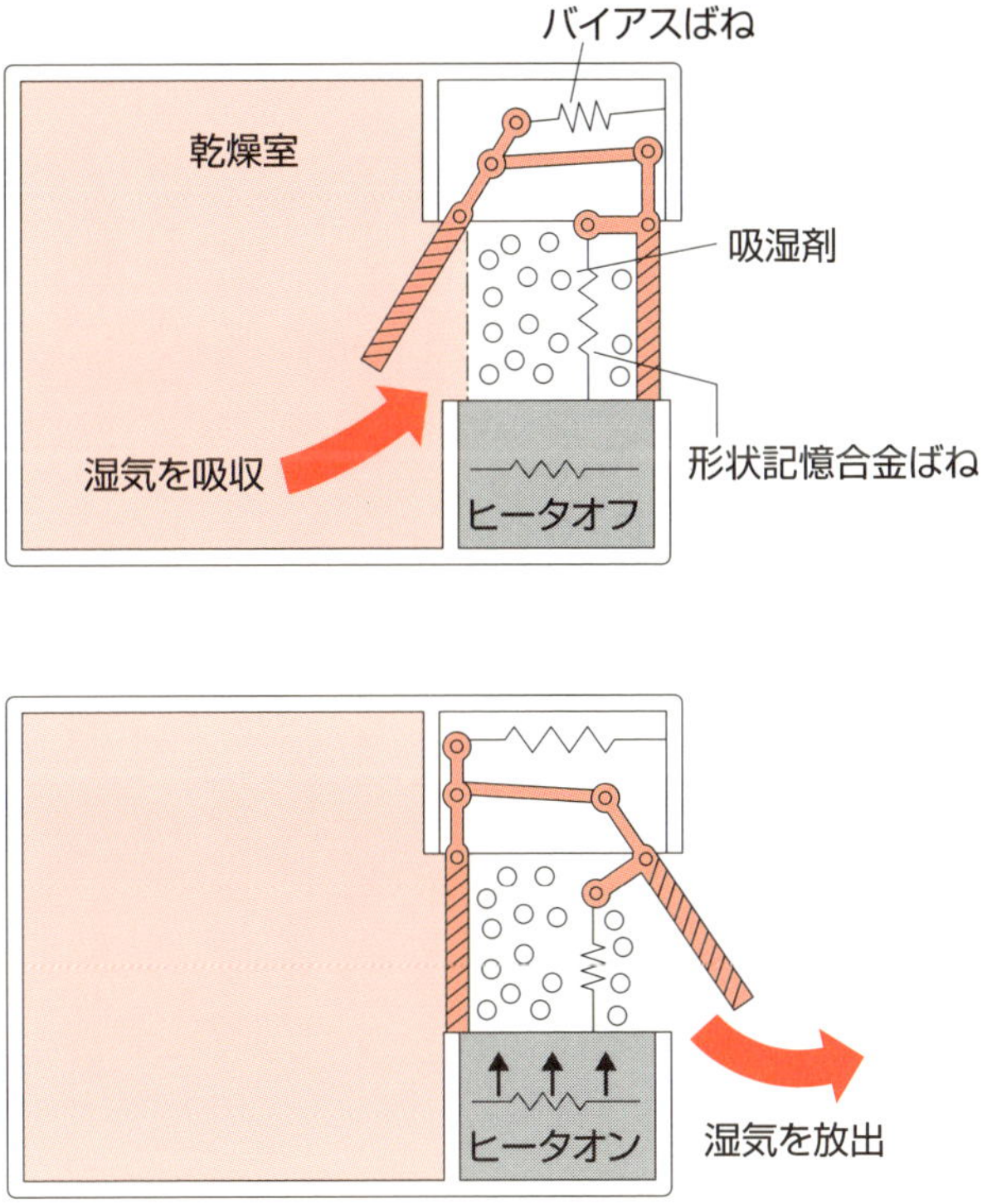

用語解説

ソレノイド：電磁力を利用して、電気エネルギーを機械的運動に変換する機能部品。

32 省エネルギーで快適な住居づくり

エアコンのフラップ・床下換気口

形状記憶合金は住宅の省エネルギーや、環境改善にも役立っています。

(1) エアコンの風の吹き出し口のフラップ

形状記憶合金ばねとバイアスばねを組み合わせて、温度によりフラップの向きを変え、風向きを自動調整する機構です。

温かい空気は上に昇り、冷たい空気は下に沈む傾向があるので、吹き出し口の方向を温かい空気は下方向に、冷たい空気はまっすぐに出すようにし、室内の空気が対流しやすくするものです。スイッチを入れただけでは作動せず、温かい空気に形状記憶合金ばねが触れて初めて動くので、吹き出し始めの冷風は下方に吹きません。モータ駆動に比べ、機構が簡単で低コストであることに加え、騒音の小ささ、クイック機構（25項参照）が特徴です。

(2) 床下換気口

日本の夏は蒸し暑いので通風を良くするため、床下や軒下には換気口があります。一方、冬場にはこの換気口からは熱が逃げています。

チタン・ニッケル合金ばねを用いた開閉機構を設けることにより、冬場の寒い時期には換気口の口を閉じ、夏場の蒸し暑い時期には口を開くことが可能です。住宅からの排熱は、床下通気口からだけで18％あるといわれており、冬場床下の換気口の口を閉じるだけで省エネが可能となります。

換気口には、形状記憶合金ばねとバイアスばねが組み合わせて取り付けられています。形状記憶合金は低温では弱く、温度が高くなると力が強くなる性質を持っており、温度が上がるとバイアスばねの力に打ち勝つようになって換気口の口が開く仕組みです。

また、湿気が透過する「透湿高気密工法」と組み合わせることで、シックハウス症候群を防止する提案もされています。

要点BOX
- ●温度によってエアコンの風向きを自動調整
- ●床下換気口の開閉に活用
- ●夏場と冬場の気温を自動的に感知して作動

エアコンのフラップ

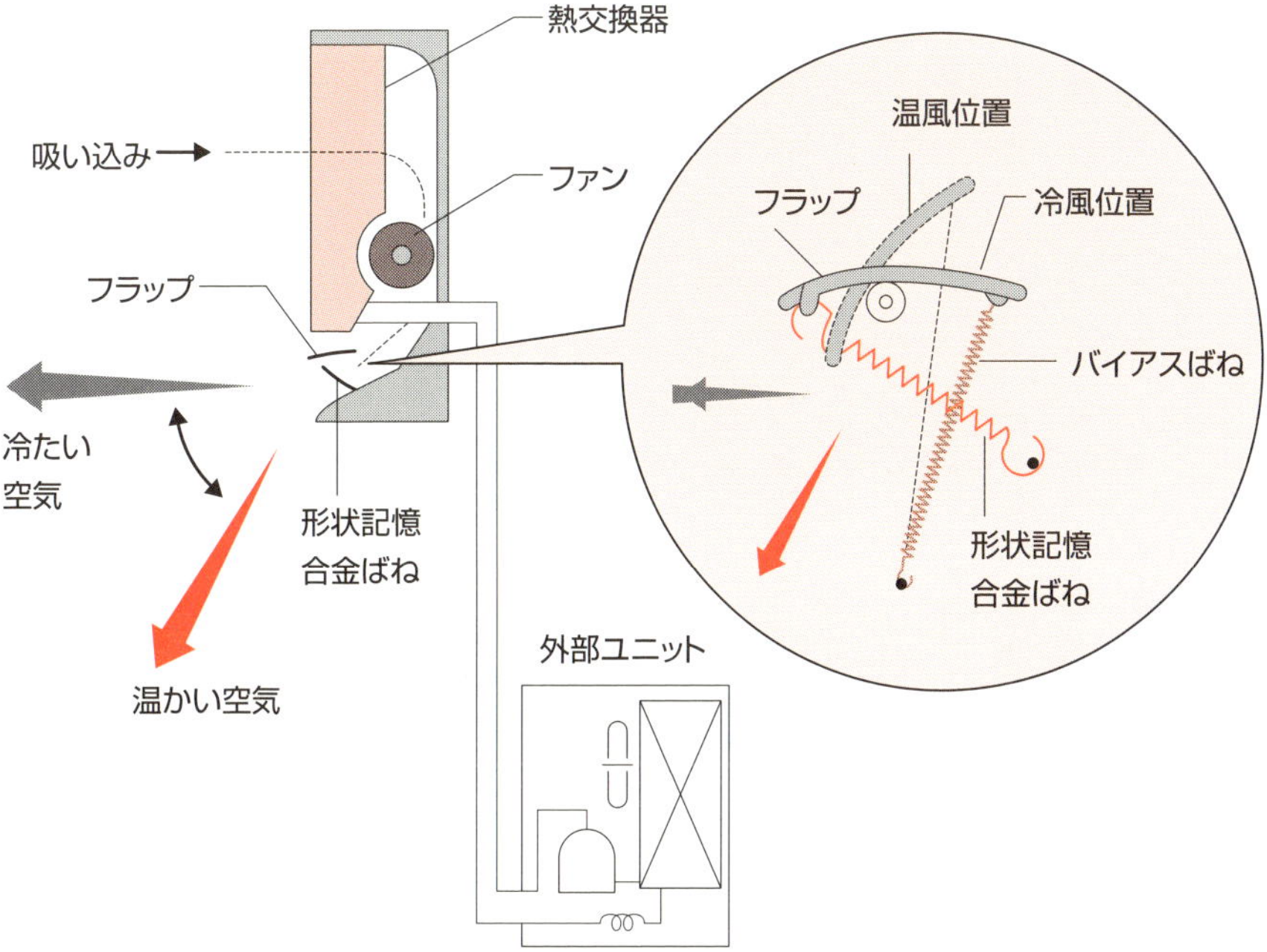

床下換気口

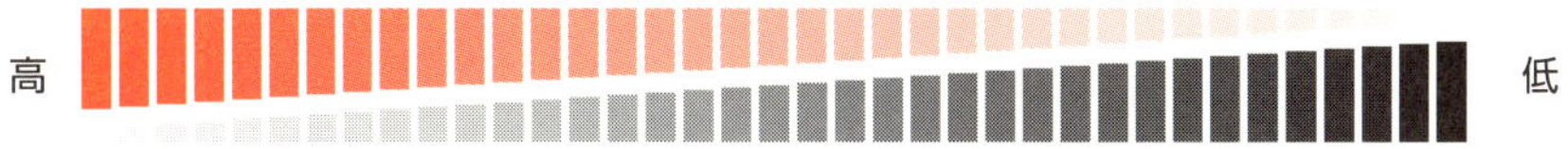

（提供：株式会社佐原）

33 応用に積極的だった家電業界

コーヒーメーカー、炊飯ジャー、浄水器

開発当初、形状記憶合金の応用に最も熱心だったのは家電業界です。水をお湯にするなどの温度変化を感知して機構を作動させたい用途はたくさんありました。しかし、感知し作動する温度、作動する変位、発生力、繰り返し耐久性、コストなど課題も数多くありました。

(1)コーヒーメーカー

コーヒーはぬるい温度で時間をかけて淹れるのではなく、沸騰に近い温度で一気に淹れるのが美味しいとされています。まず開発されたのは、蒸発した湯気の温度を感知した形状記憶合金ばねがコーヒー豆のある器との境の穴を開けて湯を一気に落とすものでした。お湯を上に置く少人数用だけでなく、水温を感知して合金ばねが湯をコーヒー豆に導く大人数用も開発されました。

(2)炊飯ジャー

炊飯器と保温ジャーが一体となった商品。ご飯を炊く時は蒸気が蓋の穴から抜け出し、保温に切り替わると穴を閉じてジャーの温度と湿度を保つために形状記憶合金ばねが採用されました。記憶温度を65℃に設定、室温を5℃に想定した1万5千回の繰り返し耐久性をクリアするため、当時開発されたばかりの銅入りチタン・ニッケル合金が採用されました。

(3)浄水器

浄水のために使用されている「中空糸膜」は熱に大変弱いです。浄水器が瞬間湯沸かし器と連動しているタイプでは、熱水が流れるとダメージを受ける中空糸膜を守るため、形状記憶合金ばねが熱水を感知して流路を切り替えるようになっています。

他にも、流体の温度を検知した形状記憶合金自体が作動して流路を変えたり、閉止弁を開閉したりする温度センサ兼アクチュエータとしての応用は、他の機構と比べて部品が少なく省スペース、省コストとなり商品化に成功するケースが多くなっています。

要点BOX

●蒸発した温度を感知するコーヒーメーカー
●1万回の耐久性テストをクリアした炊飯ジャー
●部品点数が少なく済むのが成功の条件

コーヒーメーカー(大人数用)

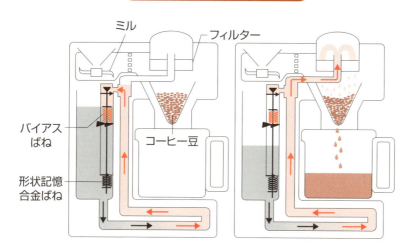

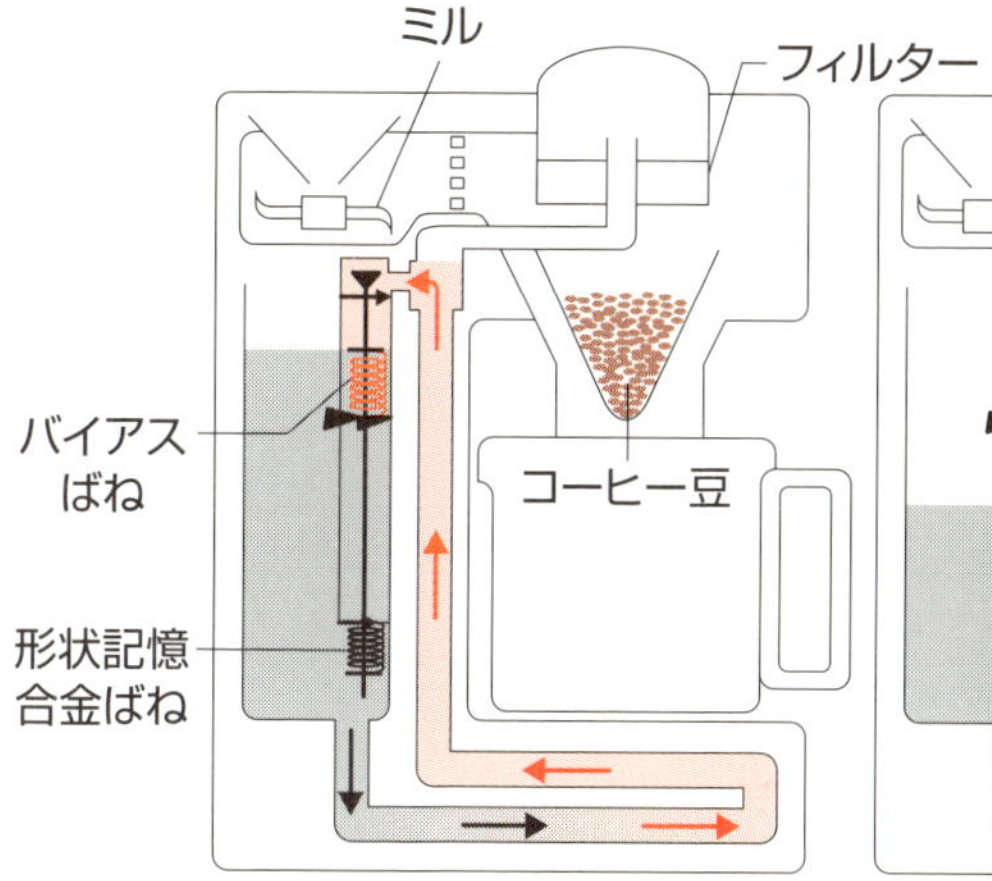

炊飯ジャーの蓋

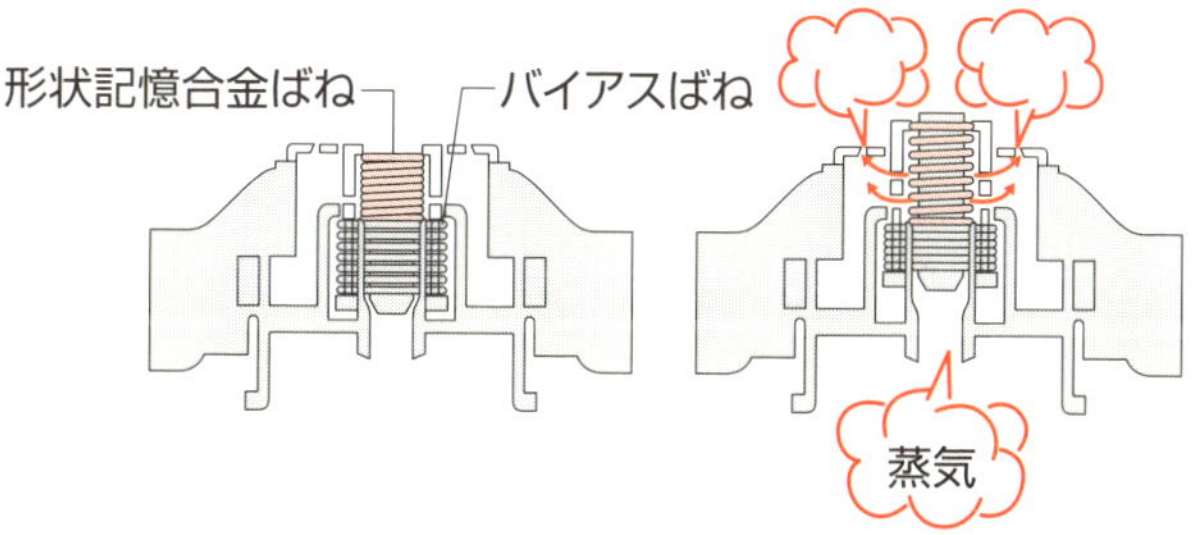

浄水器用バルブ

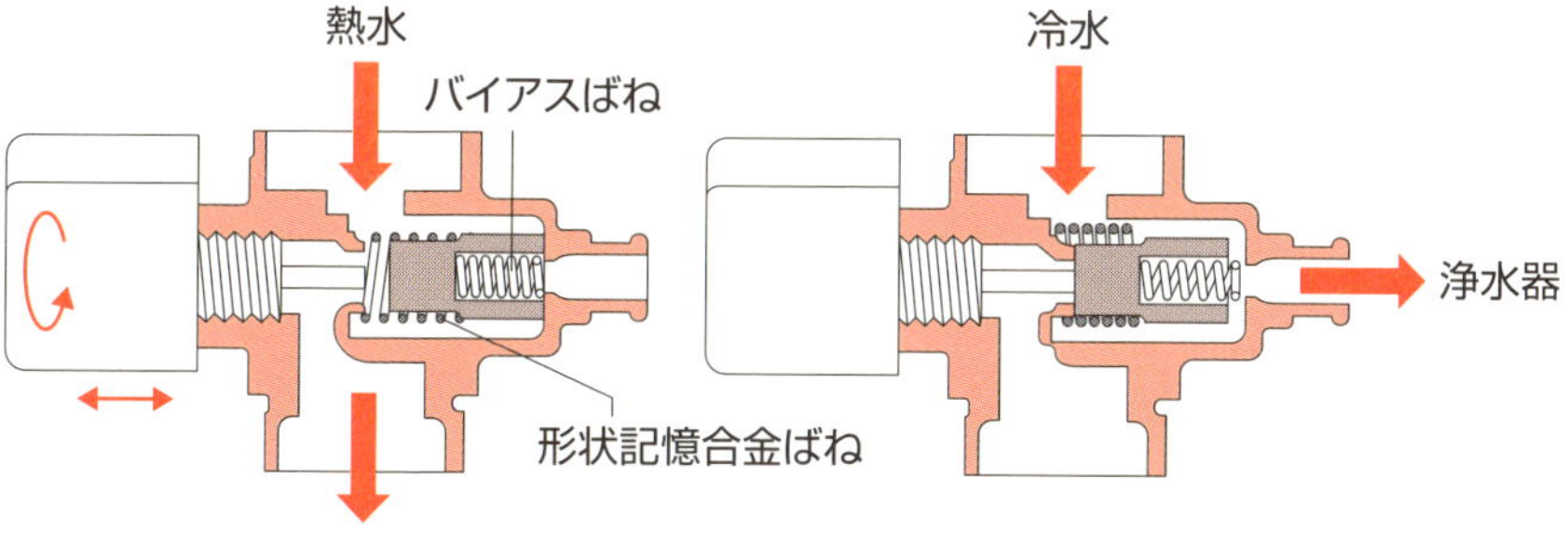

(a)熱水防止の状態　(b)浄水器側に常温水を通水

34 最も活用された応用の1つ

風呂・トイレでの湯温調節

(1)混合水栓

シャワー温度を自動で調節する混合水栓は、形状記憶効果を活用した応用で最も利用されている事例の1つです。この混合水栓の構造を上図に示します。

一般的に形状記憶合金ばねは、オン－オフ制御タイプで用いられることが多いのですが、この混合水栓は、温度によりばねの力が変化していく領域を用いています。つまり、形状記憶合金ばねとバイアスばねの力が釣り合った温度を利用して吐水します。

従来は熱伝導に時間がかかるワックスエレメントであったため、瞬時の温度変化に追従できなくて突然熱湯が出るオーバーシュートが発生していました。形状記憶合金ばねは、混合した湯水を直接感知するので、温度変化に素早く反応します。水圧変動で湯水の量が変わり吐水温度が変わっても、すぐに設定した温度になるように作動するのでオーバーシュートがない、快適なシャワーを実現しました。また、水栓の容積もワックスに比べて、大幅に小さくなりました。

(2)熱水カット弁

この他の風呂用では追焚き時の熱水カット弁があります。お湯が冷めた場合、形状記憶合金ばねは浴槽内の冷めたお湯によって温度が下がるため弁が開いたままになり、お湯を温めます。湯量が全くなかったり少ない場合、合金ばねは出湯温を検知し、熱湯を遮断します。

(3)冷水カット弁

トイレの温水洗浄器のシャワーノズルにおいて、冷水カットを目的に形状記憶合金ばねが使用されました。このノズルは使う時にお湯を吐出しますが、水が温まっていない時はノズル内に残存した冷水を吐出しないように排水し、お湯が流れると合金ばねが作動し、温水が吹きあがる機構になっており、排水する冷水はノズル洗浄用としても有効に使われました。

要点BOX
- ●シャワーの湯温調節には素早さが大切
- ●追焚きでも湯量を自動調節
- ●急激な温度差の心配がない

混合水栓

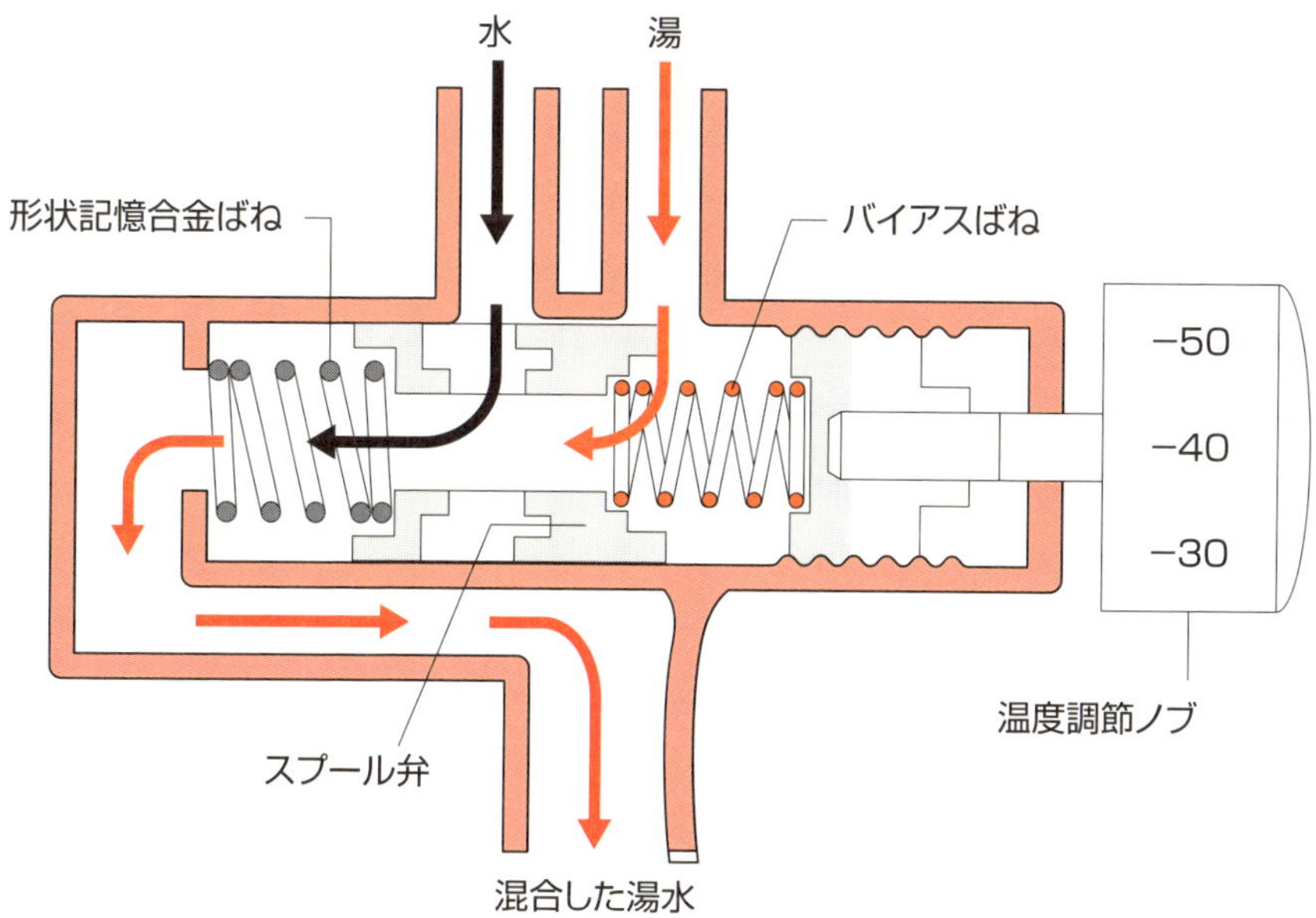

トイレの温水洗浄器のシャワーノズル

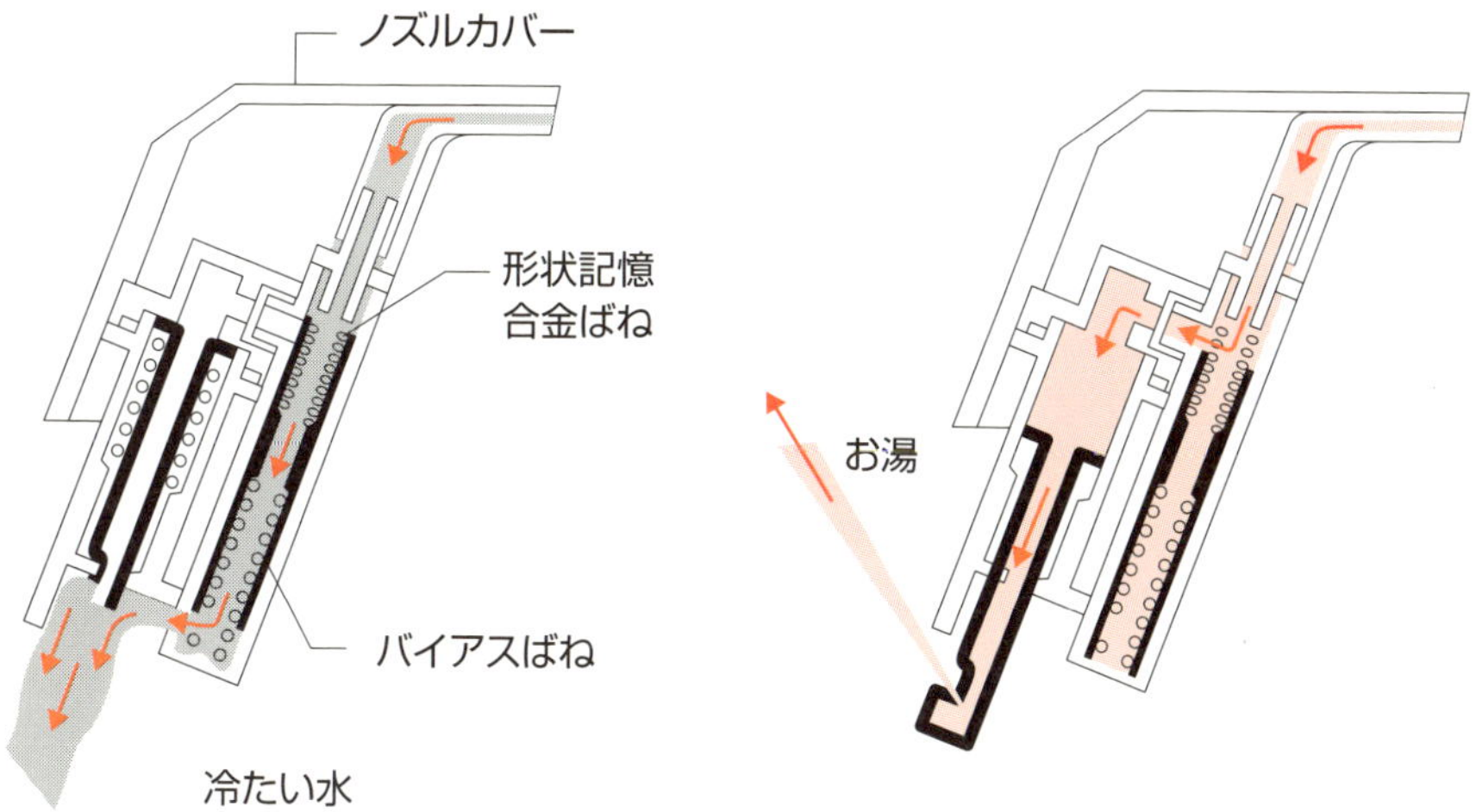

35 破砕や解体する形状記憶合金

岩石破砕器、易解体ねじ

(1) 岩石破砕器

ダイナマイトを使わない静的岩石破砕工法は、都市部近郊のトンネル掘削やビル解体などの土木工事において、振動や騒音などの環境対策上、不可欠なものです。静的な工法として膨張性セメントなどが使用されますが、反応時間などに難点があります。

岩石破砕器は形状記憶合金を利用して無音・無振動で60トンのパワーを出力し、約60秒で岩石やコンクリートを破砕します。円筒状の形状記憶合金棒を30トンの圧力により約1㎜圧縮させます。これを50℃以上に加熱すると合金1個当たり10トンの回復力を発生し、破砕のエネルギーとなります。構造物へ穴を開け圧縮した6個の形状記憶合金をスリーブにセットし、穴へ装入してヒーターでA_s以上に加熱すると、構造物は形状記憶合金の回復応力により破砕されます。形状記憶合金は完全に形状回復し元の長さに戻り、繰り返し使用できます。

(2) 易解体ねじ

家電のリサイクルは解体効率の悪さと高い作業コストが大きな課題となっていました。そこで、形状記憶合金を用いて加熱すると締結した部品が外れる易解体ねじが開発されました。易解体ねじは、ねじ部と形状記憶合金のC型ワッシャー部との組み合わせで構成され、ワッシャーを支えとしてねじの締付力により締結されています。およそ100℃に加熱すると形状記憶合金のワッシャーがねじの頭の径より外方向に広がり、片方の筐体からねじの頭が外れて自発的に締結が解除される仕組みです。

易解体ねじが組み込まれた使用済みの家電は、解体ラインのベルトコンベアで流す途中に加熱解体炉を設けておくことで、加熱領域を通過する際に自動的に解体されます。簡単にねじが外せるため、リサイクル時の解体効率が高まり、再資源化率の向上が期待されています。

要点BOX

- 形状記憶合金を使って解体による振動、騒音問題を解決
- 加熱して自動的に解体。リサイクルに最適

岩石破砕器

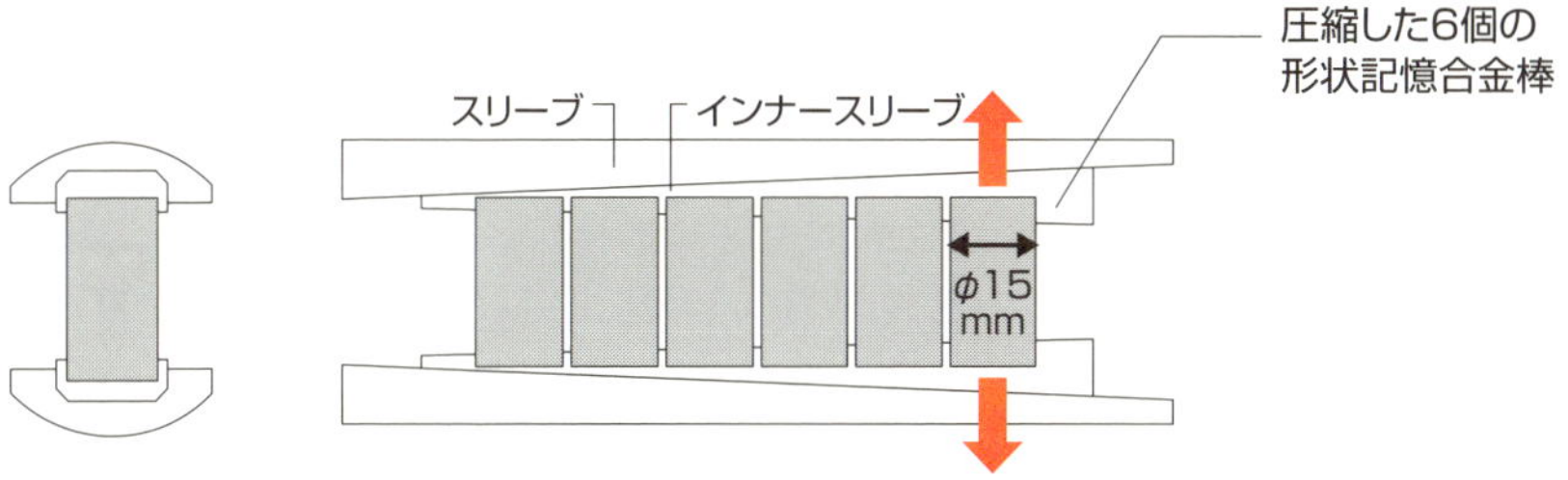
スリーブ
インナースリーブ
圧縮した6個の
形状記憶合金棒
φ15
mm

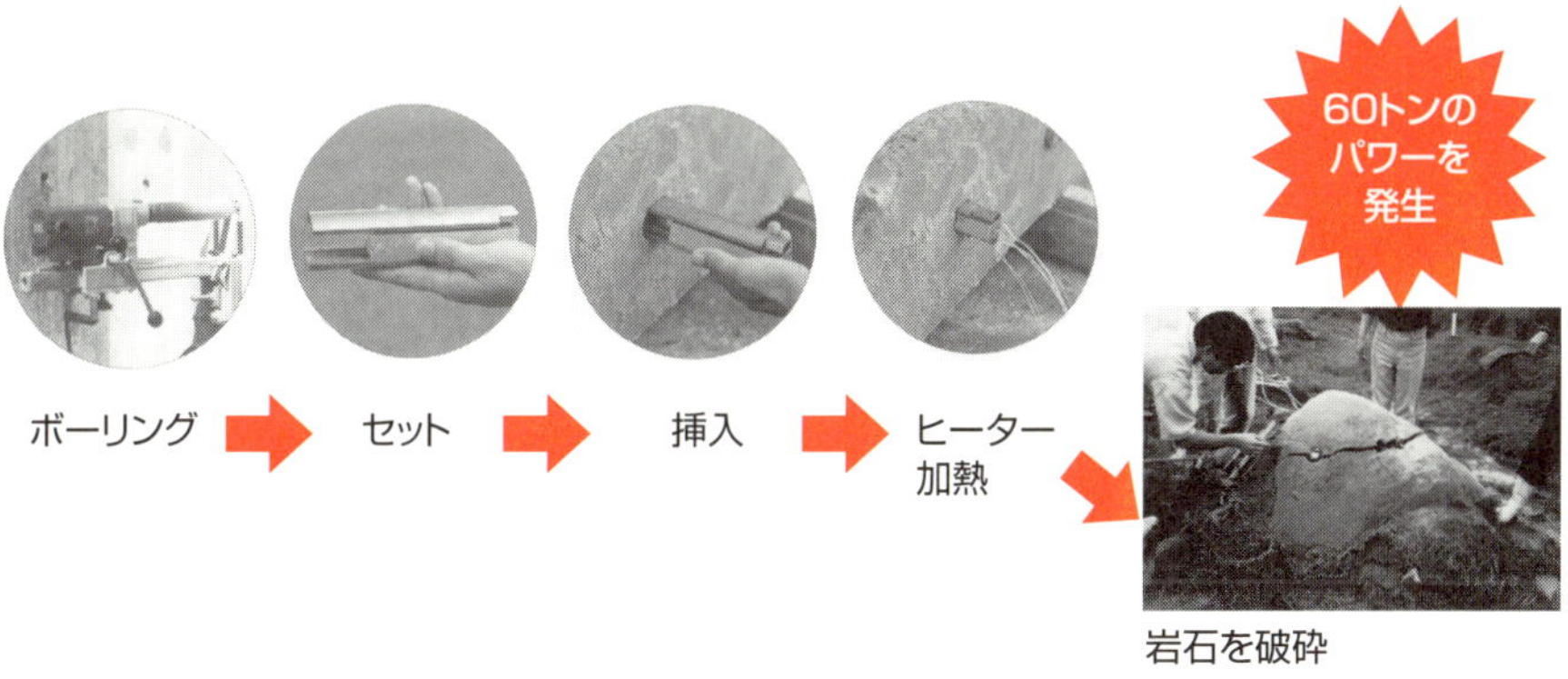
ボーリング
セット
挿入
ヒーター
加熱
60トンの
パワーを
発生
岩石を破砕

易解体ねじ

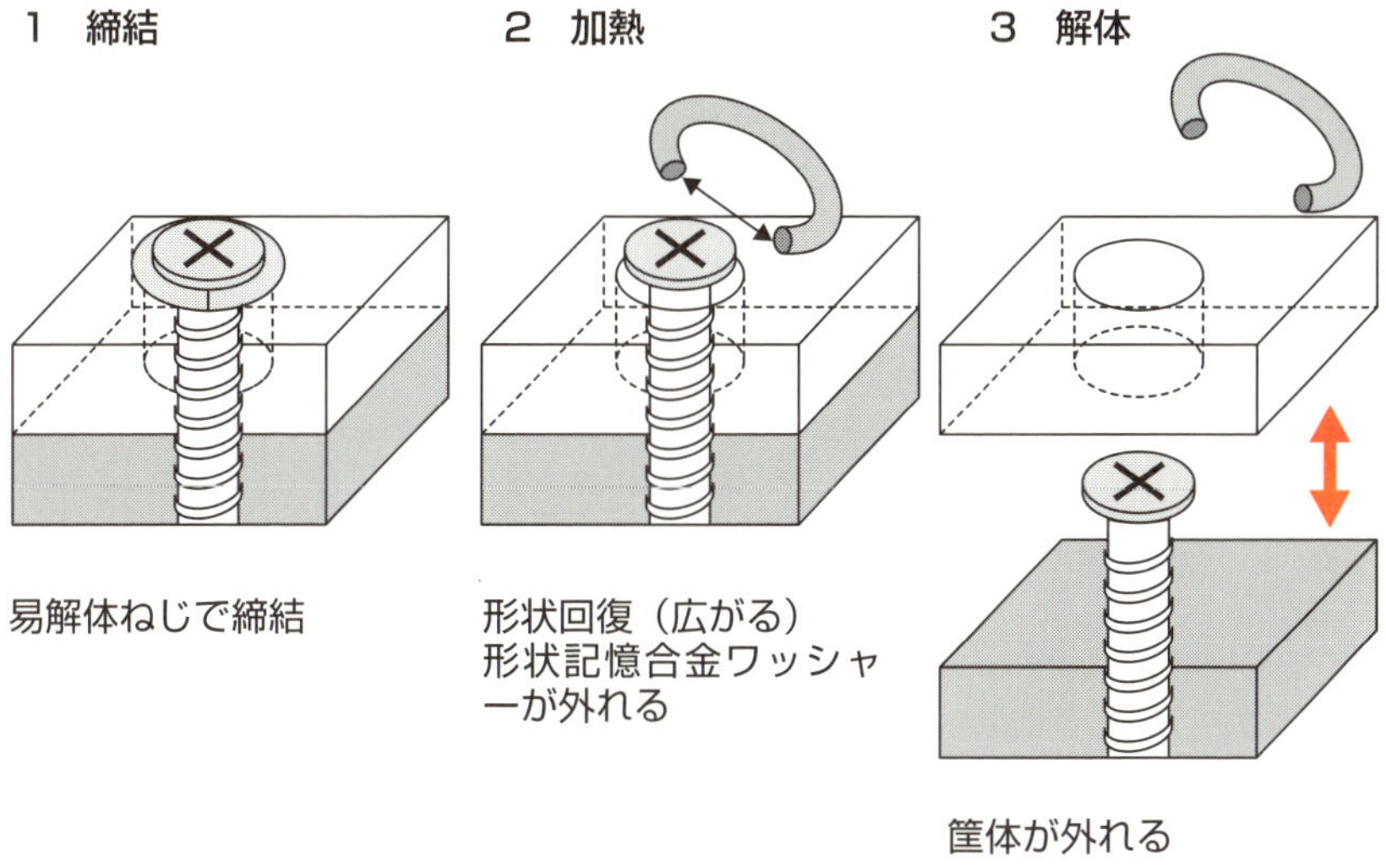
1　締結
2　加熱
3　解体
易解体ねじで締結
形状回復（広がる）
形状記憶合金ワッシャ
ーが外れる
筐体が外れる

36 安全面の信頼性を証明

自動車・新幹線

形状記憶合金の実用化に最も積極的だったのは自動車業界です。自動車や新幹線にとって安全と並んで軽量化は最重要テーマです。温度センサとアクチュエータが1つの部品でできるのは軽量化にとって大きな魅力ですが、使用環境が過酷であり、性能の信頼性には厳しい試験が要求されます。

(1)アウターベントコントロールバルブ（OVCV）

エンジンを切ってすぐ再スタートするとエンジン周囲の温度が高く、気化したガソリンが空気に溶け込んでいて、エンジンが掛かりにくくなります。そのガソリンを吸着させるチャコールキャニスタに導く流路の弁の開閉に形状記憶合金ばねが応用され、100万台以上に搭載されました。

(2)オイル流路の切替弁

歯車の潤滑油が過熱した時だけクーラーに流れを変える流路切替弁に、形状記憶合金ばねが採用されました。通常は流れをショートカットして燃費の節減に貢献しています。銅入りチタン・ニッケル合金を採用し、ばねを小さく設計できました。

(3)新幹線車両のブレーキ装置

新幹線車両のブレーキ機構には歯車が使われていて、その周囲には焼付防止のために潤滑油が挿入されています。ブレーキが掛かると潤滑油が熱せられてゲル状態からゾル状態になります。さらさらになった潤滑油の量を調節するための弁に、形状記憶合金ばねが採用されました。

形状記憶合金ばねとしては、現時点での最大のサイズで、発生力を最大限に活かすために、バイアスばねはコイルばねではなく板をぜんまい状に巻いた定荷重ばねを使っています。500系、700系、N700系に採用されています。

このように、自動車、新幹線に形状記憶合金が採用されたことで、合金の安全性への信頼が高まり、より広い分野での応用の検討が増えていきました。

要点BOX
- ●走行の効率性には軽量化が重要
- ●安全確認の厳しい試験がある
- ●応用分野の拡大に貢献

オイル流路のバルブの作動機構

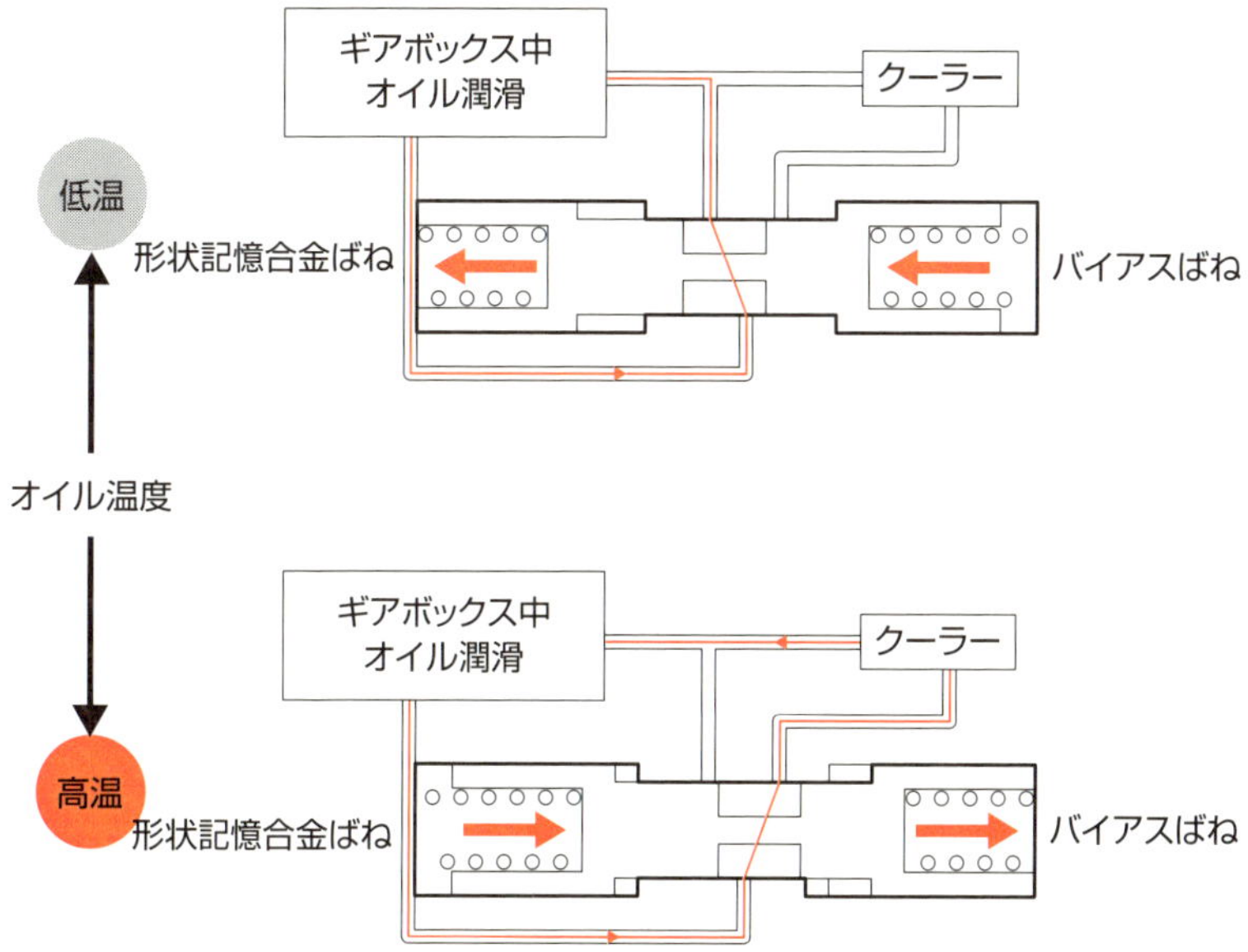

新幹線車両のブレーキ装置

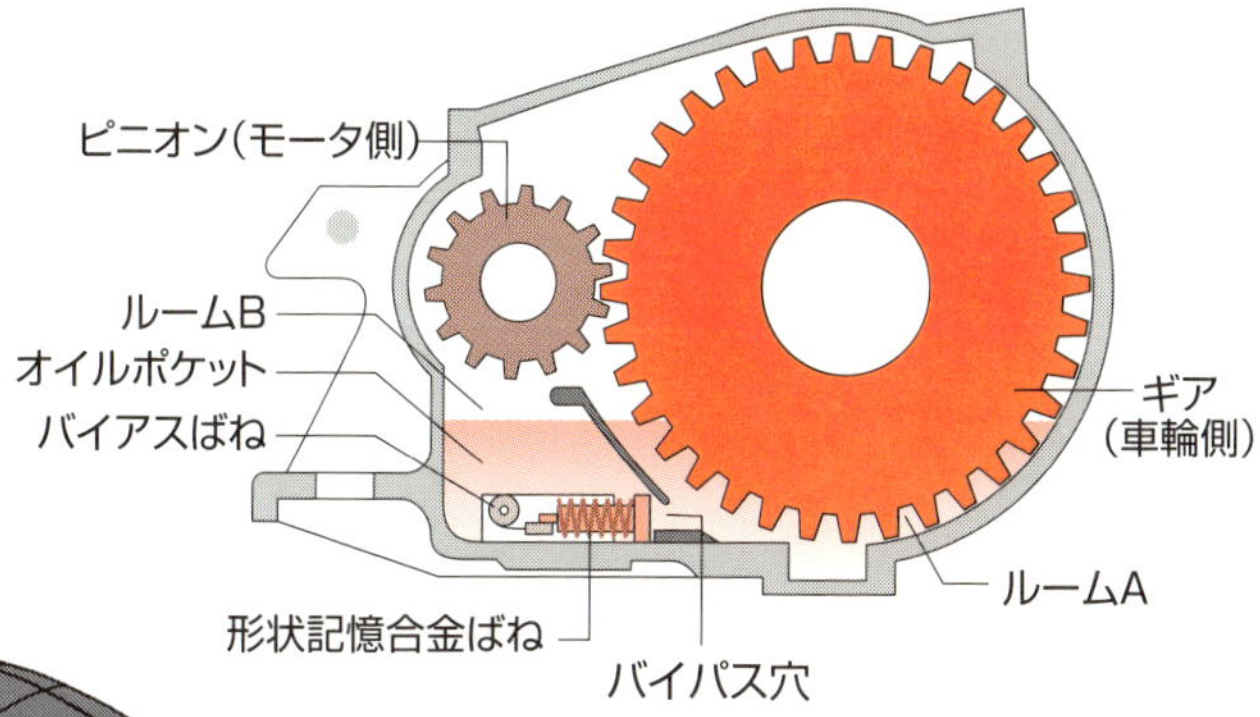

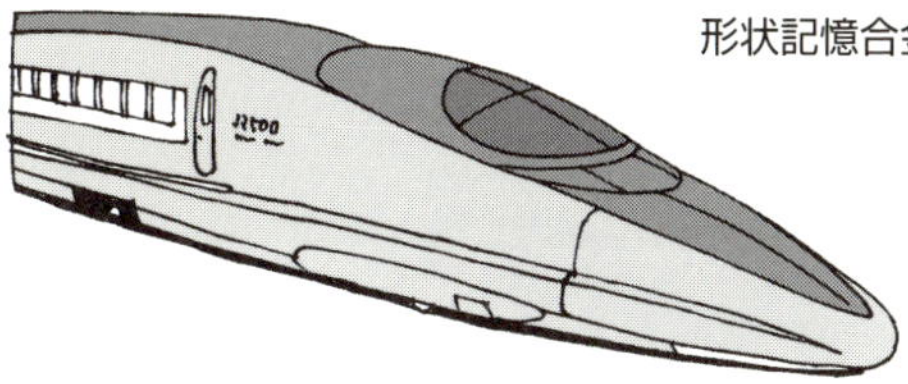

37 小さいのに静かで強い力を発揮

通電アクチュエータ（ロボット）

通電型の形状記憶合金アクチュエータは、電気→熱→運動と2段階のエネルギー変換があります。熱→運動のエネルギー変換の効率が悪いため、多くの場合、性能的にはモータや圧電素子にかないません。しかし、構造が簡単で小さなスペースに収めることができ、耐環境性が良いのでマイクロ・アクチュエータやマイクロ・ロボットなどの分野に応用されています。無音で滑らかな動作を活かして、心臓外科医用の手術訓練用人工心臓の動きにも使われています。また、動き始めから強い力を発生できるので、ラッチフックを外すような用途にも向いています。

通電型アクチュエータには、形状記憶合金とそれを変形させるばねやおもりなどのバイアス力を組み合わせた機構がよく使われます。コイル形状の形状記憶合金は大きな変位が取れますが、細線の伸縮を使うアクチュエータでは、小さな形状回復ひずみを機構的に増幅する必要があります。

上図のホビー用のマイクロ・ロボットでは、細線の伸縮をプーリで増幅し、関節の動きに利用しています。伸張された細線が加熱されると筋肉のように収縮して関節を伸ばし、冷却されるとバイアスばねが関節を曲げます。

また、下図のようにシリコンゴム棒に伸縮する形状記憶合金の細線をオフセットして埋め込み、軟体動物のような動きをするアクチュエータを作ることができます。シリコンゴムが関節とバイアスばねの役目をします。このアクチュエータは医療用の能動カテーテルなどへ応用が検討されています。

形状記憶合金は形状回復に対応して電気抵抗が変化します。この性質を変位センサに利用してサーボアクチュエータを作ることができます。形状記憶合金がモータと変位センサの役目を兼ねるので、超小型化が可能です。この技術を使ったラジコン用のスマートサーボが製品化されています。

要点BOX
- ●性能はモータの方が高い
- ●耐環境性は形状記憶合金の方が良い
- ●モータと変位センサを兼ねる超小型部品

アームロボットの関節の構造

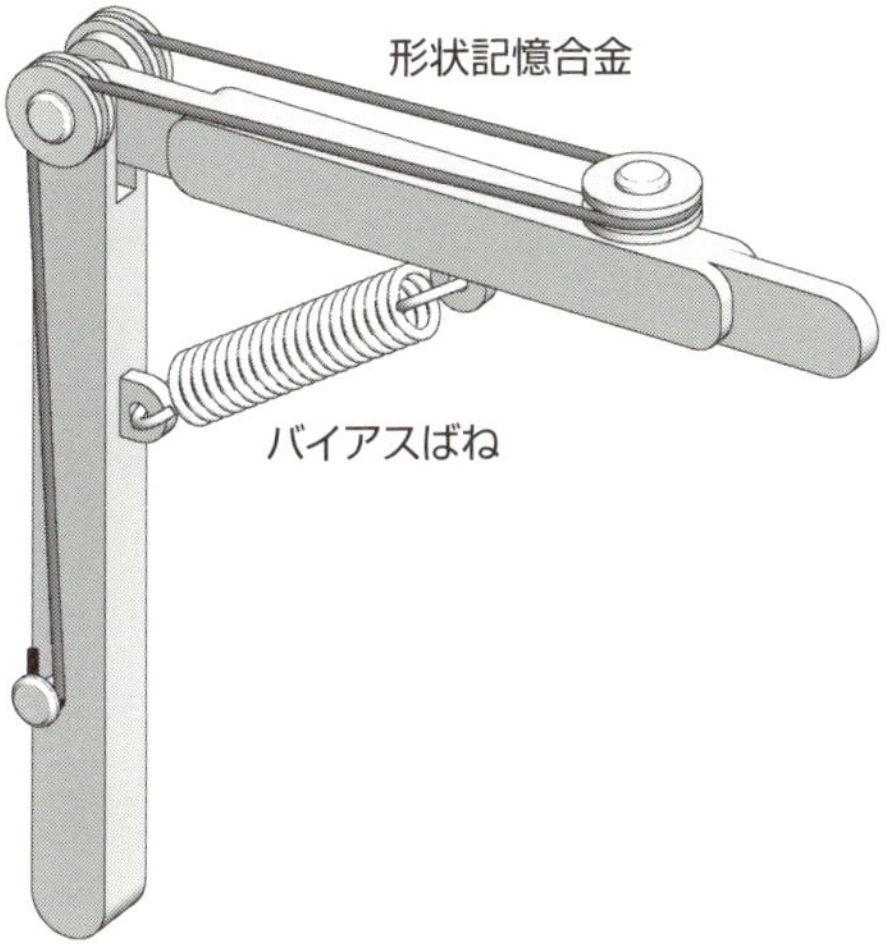

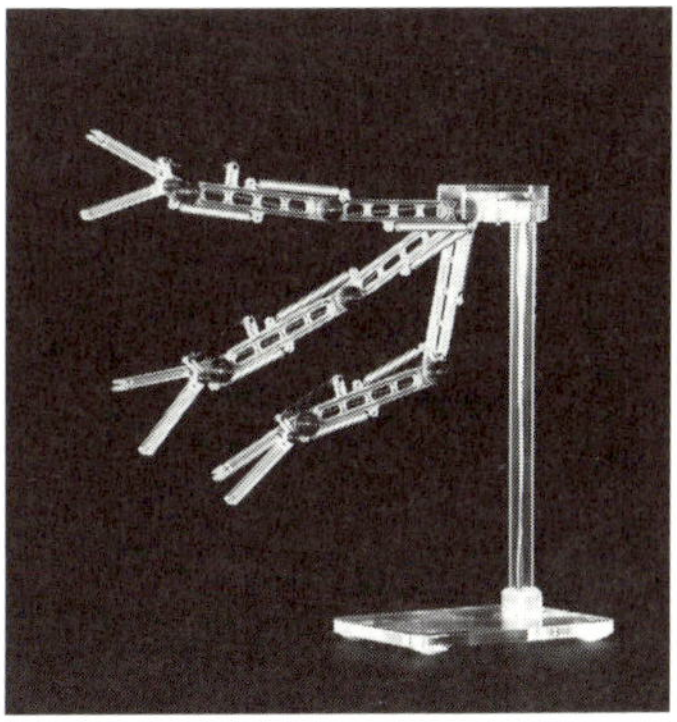

形状記憶合金で動くホビー・ロボット
(提供:トキ・コーポレーション株式会社)

軟体型アクチュエータの構造

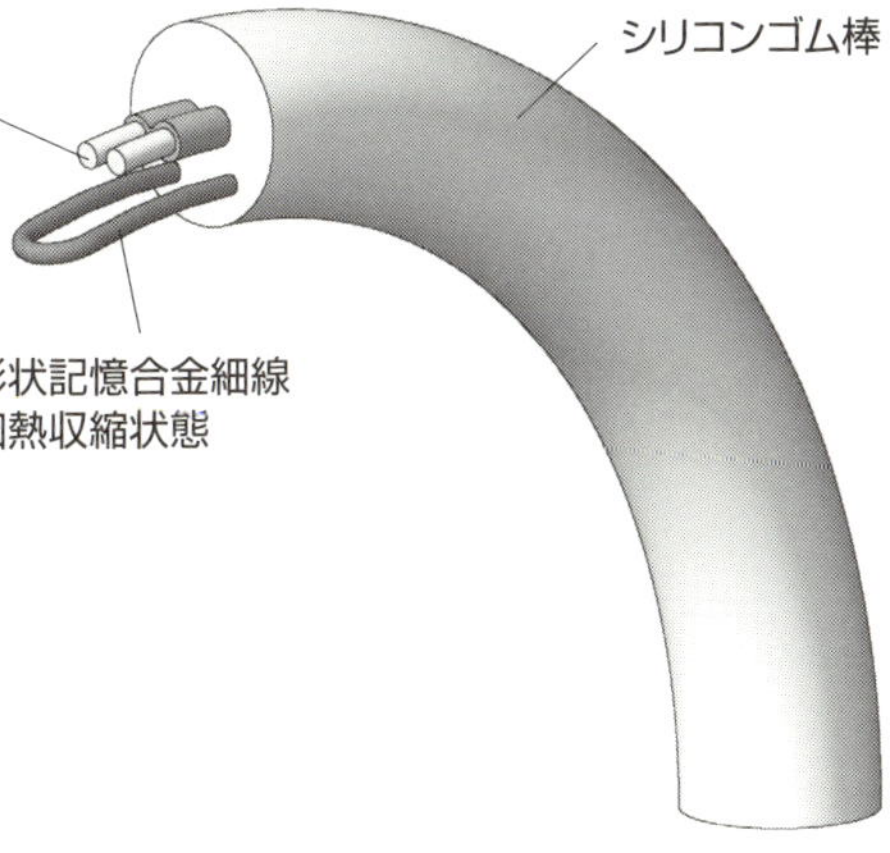

うなずく植物ロボットの玩具
(提供:株式会社セガトイズ)

38 一瞬の高速動作を実現

タッチパネルに通電アクチュエータ

形状記憶合金に電気を流して使用する従来のアクチュエータは、動作に数秒から数十秒の時間がかかり、この反応速度が問題でした。この欠点を克服したのが形状記憶合金を応用した数ミリ秒の短い時間で強い力を発生するアクチュエータです。

高速動作をどうやって達成したのでしょうか。それは形状記憶合金をいかに効率的に冷却し、元の形状に戻すかの熱の問題を克服したからです。形状記憶合金は瞬間的に大電流を流して一気に加熱し簡単ですが、これまで積極的な冷却はほとんど行われていませんでした。

冷却速度の解決策は、身の回りにあるアルミニウムやかんにありました。形状記憶合金はアルミニウムに触れるとすぐに冷却しますが、電気がショート短絡してアクチュエータとして機能しません。そこで、表面をアルミニウムやかんと同じようにアルマイト加工することで、電気を流れないようにしました。

さらに、形状を工夫して波形のアルマイト加工されたアルミニウムで形状記憶合金を挟み、変位量数十㎛で強力な推力を発生するようにしました。この変位量と推力には互いを相反する関係にありますが、波形のアルミニウムをクリック感発生に適した形に容易に設計することができます。

ただし、このアクチュエータは一瞬だけ動作させるという制限が必要になります。これは形状記憶合金が常にアルミニウムに接して冷却状態になっているため、長時間の過熱は不要に電力を消費するだけで、効率が悪いためです。

一瞬だけ強い力を発生する応用に、タッチパネルなどを触った時にパネルと「ビクッ」と振動させるクリック感発生があります。従来の振動モータなどと比べて応答性が数十倍優れ、かつ振動推進力が数倍大きいという特徴があり、スマートフォンやタブレットなどの搭載へ向けた開発が進んでいます。

要点BOX
- ●アルミニウムで冷却、アルマイト加工で絶縁
- ●形状の工夫で強力な反発力を発生
- ●タッチパネルなどクリック感の発生にも応用

クリック感を発生する動作原理

ステップ1

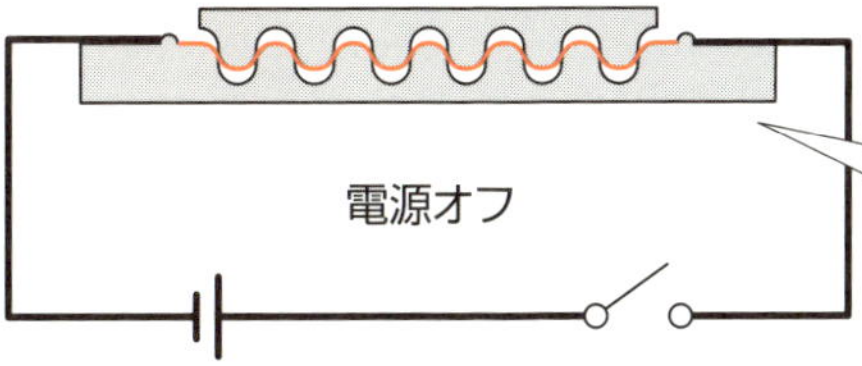

- ·波形の形状がクリック感に適している
- ·熱伝導率が良い
- ·摩擦に強い

波形をしたアルミニウムで
形状記憶合金ワイヤを挟む

ステップ2

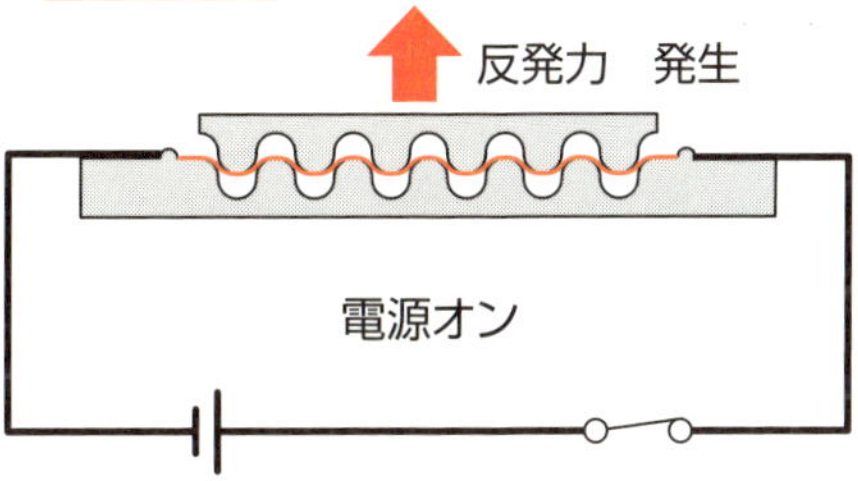

形状記憶合金が熱せられる
↓
ワイヤが縮む(約4%)
↓
2つのアルミニウム部材が広がり
反発力を発生

ステップ3

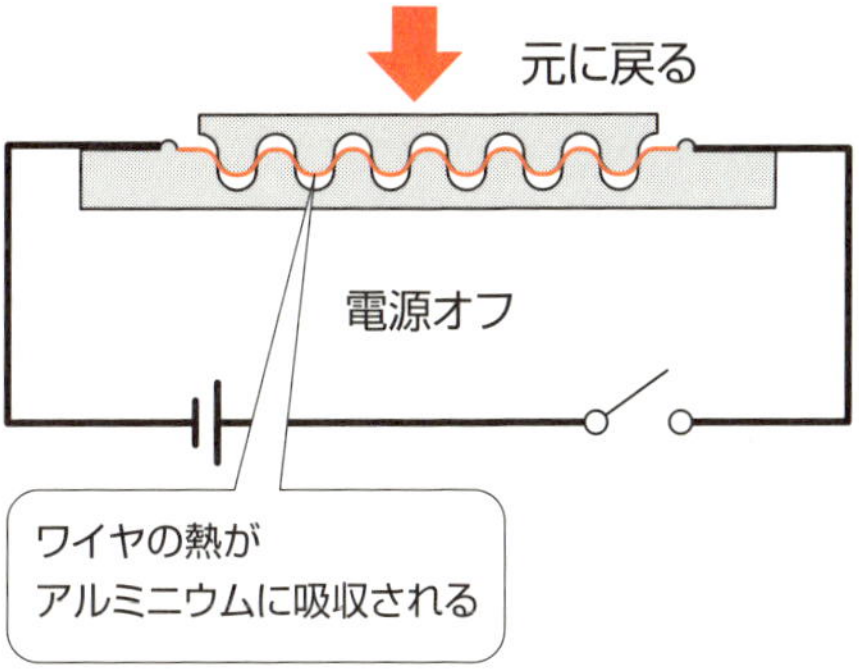

形状記憶合金がアルミニウムに強く
接触し、急速に冷却される
↓
ワイヤが元の長さに戻る
↓
2つのアルミニウムが元の位置に戻る

用語解説

アルマイト加工：アルミニウムの表面を電気分解によって酸化処理すると表面に微細の穴がたくさんでき、これが一種のセラミックとなり、非常に固くなる。酸化処理された層の厚さは数μから数十μmで、電気をまったく通さない絶縁層になる。

39 形状変化の特性を生命感に表現

アートデザイン

形状記憶合金はアートやデザインの領域でも注目されている素材です。アートの世界では、動きを取り入れた作品のことを「キネティック・アート」（動く芸術）や「キネティック・スカルプチャー」（動く彫刻）と呼びます。これらの分野では、形状記憶合金を利用して生物的な動きを表現する作品が発表されて、近年注目を集めています。

シリコン系の素材に形状記憶合金を組み合わせて植物や花に似せて造形し、電流変化による熱制御を行うことで、花びらや葉をゆっくりと動かすことや、イソギンチャクの触手に似せたシリコンチューブを利用したたくさんの触手がうごめくもの、センサと組み合わせることで人の身振りや動きに呼応して動作する作品も生まれています。植物にはかわいそうですが、本物の植物の葉や枝を動かすために形状記憶合金を利用した作品もあります。

伸縮する繊維状の形状記憶合金であるバイオメタル・ファイバーをテンセグリティ構造の張力として利用し、ゆっくりとした変形が生命を感じさせる建築空間のプロトタイプを制作したデザイナーもいます。ファッションデザインにも応用され、衣服自体の変形や装飾である花びらを動かすなど、キネティック・ドレス（動く衣装）も生まれています。

アーティストやデザイナーは形状記憶合金の持つ性質、形状が変化する不思議さに植物や動物のような生命感を感じているといえるでしょう。工業製品では正確な動作の性能を求めますが、アート作品では逆に、動きのぎこちなさや性能のばらつきを個性として捉えて利用することもあります。アーティストは、性能を示すグラフやデータには現れない動きの表情、存在感、雰囲気といったものを見出して具現化します。工業製品では見いだされない形状記憶合金の魅力を、アーティストやデザイナーが発見してくれるかもしれません。

要点BOX
- ●生物的な動きを表現
- ●建築空間、ファッションデザインで採用
- ●動きのばらつきが個性になる

アートへの応用例

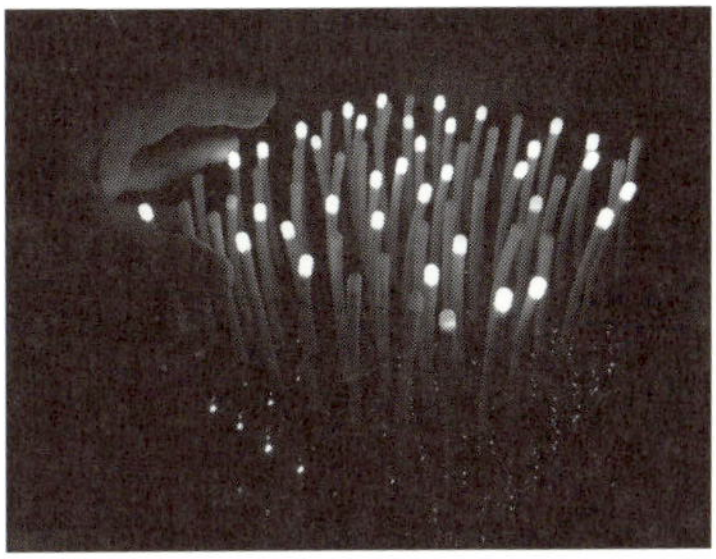

◀▲イソギンチャクをモチーフにしたインタラクティブアート『Waving Teatacles』

▲植物型ロボット『Himawari』

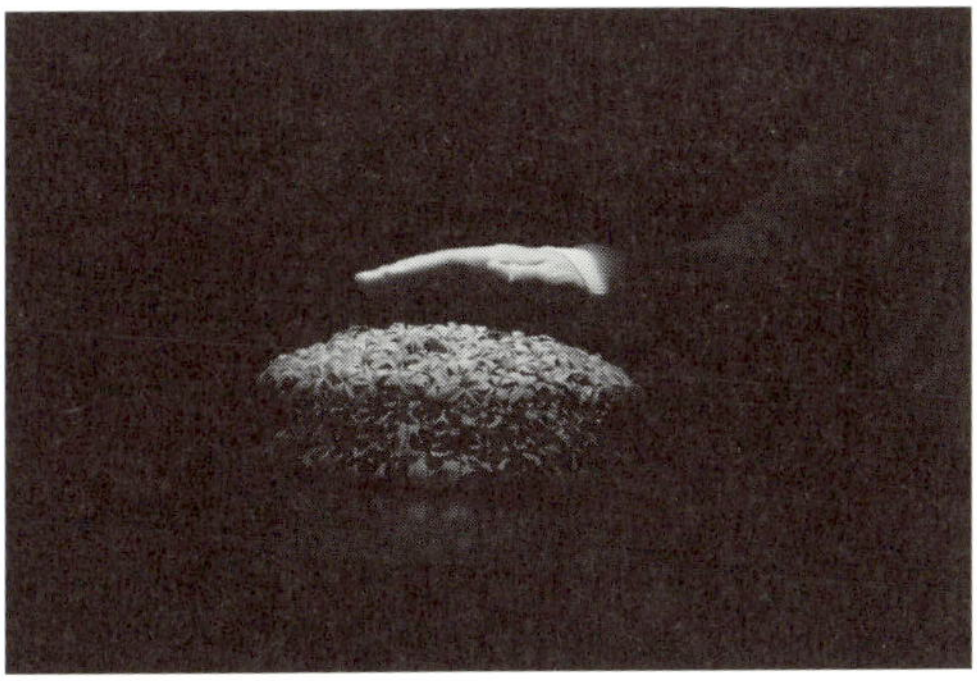

▲葉群のインタラクティブアート『plant』

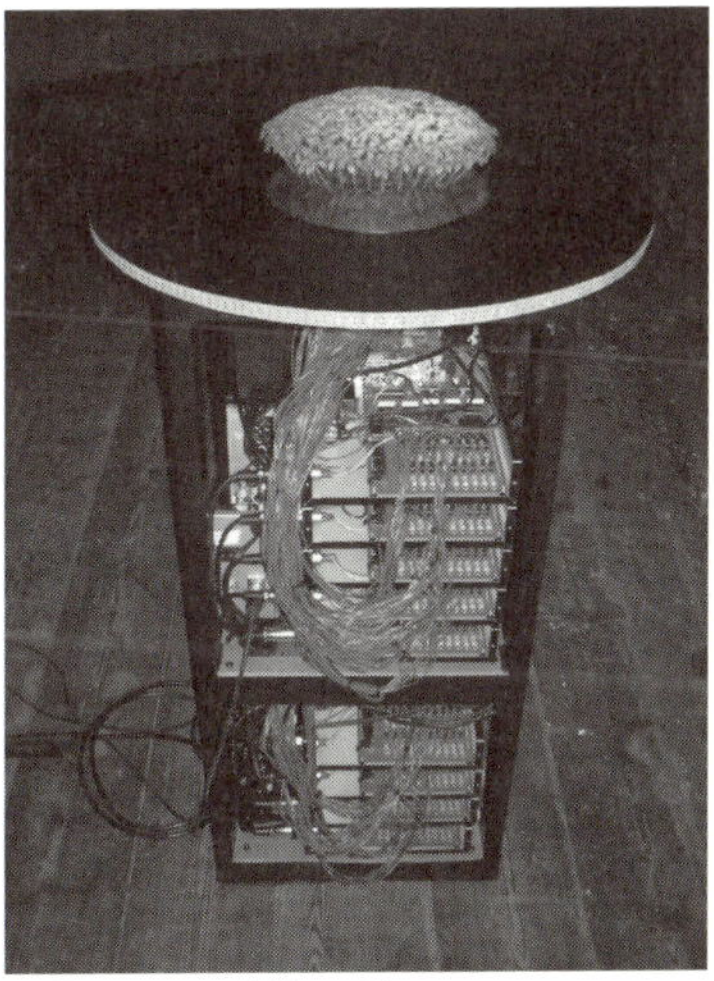

▲『plant』の制御回路

（提供：金沢美術工芸大学）

用語解説

テンセグリティ：引張材と圧縮材のバランスにより構造を保ちながら、力が加わった時に変形可能な構造システム。

40 温水の熱エネルギーで動くエンジン

形状記憶合金熱エンジン

現在、実用化されているチタン・ニッケル合金は、100℃以下の熱源により非常に良好な形状回復動作を得ることができます。そこで、形状記憶合金を温水によって動作させ、出力を発生させる「形状記憶合金熱エンジン」が考案、開発されました。

形状記憶合金は形状回復後に冷却、変形させなければ、再度の形状回復動作を行えません。そのため、形状記憶合金熱エンジンは加熱された形状記憶合金の回復力と、変形回復後に冷却された形状記憶合金の変形力によって、連続的な動作と出力を得る機構になっています。ここでは2つの代表的な形状記憶合金熱エンジンの機構を紹介します。

(1)プーリー式

ループ状にした形状記憶合金を、片方を温水により加熱した大小2つのプーリー（滑車）に設置した機構です。形状記憶合金は直線形状に形状記憶されており、加熱された部分が形状回復する際に発生する回復力がプーリーを回転させます。プーリーの回転により加熱された部分が上部へ移動し冷却・再変形されることで、連続的な動作が行われます。

(2)レシプロ式

並列に配置した2つの熱交換器内に直線に記憶した形状記憶合金素子を設置し、両素子の上端をレバーにより連結した機構です。一方の素子を加熱、他方の素子を冷却すると、加熱された素子の変形回復動作により冷却された素子が変形します。加熱と冷却を逆転させると逆の動作が行われ、最初の状態に戻ります。つまり、加熱・冷却を交互に行うことにより連続的なレバーの往復運動が行われます。

この他にオフセットクランク式、斜板式、渦巻きばね式などさまざまな機構が考案・開発されましたが、耐久性や出力などに課題があり、実用化はされていません。そのため現在、耐久性および出力向上のための機構の改良や材料の研究が行われています。

要点BOX
- ●形状記憶合金の伸縮を回転に
- ●加熱・冷却の連続動作が回転を可能に

プーリー式熱エンジンの模式図

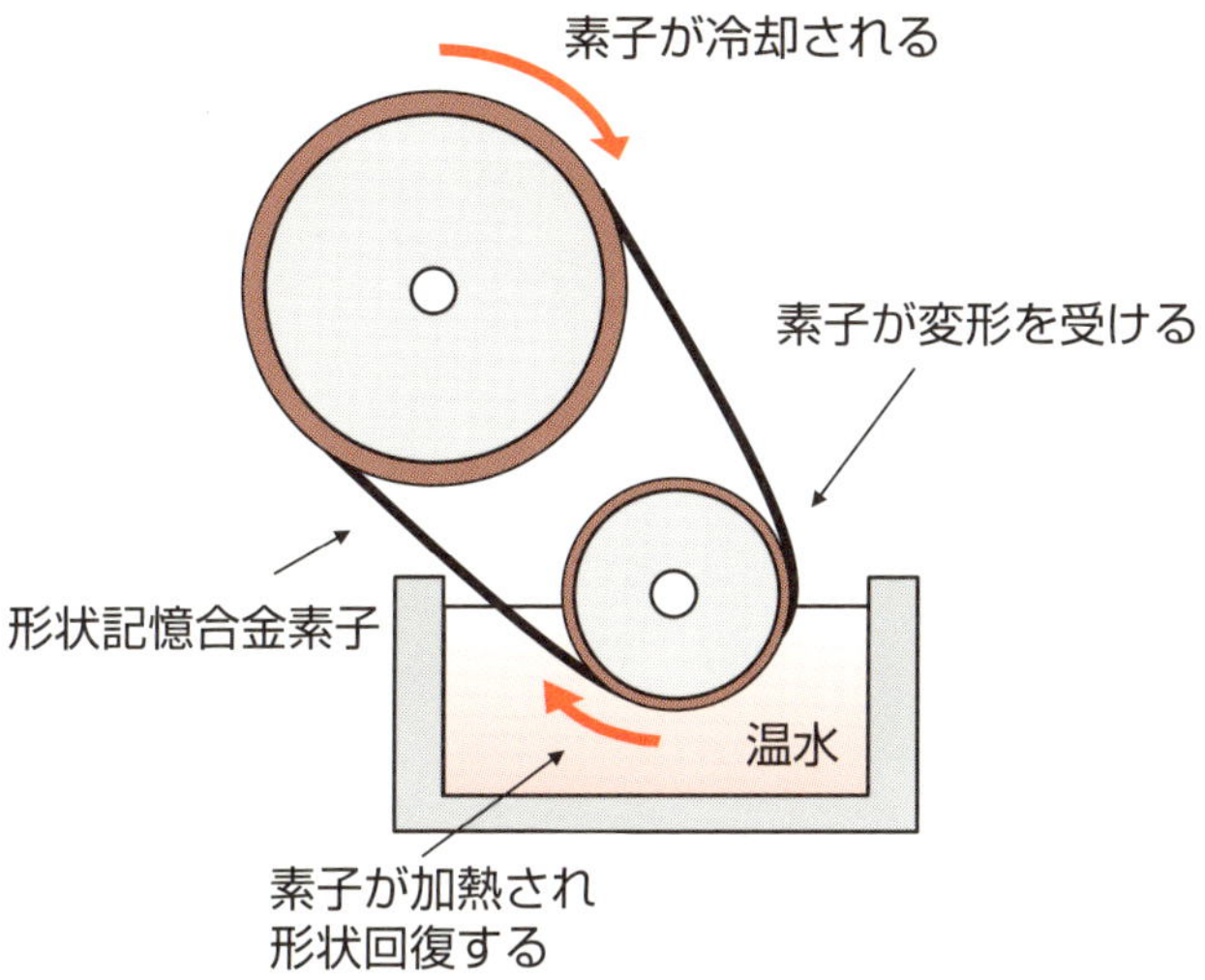

レシプロ式熱エンジンの模式図

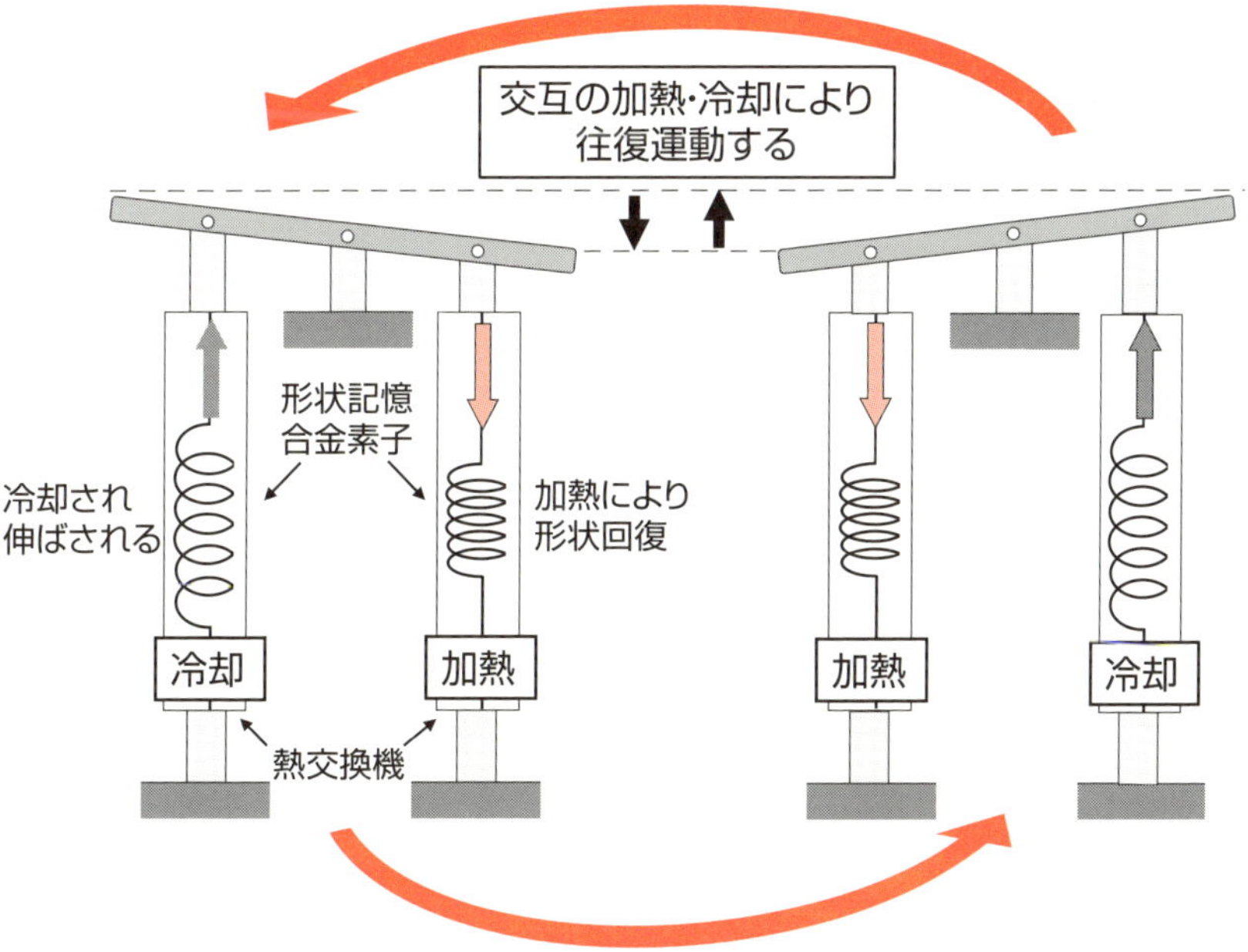

41 国ごとの需要に応える活用方法

海外での産業用途

海外において、チタン・ニッケル合金は医療用途を中心に普及していますが、他にもさまざまな用途に使われています。

(1)自動車シート用エアバルブ

欧米の高級車では、快適性に非常に優れた空気ブラダー式のランバーサポートやマッサージ機能が普及しています。その空気量の制御に、形状記憶合金アクチュエータで駆動させた空気バルブが広く使われています。チタン・ニッケル合金で駆動させたバルブは静音で軽量なため、高級車では必須の方式として親しまれています。また、簡素な構造で快適なランバーサポートを実現する方法として、量販車への搭載も大いに望まれています。

(2)自動販売機湯温制御バルブ

イタリアのカップ式自動販売機は低温のお湯が必要なエスプレッソ系飲料に特化したものが多いですが、大掛かりな改造をせず低温と高温の2系統のお湯を提供する方法も研究されています。形状記憶合金で制御された混合バルブの実用化が期待されています。

(3)冷暖房送風口制御ベント

セントラルヒーティングが一般的な欧米では、暖気も冷気も同じ通風孔から部屋に送っていました。形状記憶合金を採用することで、電力を使わずに通気される空気の温度によって風向きを自動的に調整する通気ベントが、欧州で商品化されました。

(4)携帯電話カメラのオートフォーカス

2010年、携帯電話用カメラのレンズの動きを形状記憶合金で自動的に制御したカメラモジュールが登場しました。この方式は形状記憶合金の弱点とされていた高速伸縮および高精度動作の実現に成功し、国内の携帯電話にも搭載されました。高精度動作技術はさらなる発展が試みられ、高レスポンス型手振れ補正の実用化が研究されています。

要点BOX

- ●駆動音が静かなため、高級車で普及
- ●国内外の携帯電話用カメラに搭載
- ●カップ式自動販売機にも採用

自動車シート用エアバルブ

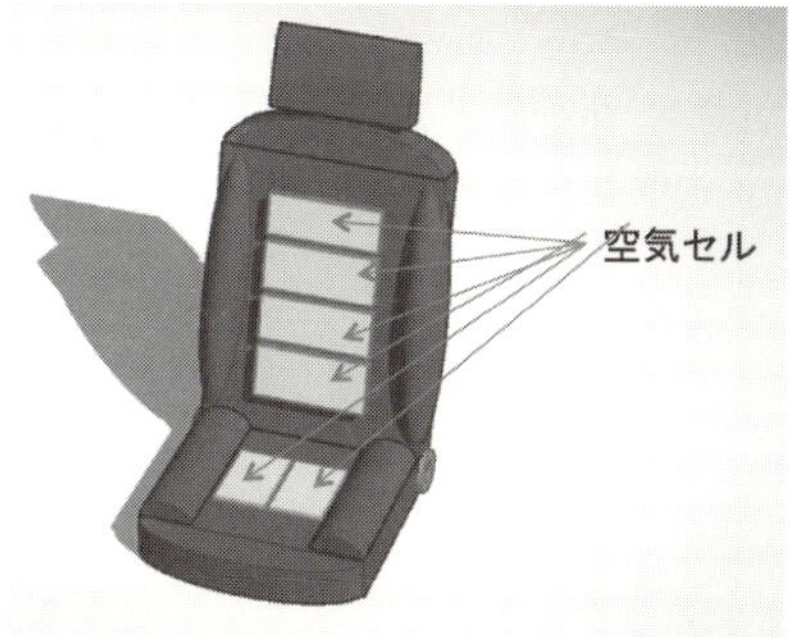

自動販売機湯温調整用バルブ

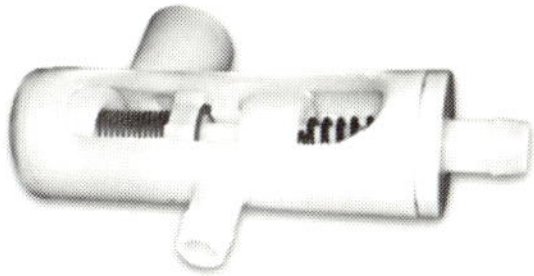

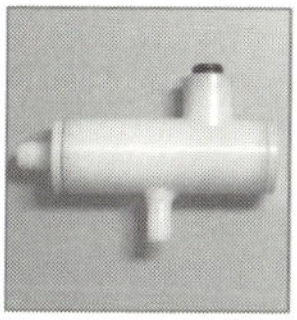

（提供:Actuator Solutions GmbH.）

冷暖房送風口制御ベント

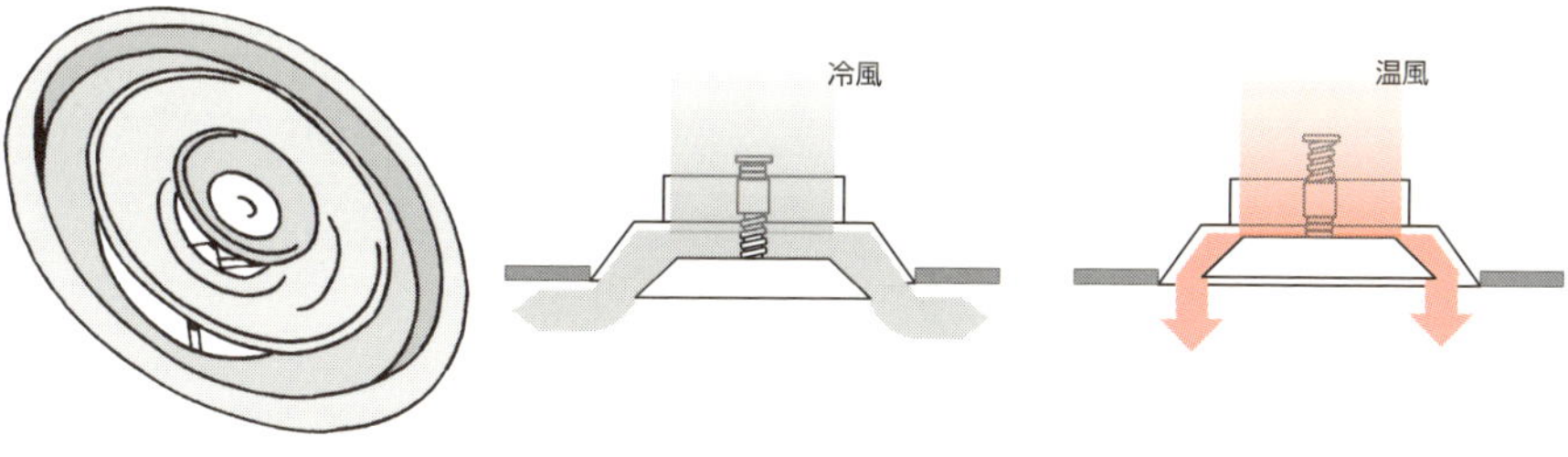

携帯電話のオートフォーカス機構

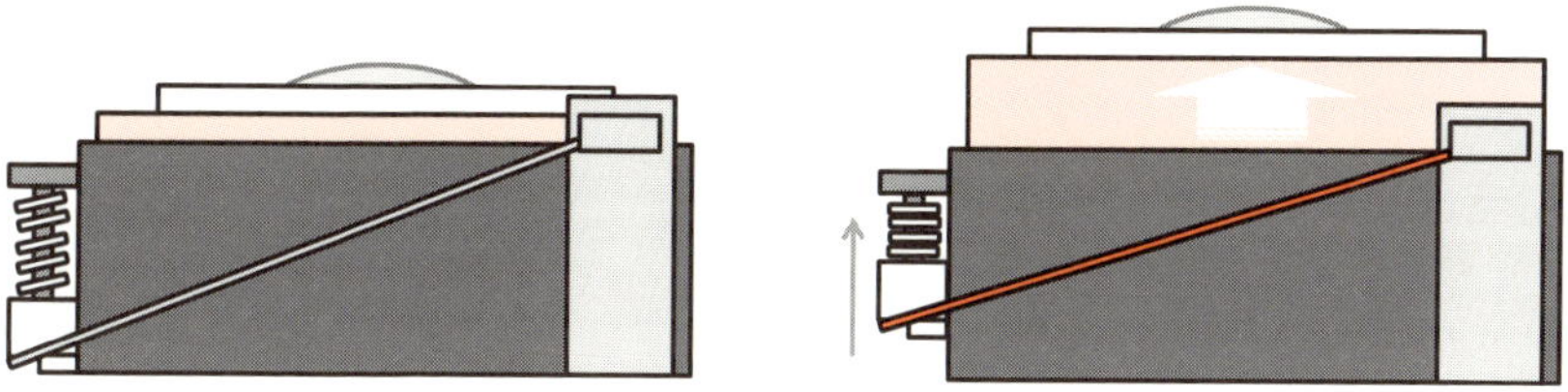

Column

日の目を見なかった製品たち

現物よりも名前ばかりが先行して有名になった形状記憶合金ですが、当初はさまざまな思い違いのアイデア提案がありました。「鉢巻を作りたい」「え、何故?」「この合金は記憶力がよくなるんでしょ。是非、受験生向けに!」

また、形状記憶・超弾性特性を活かしても製品化できなかった例も数々ありました。

①人の手が届かない高い場所の配管やケーブルの過熱監視器。直線に2枚の板を旗のように巻き付け、発光塗料を塗った1枚を振って取り付けます。過熱温度になると記憶回復して振りが戻り、光った旗が見えるのですが…振ることで一点に大きな変形が加わり、一度は戻っても、数回で繰り返し寿命が尽きて戻らなくなりました。

②釣竿の手元の部品に取り付けたワイヤが折れた!取り付け部はアルミのブロックでした。潮風の中では電位差が大きく、たちまち劣化してしまったのです。

③電車の車両にある液晶画面。タングステンのワイヤからビームが飛ぶのですが、高温になると振動するワイヤにリングを通して振動を止めたい。ワイヤを張ってからでないとリングが入れられないので、形状記憶合金のリングを切って取り付け、高温時にリングが閉じてワイヤ振動が停止…と思いきやワイヤが切れた…これも電位差でリングに発生したウィスカーがワイヤを切断したのでした。

④防火ダンパーには各種の引合がありました。70℃の風では3分間動かず、80℃の風で1分以内に作動すること。70℃と80℃の湯の中では成功です。しかし、風速1mの風が吹いても…チタン・ニッケル合金は熱伝導性が悪く、時間が間に合いませんでした。

⑤ろうそくの中に混合すると発光する2つ液体を入れておき、火が点るとその熱が合金の針に伝わって液体の間の膜を突き破り2液が混合して発光…無理でした。

⑥人工衛星に採用された60℃で記憶回復するばねが200℃でも作動しない。地上では成功したのに…真空の宇宙空間では空気による対流が起こらず、輻射熱で一部が温まっても、熱伝導の悪い合金では太陽が当たらない部分に熱が伝わらなかったのです。

開発以来、引合案件の千分の一程度しか量産品応用に至らなかったと言われています。

しかし、現在の不可能を将来は可能にする新しい形状記憶合金がきっと生まれることでしょう。

第5章

超弾性効果を活かした応用事例

42 世界初の超弾性応用製品

装着感が良い眼鏡フレーム

1981年、超弾性合金の世界初の実用化製品である眼鏡フレームが発売されました。この眼鏡フレームはリム部に超弾性ワイヤが使用され、ワイヤでプラスチックレンズを支える構造です。

超弾性ワイヤを採用することで、熱膨張率が高いプラスチックレンズが膨張収縮しても外れない眼鏡フレームが開発されました。超弾性合金としては世界初の応用製品で、1981年度日刊工業新聞社10大新製品賞を受賞し、チタン・ニッケル合金の超弾性特性を活かした応用が広まる契機となりました。

超弾性眼鏡フレームは特に欧米で人気が高く、ファッションブランドやスポーツメーカーにもOEM（相手先ブランド製造）供給され、人気モデルや一流選手を起用してアピールした商品も見られます。

眼鏡フレームは身に付けるアイテムであるため、超弾性特性だけでなくファッション性が強く求められます。プラスチックフレームと金属フレームの流行周期があり、時代によって供給数量に変化が見られます。

超弾性合金を眼鏡フレームに応用するのに一番効果があったのはテンプル（耳掛け部）とブリッジ（左右のレンズをつなぐワイヤ）です。

一般的な金属の弾性限界が1％未満なのに対して、超弾性合金のそれは約8％程度であるため、眼鏡を大きくねじっても元の形状に戻ります。不用意に乱暴な取扱いをしても破損しにくいというメリットがあります。

さらにステンレスなどの他の金属に比べて戻る力が弱いことから、テンプルやブリッジに使用すれば、装着時に圧迫感がなく、顔幅のサイズを問わずフィット感がとても良いので、特に子供向けなどでは、しなやかで顔にやさしい眼鏡フレームとなります。

このことから、超弾性眼鏡フレームは世界的なヒット商品になりました。

要点BOX

- 超弾性ワイヤがプラスチックレンズを支える
- プラスチックレンズの熱膨張への柔軟性
- ねじっても壊れず、フィット感が良い

超弾性眼鏡フレーム

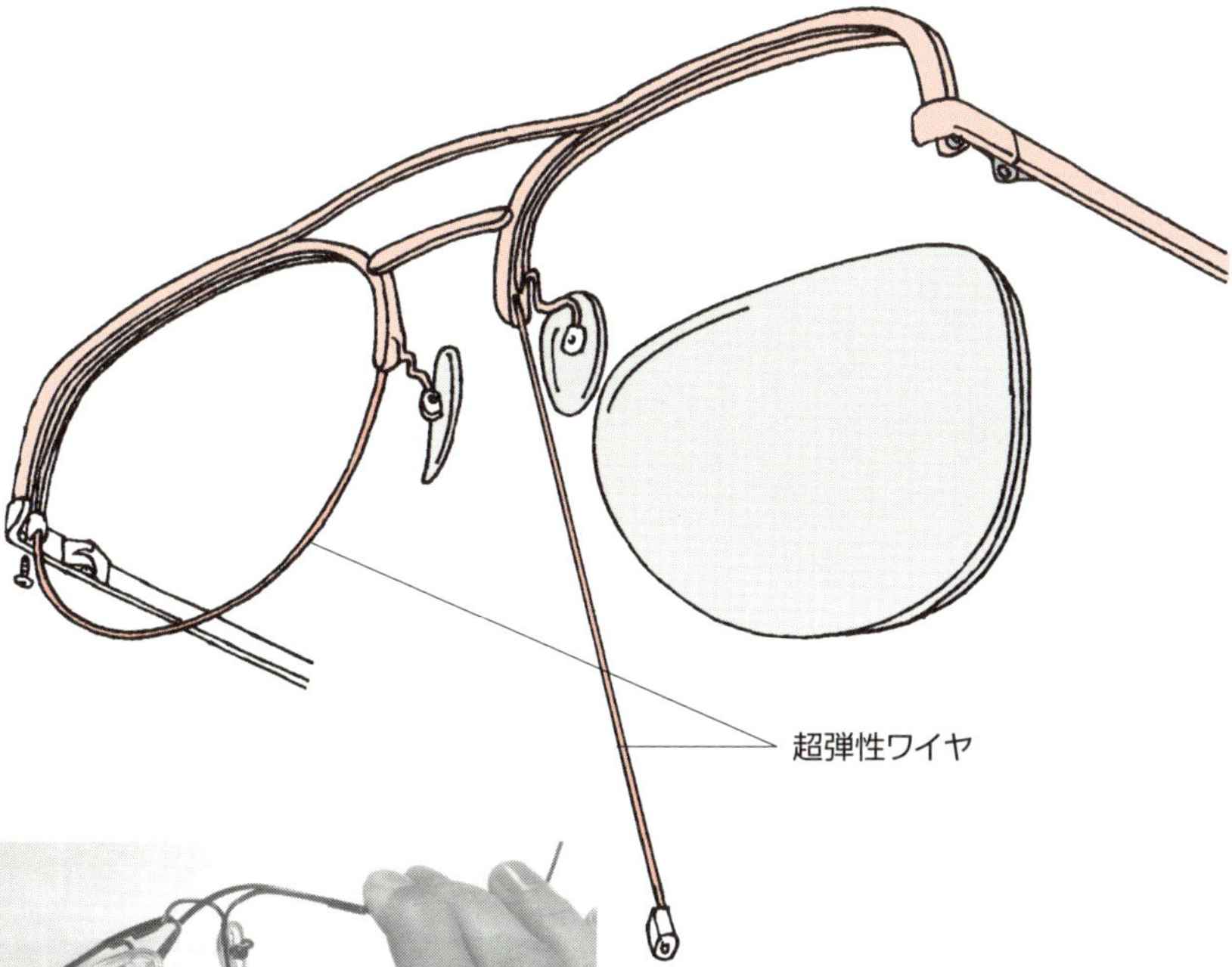

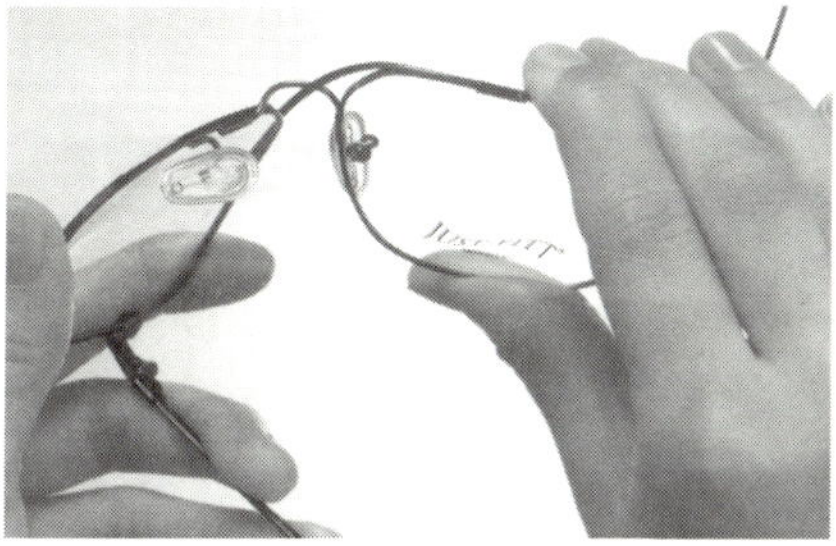

眼鏡用金属材料の特性

	チタン･ニッケル	純チタン	ステンレス	ニッケルシルバー	モネル
主要元素	Ti、Ni	Ti	Fe、Cr、Ni	Cu、Ni、Zn	Ni、Cu
引張強さ (MPa)	700～1400	450	600～1000	340～440	550～750
弾性限界	～8%	<1%	<1%	<1%	−
密度 (g/cm^3)	6.5	4.5	7.9	8.7	8.4
ヤング率 (GPa)	40～70	105	197	125	178
ビッカース硬度 (Hv)	180～450	120	150	70～77	140～185
耐腐食性	◎	◎	○	×めっきが必要	△

43 『形状記憶合金』を一躍有名にした商品

ブラジャーワイヤ

1986年、超弾性合金ワイヤ入りブラジャーが発売されました。特殊な新素材が馴染み深い製品に採用され、社会に衝撃を与えました。

当時は「ボディコン」という体の線を強調した婦人服が流行し始めていました。そのため、下着にもボディラインを整える機能が要求されました。

それまでのブラジャーにはワイヤはほとんど使われていませんでした。一時、鉄のワイヤが採用されましたが、きつくて痛い、洗濯すると曲ったり折れるということで、長い間、ワイヤのないブラジャーが主流だったのです。

着用時には、バストを美しく保持するため、理想的なラインに形状記憶された超弾性合金ワイヤは大きな変形が小さな力で戻るので、バストを美しく見せる形状保持機能を有しながら、痛くない、体にやさしいワイヤを実現することができました。

また、洗濯すると曲がったり折れたりした金属ワイヤの弱点も超弾性特性により解決しました。

樹脂より保持力があり、鉄よりしなやかで変形しない機能とともに、新合金が使われたことで商品は大ヒットし、超弾性でしたが、CMで使われた「形状記憶合金」の名は一躍有名になりました。

その後、ワイヤも丸線から角線に変わり、バスト全体を包み込むようなワイヤや、左右が一体化したワイヤ、左右のカップをつなぐ小さなU字型などいろいろなバリエーションで採用され、台湾、韓国、タイ、さらに欧米でも普及していきました。

派生商品としてウエストを引き締めるガードルボーン、ウエストニッパー、コルセットなど美しいボディラインへの整形を、しなやかなワイヤの力で実現することが一般的になったのです。

チタン・ニッケル合金の超弾性が認識され、固定概念に捉われず応用できることを示す画期的な商品でした。

要点BOX
- ●超弾性でやさしく美しさを保持
- ●ブラジャーの各部位や他の下着に展開
- ●CMで『形状記憶』の名が一躍有名に

超弾性合金ワイヤ入りブラジャー

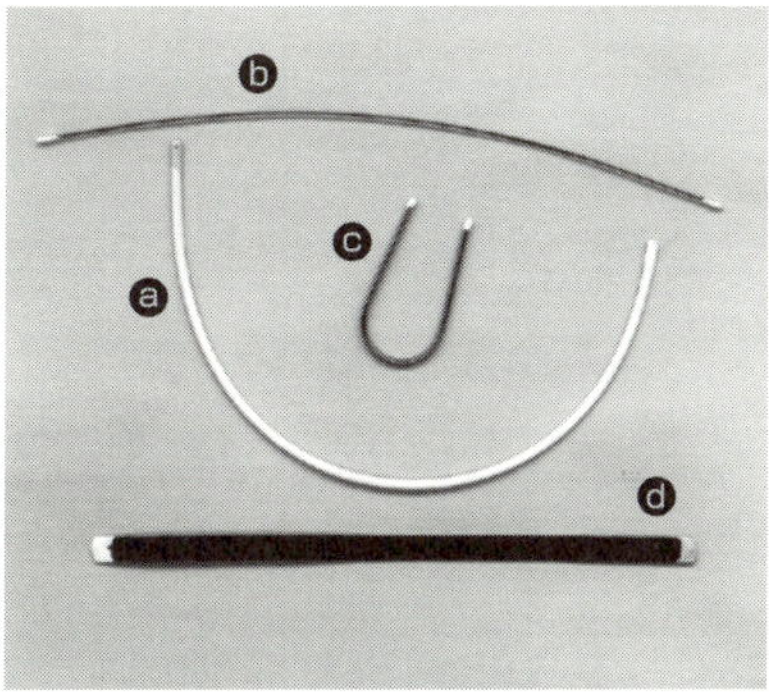
b
c
a
d

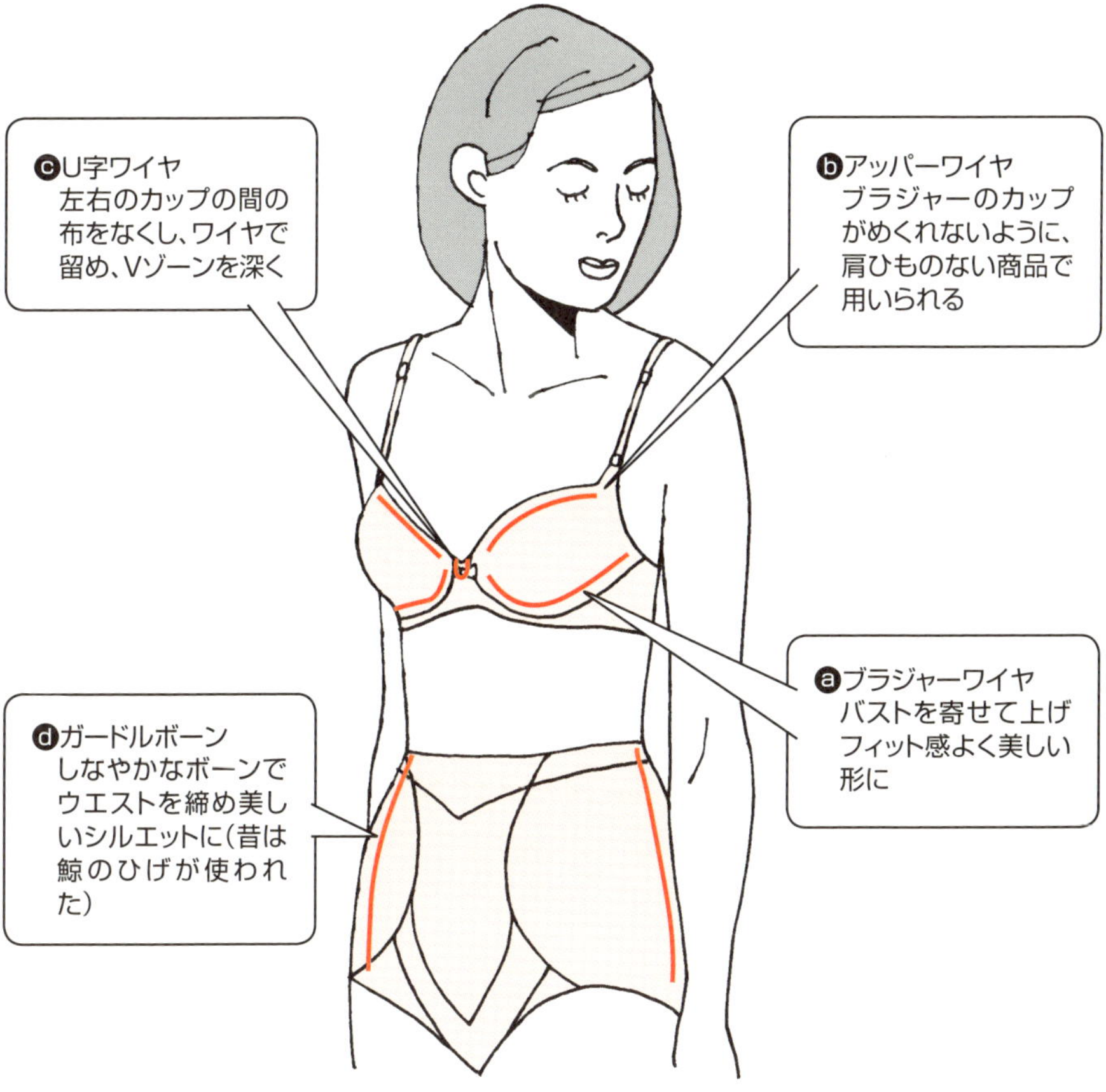
ⓒU字ワイヤ
左右のカップの間の布をなくし、ワイヤで留め、Vゾーンを深く
ⓑアッパーワイヤ
ブラジャーのカップがめくれないように、肩ひものない商品で用いられる
ⓐブラジャーワイヤ
バストを寄せて上げフィット感よく美しい形に
ⓓガードルボーン
しなやかなボーンでウエストを締め美しいシルエットに（昔は鯨のひげが使われた）

44 美しいシルエットを維持

衣料、装身具

衣料・装身具へのチタン・ニッケル超弾性合金の適用は、ブラジャー以外にも帽子やウェディングドレスのペチコート、シューズなどにも及んでいます。また、最近では、アイドルグループの舞台衣装に用いられたことでも話題になりました。

つば付帽子のリムの部分に超弾性合金を入れると、帽子は型崩れせず安定した状態が保たれます。また、輸送時にはコンパクトに畳むことが可能となります。改めて使用する時には合金のリムが元に戻るので、帽子も元の状態で使用できます。

ウェディングドレスのペチコートでは、ドレスの形を整えるボーン材として超弾性合金ワイヤが用いられます。例えば、直径1・6㎜程度の線が用いられており、従来のピアノ線に比べてより軽く、しなやかでシルエットを美しく見せることができます。また、ピアノ線では一度曲げてしまうと元の形には戻りませんが、超弾性合金ワイヤは少々の曲げであれば自然に元の形に戻るので、帽子と同様にコンパクトに畳むことが可能です。

靴ではヒール部の履き口の部分に超弾性合金ワイヤが用いられました。履き口とはヒール部の足を入れる部分（トップライン）で、足を出し入れする際につぶしやすく型くずれしやすいのですが、この部分に超弾性合金ワイヤを挿入することで、型崩れせず安定した形状の履き口が保つことができます。

ジャケットの肩パッドにも超弾性合金ワイヤが用いられています。他の衣料・装身具の場合と同様に、きれいに肩のラインを保つことができ、快適なフィット感が得られます。

ブレスレットには留金が必要ですが、外れやすく、片手で留めるのも大変です。ブレスレットの芯金に超弾性合金を採用したところ、そのしなやかな保持力からフリーサイズで腕にやさしくフィットすることができ、コストダウンにもなりました。

要点BOX
- 型崩れせず、折り畳める帽子に
- 従来のピアノ線より軽く、柔軟性がある
- 靴の履き口の型くずれを防ぐ

超弾性合金が用いられている衣料・装身具

45 折れ曲がらない軽量アンテナ

携帯電話アンテナ

一家に1台だった電話が、個人に1台の携帯電話となって爆発的に市場を拡大した際に、そのアンテナとしてチタン・ニッケル超弾性合金が採用されました。初期の携帯電話のアンテナは、通話時のみ本体から引き出すホイップタイプでした。アンテナが曲がってしまうとスムーズな出し入れができなくなるので、折れ曲がりにくさが求められます。また、携帯するので軽量であることも重要です。この携帯電話のアンテナ材にチタン・ニッケル合金が適していました。

まず、大きな変形が与えられても超弾性特性で元の形状に復元できます。氷点下の温度域ではマルテンサイトになるので超弾性特性は得られませんが、温度が上がると再び元の形状に戻ります。また、単一材料で「変形しにくさ」が得られるので、細く設計することができます。チタン・ニッケル合金の比重の小ささも相まって、軽量なアンテナが得られました。

ただし、チタン・ニッケル合金製品が広く実用化されるためには、競合材料とのコスト勝負に勝たなければなりません。原材料が割高で、加工性が悪いチタン・ニッケル合金はコスト面で苦戦することが多いのです。携帯電話の場合、使用する電波の周波数は８００MHzと高いので、波長の4分の1の長さで設計される携帯電話アンテナの長さは約10㎝と短く、材料費は低く済みました。また、単純な直線で複雑な加工が不要だったこともあり、コスト面のハードルは克服されました。

このように、超弾性アンテナはグローバルスタンダードとして一世を風靡しました。しかし、アンテナの長さはこの製品に皮肉な結末を与えました。使用周波数のさらなる高周波化によって、必要なアンテナ長さは約5㎝程度と携帯電話内部に収まるサイズになったのです。折れ曲がりにくいという特性は残念ながら大きな利点にはならなくなりました。

要点BOX

- ●折れ曲がりにくいアンテナに最適
- ●単一材料のため細い設計を実現
- ●高周波化によって役割を終えた

携帯電話アンテナ

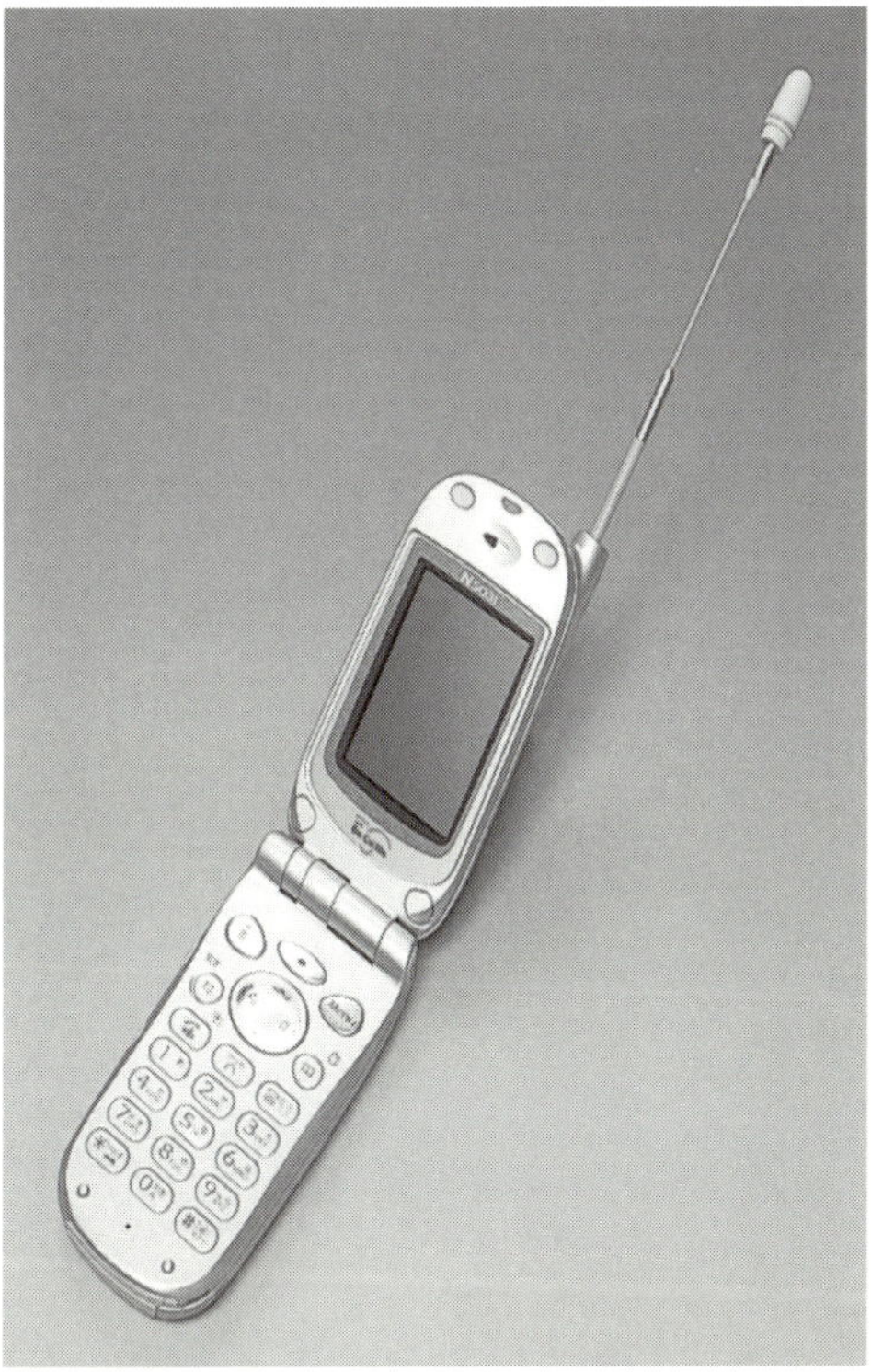

アンテナが長い時代の携帯電話（富士通製）

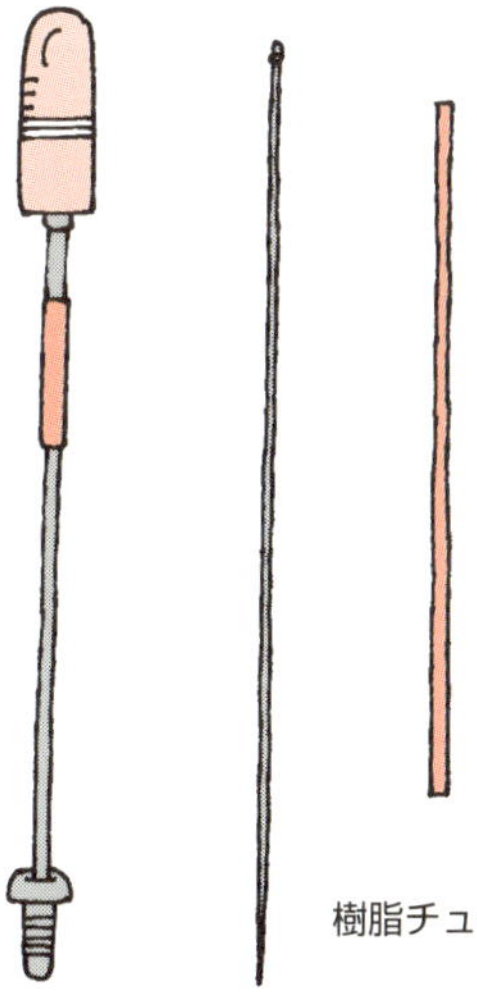

要求性能

●折れ曲がりにくい

●軽い

●安い

携帯電話のアンテナ長さ

$$L = \frac{1}{4} \times \frac{c}{f}$$

L：アンテナ長さ（m）

C：電波の伝播速度（m/s）

f：周波数（Hz）

f＝800MHz の場合、 L＝0.09m＝9cm

46 竿と釣糸の敏感なアタリとトラブル防止

釣り師は魚とのやり取りを楽しみ、釣果につながればなお嬉しいものです。そこで、竿やリール、仕掛けやライン（釣糸）など最良の道具を求めます。超弾性合金は釣り師の要望に応えるアイテムを実現しています。

(1)竿（穂先・中通し）

人気な船釣りにカワハギやマルイカ釣りがあります。わずかなアタリを捉えて針掛かりされるのが醍醐味で、繊細なアタリをとるために、竿の穂先に敏感でしなやかに曲がる超弾性合金が使われています。永久変形しにくい超弾性の特性をうまく利用しています。

磯釣りや船釣りにおいて、竿が長いと釣糸が竿に絡むトラブルに悩まされます。そこで、竿の中に釣糸を通した「中通し竿」が登場しました。ただ、使い勝手は良いのですが、柔らかい釣糸を竿の中に通すのが大変です。そこで、糸通しをする超弾性ワイヤが付属され、より簡単に糸を通せるようになりました。超弾性ワイヤなので、使わない時はグルグル巻いておいても変形しにくいので持ち運びに便利です。

(2)ライン（釣糸）と天秤

超弾性が鮎師を魅了しました。友釣りは狙ったポイントにおとり鮎を泳がせ、攻撃してきた鮎を針に掛ける釣りです。超弾性合金のラインは、約0・06㎜の細さでしなやかさと強さを両立しており、自在なコントロールを可能にしました。そして癖が付きにくいことは、他のラインにはない特性です。

他にも、仕掛けとおもりをつなぐ天秤に超弾性合金が使われて、アタリが取りやすく変形しにくいといった特徴を発揮しています。

釣りにはさまざまな釣り方があり、目的に合わせて竿やリール、その他のアイテムにまで多様な商品開発が行われています。超弾性合金はさびにくいため、今後、商品が増えていくと予想されます。

釣果が変わる釣具

要点BOX
- ●変形しにくさが魚のアタリを敏感に伝える
- ●釣り師の意のままにコントロール
- ●さびにくく、釣具に最適

超弾性の釣具

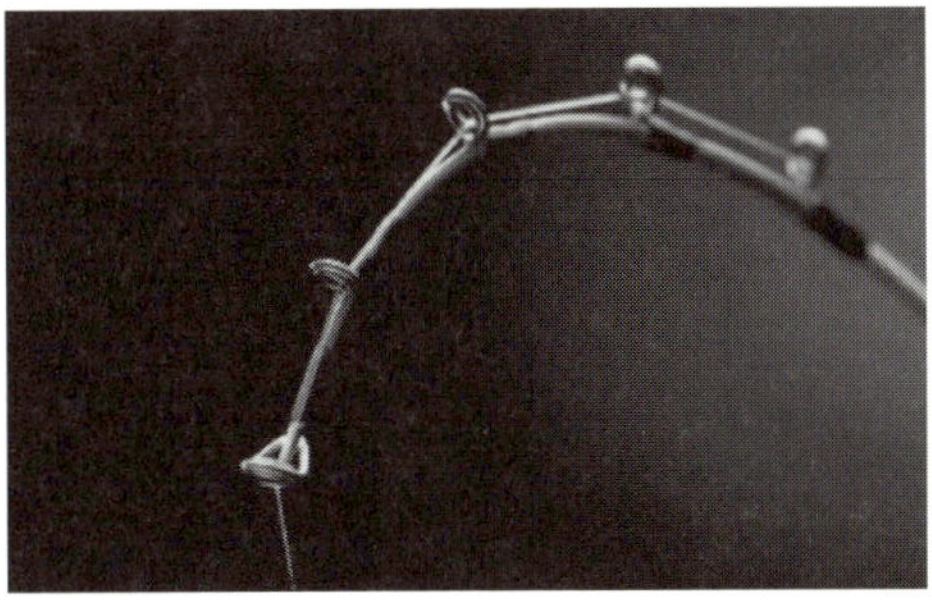

穂先（提供:株式会社グローブライド）

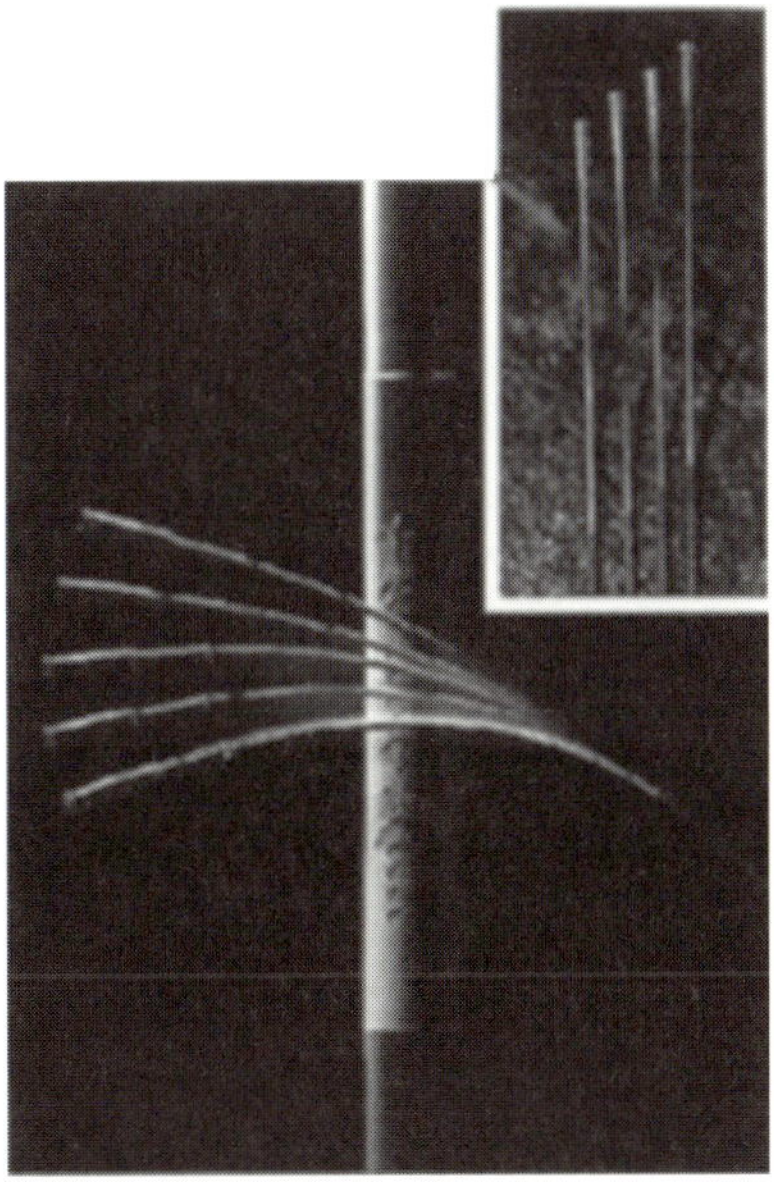

鮎竿（提供:株式会社グローブライド）

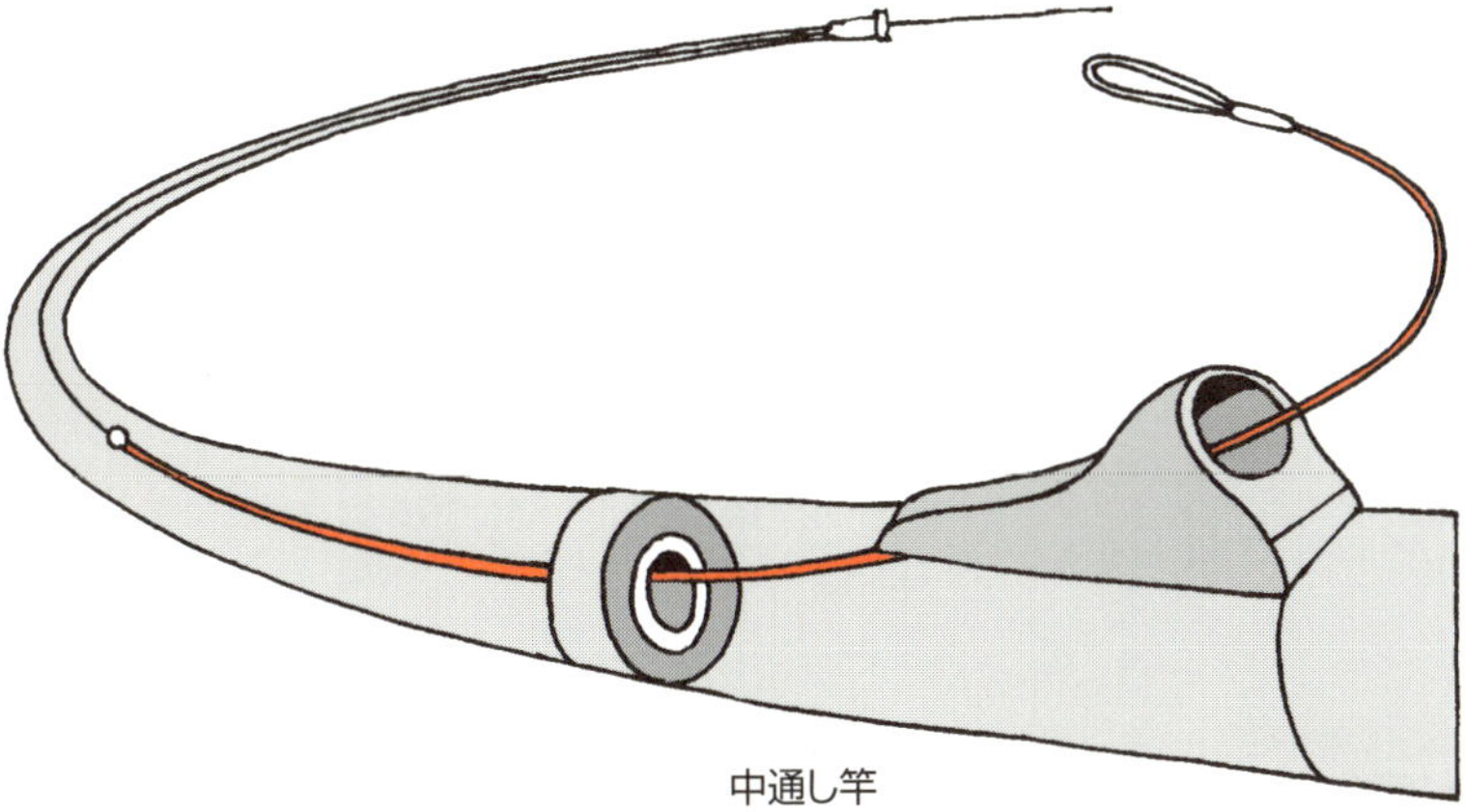

中通し竿

47 バッテリーが不要な作業補助具

介護・農作業の補助具

近年、モータを使ったパワーアシストスーツなどの補助具が多数開発されています。しかし、これらの補助具は大掛かりな器具であるため装着しづらく、重いという欠点があります。一方、超弾性合金を使う補助具は、数本のワイヤを束ねた形状であるため、構造が簡単で装着しやすく、軽い特徴があります。さらに、材料自体が力を発生するため、バッテリーや付属のコード類も不要です。この補助具の費用対効果も良好で、補助具を気軽に使用することができます。

超弾性合金を用いて実用化されている介護、農作業などの補助具には、腰用、腕用、首用の3種類があります。

(1)腰用作業補助具

これらの補助具の中で、腰痛予防エプロンが最初に開発されました。この補助具は、介護する際に腰にかかる負担を軽減するための作業補助具です。直線形状を記憶した超弾性合金が、エプロンの胸からわき腹あたりの両側に配置されています。この補助具を用いれば、10kgのものを4kgの力で持ち上げることができます。

(2)腕用作業補助具

ブドウ棚などで手を挙げたままの姿勢で作業する時に、腕にかかる負担を軽減するための器具です。腕の重さの約半分の1kgの力を発生させることにより、農作業を補助します。

(3)首用作業補助具

農作業などで上を向いたままにする姿勢を続けると首が痛くなるため、首をヘッドレストで支える構造になっています。首用補助具は、首を約800gの力で支えます。

このような超弾性合金を用いた作業補助具は、リハビリテーションの分野への応用が提案されていて、今後の開発が期待されます。

要点BOX

- ●構造が簡単で軽く、装着しやすい
- ●超弾性合金自体が発生力を調整
- ●リハビリテーションへの応用に期待

実用化されている介護・農作業補助具

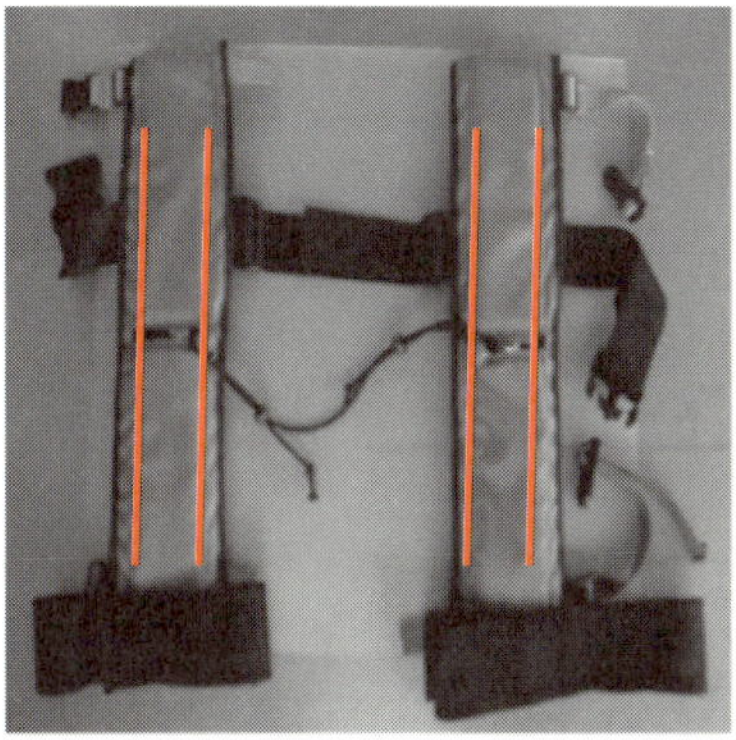

腰痛予防補助具:
左右の袋の中に超弾性ワイヤが入っている

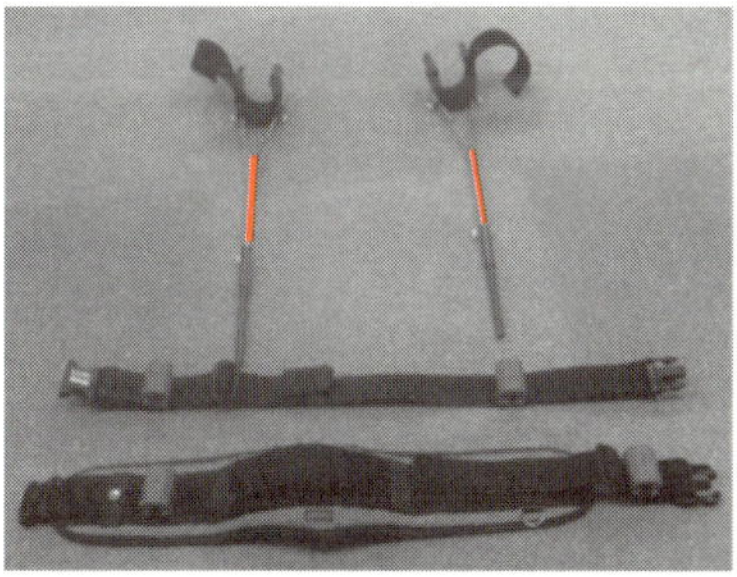

腕用作業補助具:
棒の上の部分に超弾性ワイヤが入っている

48 口の中での作業を減らした治療法

人工歯根・根管治療ファイルなど

チタン・ニッケル合金は歯槽のうろうなどで歯を支えることが難しくなった場合のインプラント材や、虫歯治療用の医療機器にも用いられています。

インプラント材としては、ブレード状の人工歯根、歯牙固定用スプリント材があります。

ブレード状の人工歯根は、形状記憶効果を活用した使用法であり、歯根の先端部が約30度ずつ交互に曲げてありますが、手術前には先端部をまっすぐにして埋め込みやすいようにします。手術後に温水で緩やかに加熱することで、先端部は30度開いた形になり固定されます。先端が開いた状態で咬合圧がかかるため、力が分散されて咬合支持力が他のものに比べ大きくなります。

歯牙固定用スプリント材は、歯槽のうろうなどで歯茎の状態が悪くなり、1本の歯を支えられなくなった両横の歯を使って悪い歯を固定するのに用いられます。人工歯根の場合と同様に先端が開いた状態の形状記憶合金をまっすぐにして両側の歯と固定し、その後温水で加熱することで、先端部が二股に開脚し、歯をしっかりと固定させることができます。

虫歯が神経まで達して痛みがひどくなると、神経をとって根管内を消毒し細菌が入らないようにする必要があります。この場合に、根管を削って広げるのが「根管治療ファイル」です。歯の根管は先端が細く、湾曲しています。治療のため根管を広げる工具には、根管を広げるための切削と湾曲に対応できる柔軟性が求められます。超弾性合金は高い柔軟性を有しており、歯根の先端までスムーズに根管を拡大することが可能です。また、根管の再治療の際には、詰めものであるガッタパーチャ（樹脂製の根管充填材）をスムーズに除去加工できるのも特徴です。ワイヤのほか、超弾性合金チューブをレーザ加工した根管ファイルも開発されました。

要点BOX

- 温水で人工歯根をフィットさせる
- 歯を固定する力も十分
- 歯根の先端まで根管を広げる柔軟性

根管治療ファイル

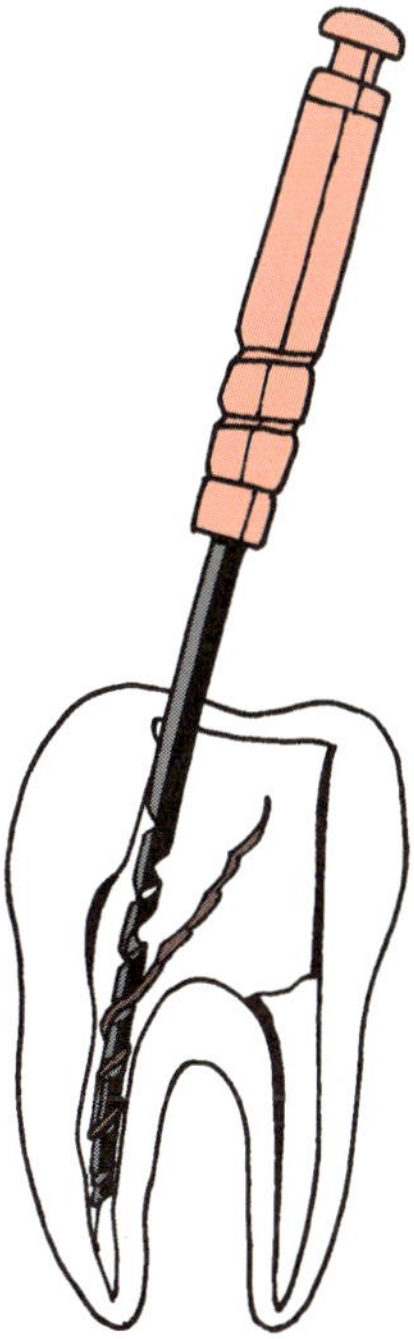

人工歯根

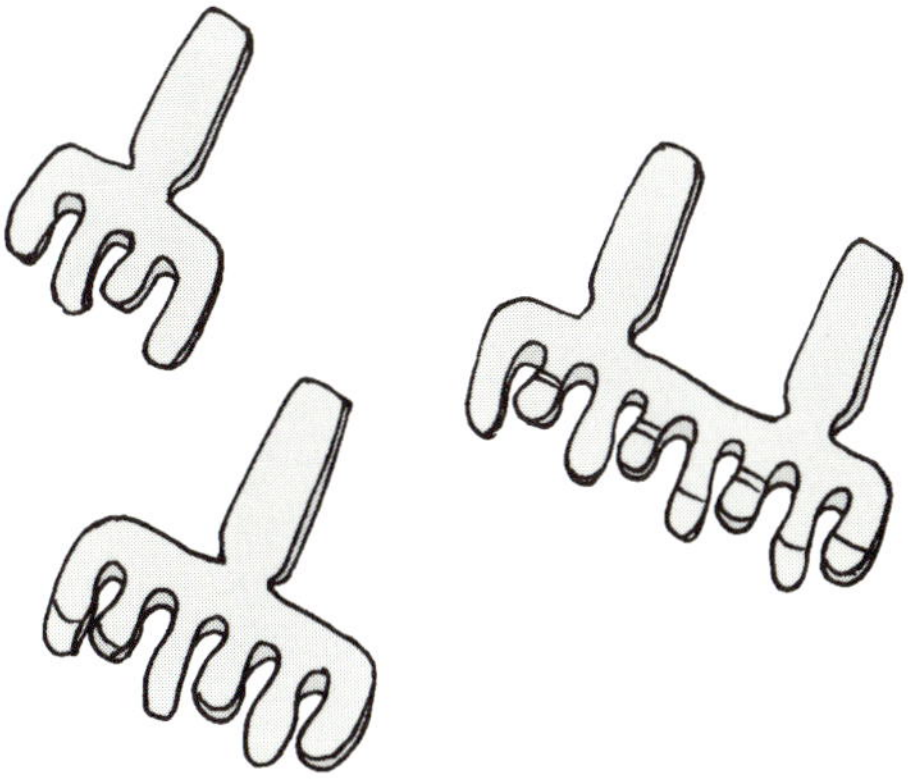

歯牙固定用スプリント材

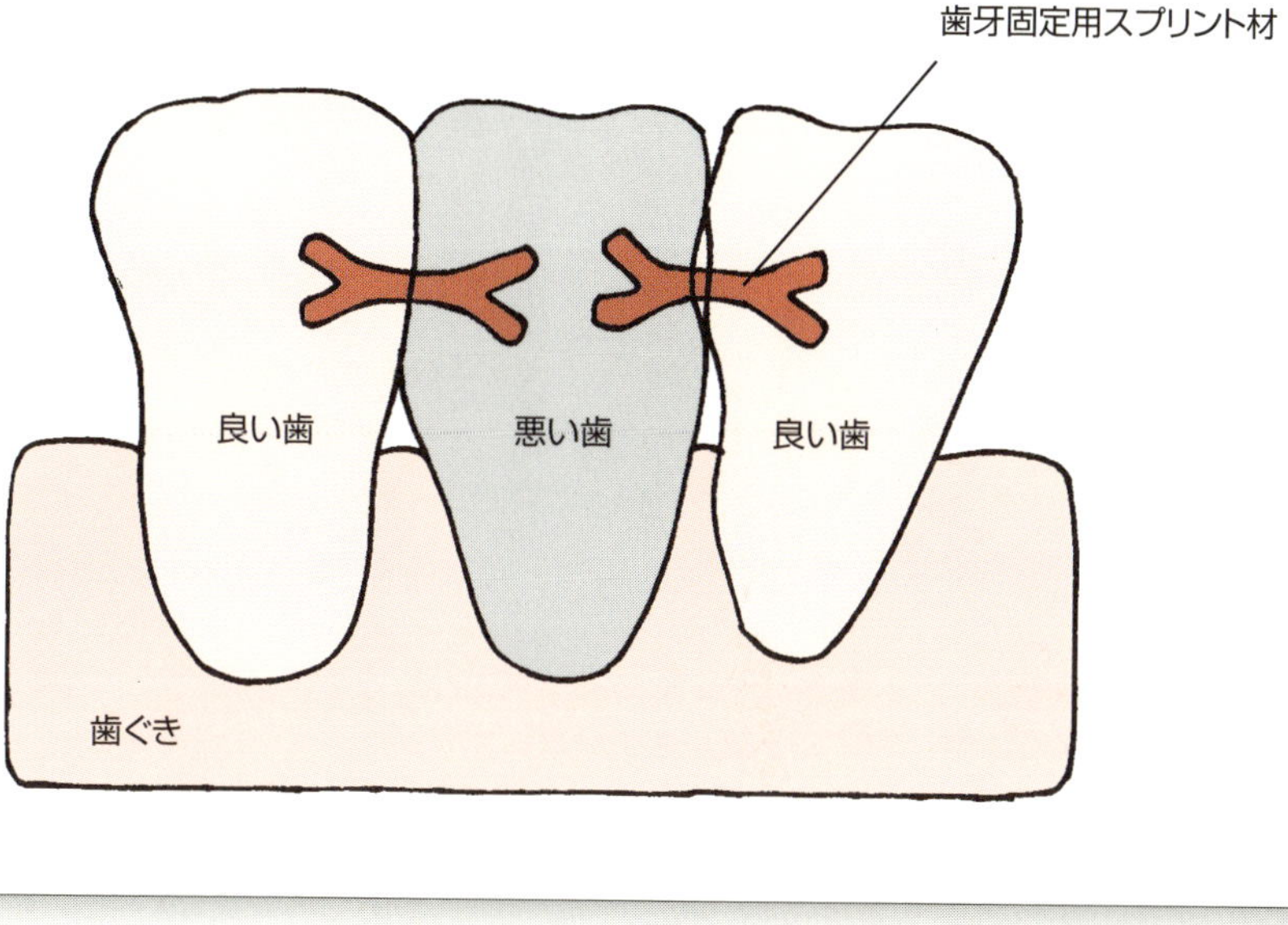

49 理想の位置に歯を移動

歯列矯正ワイヤ

歯列矯正治療は、歯の不正咬合を矯正するために ブラケットという金具を歯に取り付け、弓形状のアーチワイヤの復元力（矯正力）で歯を移動させます。チタン・ニッケル合金が利用される以前は、ステンレスやコバルトクロム合金のワイヤが使用されていました。

下図はステンレスとチタン・ニッケル超弾性合金の曲げ荷重と変位の関係です。ステンレスの弾性率は大きく、わずかな変位で荷重が大きく変化してしまいます。このため、治療が進み歯が移動すると、矯正力は急激に弱まってしまうので、患者は調整のため頻繁に通院しなければなりません。また、初期段階で高めの矯正力にセットすることが多く、患者に痛みを与えることにもなっていました。

超弾性合金ワイヤは変位に関係なく荷重が一定になります。例えば図のA点でワイヤを取り付けた場合、矯正が進んで歯が移動しても常に一定の矯正力が得られることになり、治療期間も短縮され、患者の感じる痛みも緩和することができます。

歯列矯正治療では、ワイヤの材質やサイズ、断面形状、矯正力を症例や治療段階ごとに使い分けています。現在は前歯部から臼歯部にかけて徐々に矯正力が強くなるワイヤや、白色の樹脂や白金族系の金属をコーティングした審美性の高いワイヤも使用されています。

医療の分野に初めてチタン・ニッケル合金が使用されたのが歯列矯正ワイヤでした。この応用の後に、多くの医療機器に使われるようになったのです。医療に使われる先駆けとなった重要な応用例といえます。

要点BOX
- ●従来品は痛み、塑性変形などに問題
- ●超弾性ワイヤは塑性変形がほぼない
- ●治療時間の短縮、痛みの軽減が可能

歯列矯正の治療経過

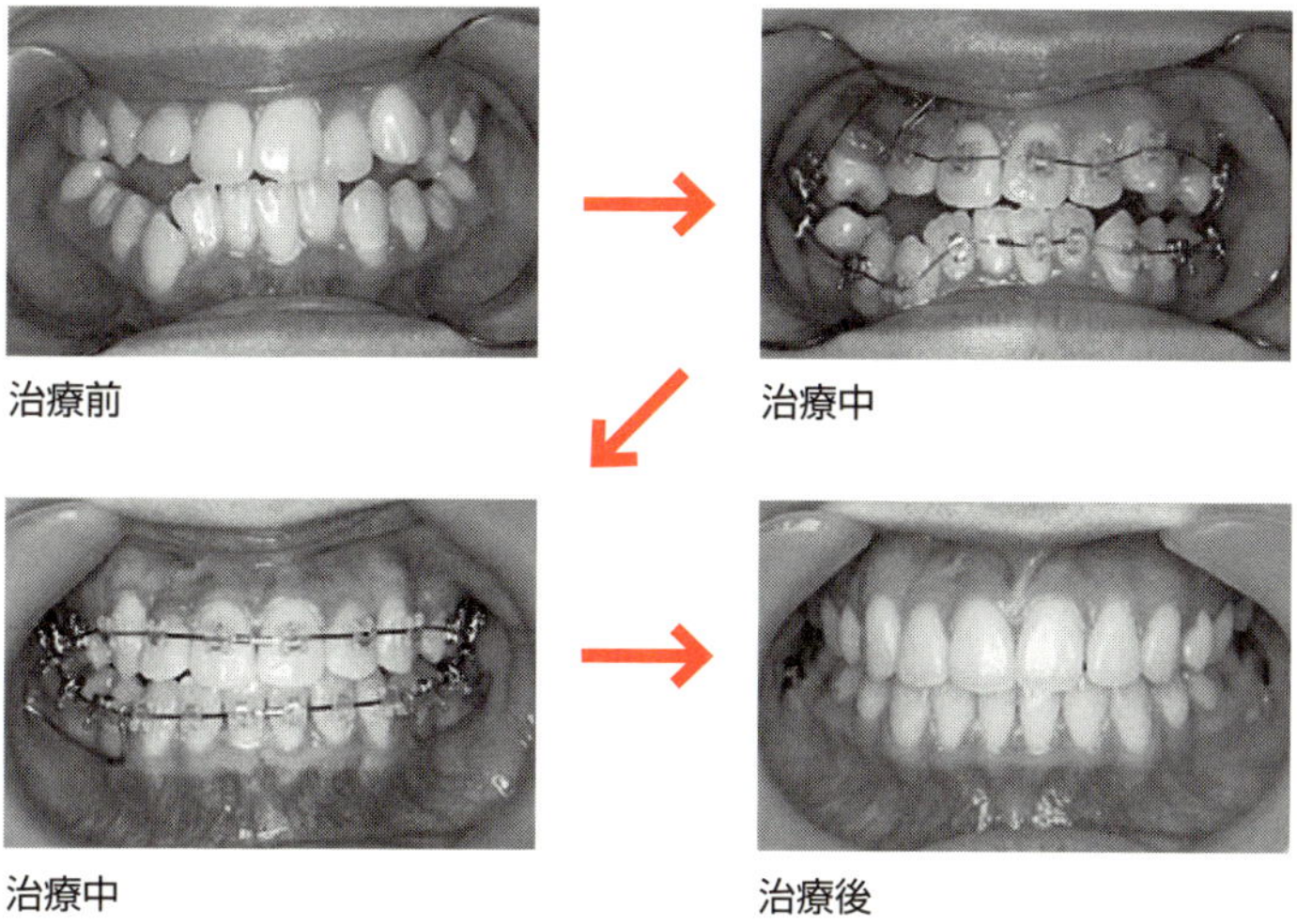

（提供：トミー株式会社）

歯列矯正ワイヤの荷重―変位曲線

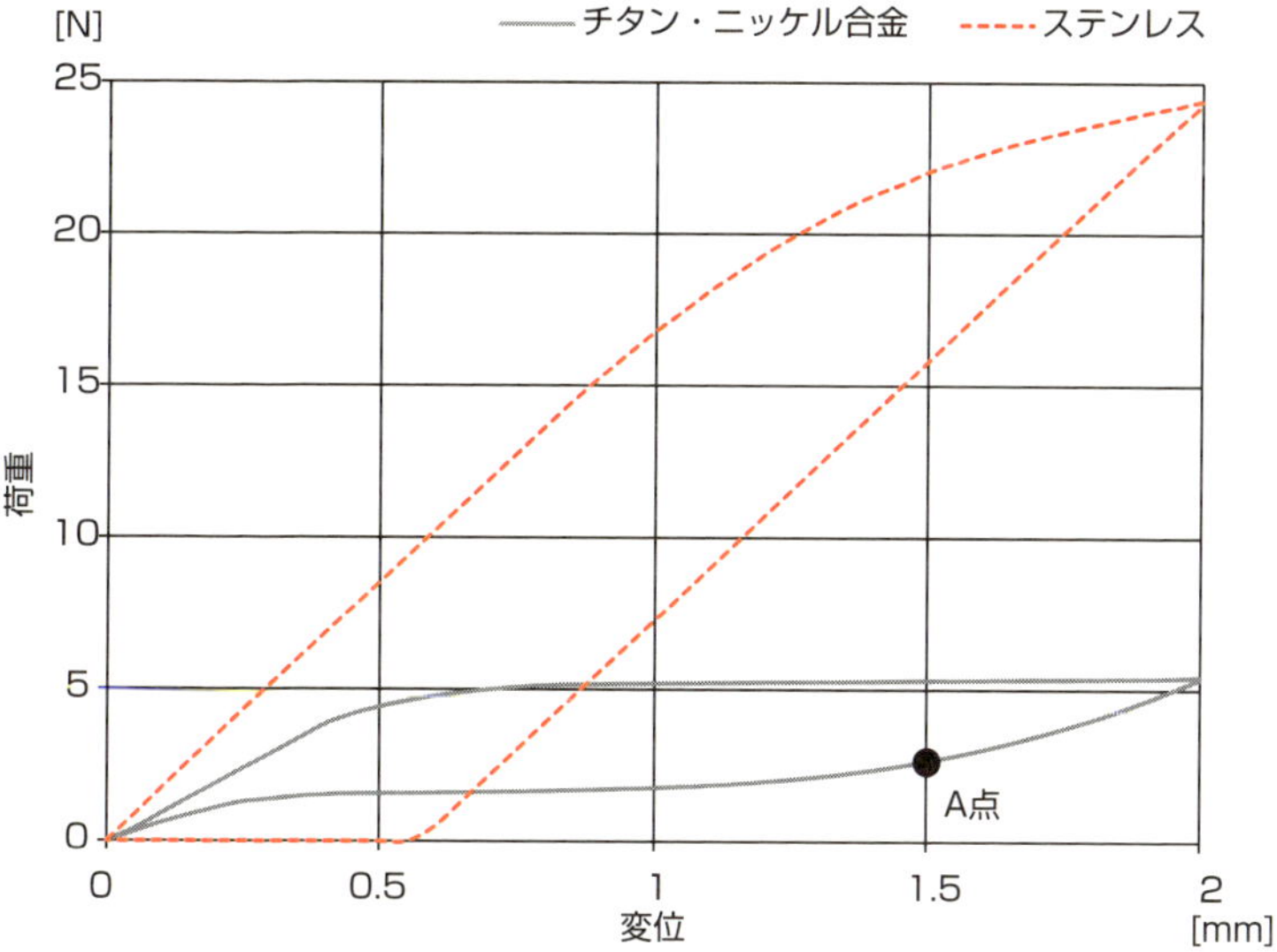

（14mmスパン、2mm押し込み → 除荷、試験環境 37℃）

（提供：トミー株式会社）

50 カテーテルを目標位置まで導くワイヤ

ガイドワイヤへの応用

近年、患部を切開せずにカテーテルと呼ばれる柔らかいチューブ状の医療器具で治療を行う、患者に負担の少ない治療（低侵襲治療）が一般化しています。しかし、血管内などの目標部位（患部）は屈曲や分岐、さらには極端に狭くなっている箇所が存在するケースが多く、ガイドワイヤというチタン・ニッケル合金やステンレスのワイヤを目標位置まで到達させてから、カテーテルを導く方法が用いられています。

ガイドワイヤに最も必要な特徴として、しなやかさ、永久変形しない、押し込み性と柔軟性を兼ね備えること、トルク伝達性等が挙げられます。

また、表面の摩擦力を下げるために、フッ素樹脂コーティングと、親水性コーティングという2種類の潤滑性コーティングが用いられています。この中で親水性コーティングワイヤに超弾性合金芯材が多く用いられますが、ガイドワイヤを屈曲や蛇行が強い部位に挿入させるために、超弾性の柔軟性と表面親水性コーティングによる低摩擦性を効果的に用いることを目的にしています。

ガイドワイヤには血管系と消化器系等があります。血管用ガイドワイヤの挿入部位として、静脈では主に内頸静脈、鎖骨下静脈、大腿静脈から、動脈では上腕動脈、橈骨動脈、大腿動脈からアプローチしますが、最初に穿刺針や留置針などで目標部位に穿刺し、ワイヤを挿入します。その後ガイドワイヤを分岐部から目標位置に進めるために、先端部に様々なR形状を付与させたタイプで回転させて方向付けする方法や、ストレートタイプの先端柔軟部をループ形状にして回転させることで目標部位へ到達させるループテクニック等を用います。

この場合にトルク伝達性が良いワイヤであるほど分岐部位での選択性能が良好となるのですが、超弾性ワイヤはその点でも最適です。

要点BOX
- ●血管に挿入しやすい柔軟性
- ●用途に応じて芯材や表面構造を変える

ガイドワイヤの挿入部位

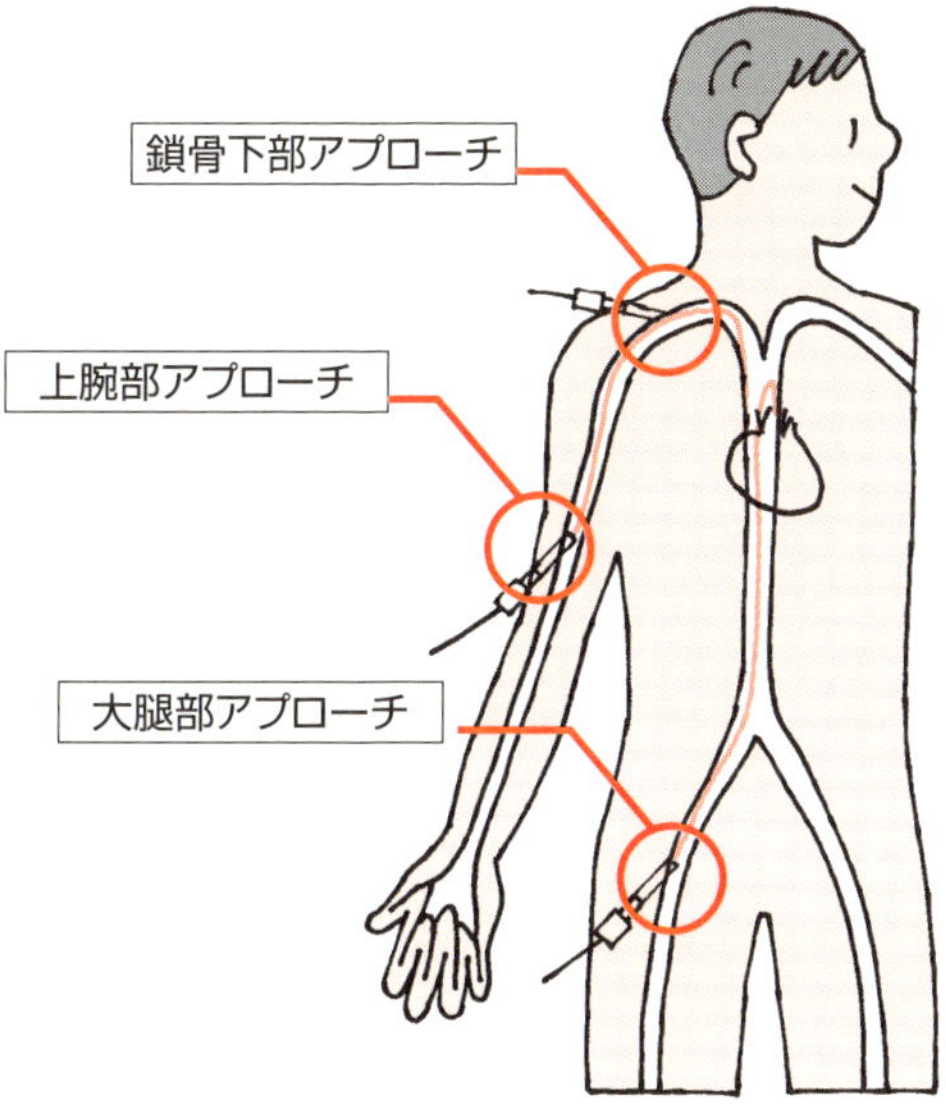

各種ガイドワイヤ先端形状

ガイドワイヤの潤滑性コーティング

フッ素樹脂コーティングワイヤ		フッ素樹脂でコーティングすることで滑り性を向上させており、表面にストライプなどのマーキングがありワイヤが進んでいる方向を分かりやすくしている。また、マーキングに凹凸を付与させてさらに滑り性を向上したタイプもある
親水性コーティングワイヤ	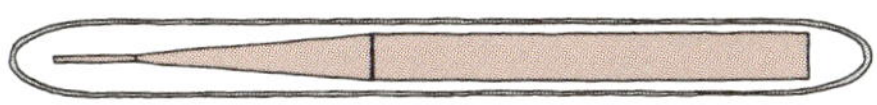	親水性ポリマーでコーティングされており、摩擦抵抗が小さく滑り性が良いので、挿入困難（強い狭窄、強い蛇行）部位へ用いる

51 狭い血管、消化管を自動的に拡張

超弾性合金ステント

ステントとは、冠動脈や消化管などの体内管腔に著しく狭い箇所（狭窄）が発生した場合に、狭窄の内側へ導入して拡張させることで管腔を維持するための医療器具です。

従来、ステントは冠動脈疾患に対応したステンレスを用いたバルーン拡張タイプが主流でしたが、適用部位の拡大と伴に超弾性合金自己拡張ステントが使われるようになってきました。

ステント加工には大きく分けてチューブをレーザーカットして作製したタイプと、ワイヤを編み込んで作製したタイプの2種類があります。ステントの留置方法として、先ずステントを縮径してカテーテル先端部に収納します、次に、図に示したように、ガイドワイヤ経由で目標とする狭窄まで到達させ、カテーテルからステントを解放します。超弾性合金ステントの形状回復温度を体温付近とすることで収納を容易にし、解放されると体温で温められて超弾性に変化し、拡張力が増加して狭窄を押し広げる力を生み出すことができます。

超弾性合金ステントは多くの部位で使用されており、消化管では食道、十二指腸、胆管、大腸で商品化されています。血管系では末梢血管などで商品化されていますが、さらなる適用拡大が検討されています。

これらの素材に超弾性合金が使用されている理由としては長期間縮径状態であっても形状復元性が良く、形状回復温度を体温付近で安定化させやすいことなどが挙げられます。

デリバリーシステムのサイズは用いられている部位で異なります。デリバリーシステムが細くなると屈曲した狭窄部位や強い狭窄へのアプローチが容易となるので、さらなる細経化が求められています。

要点BOX

- ●適用範囲を拡大する超弾性合金ステント
- ●回復温度を体温付近でとした超弾性合金ステント

レーザーカット型ステント

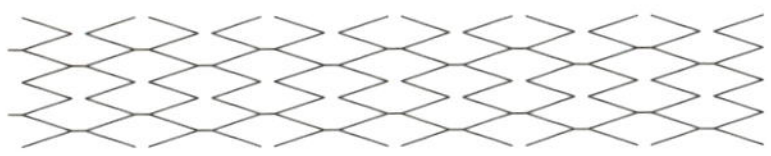

編込み型ステント

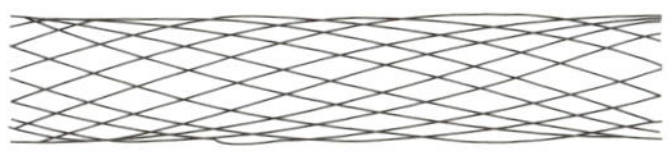

デリバリーシステム

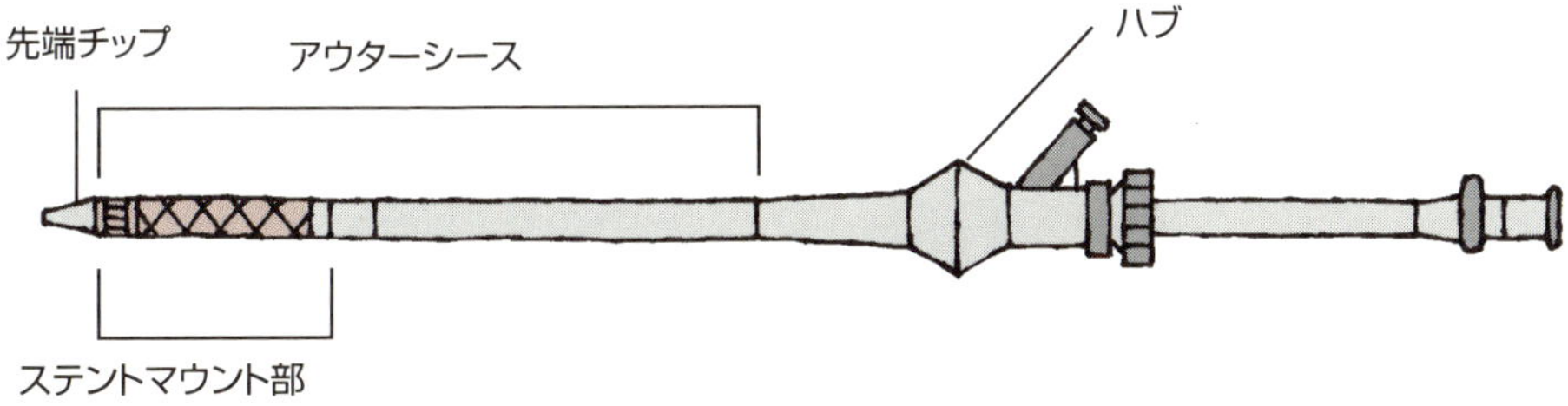

ステント留置手技

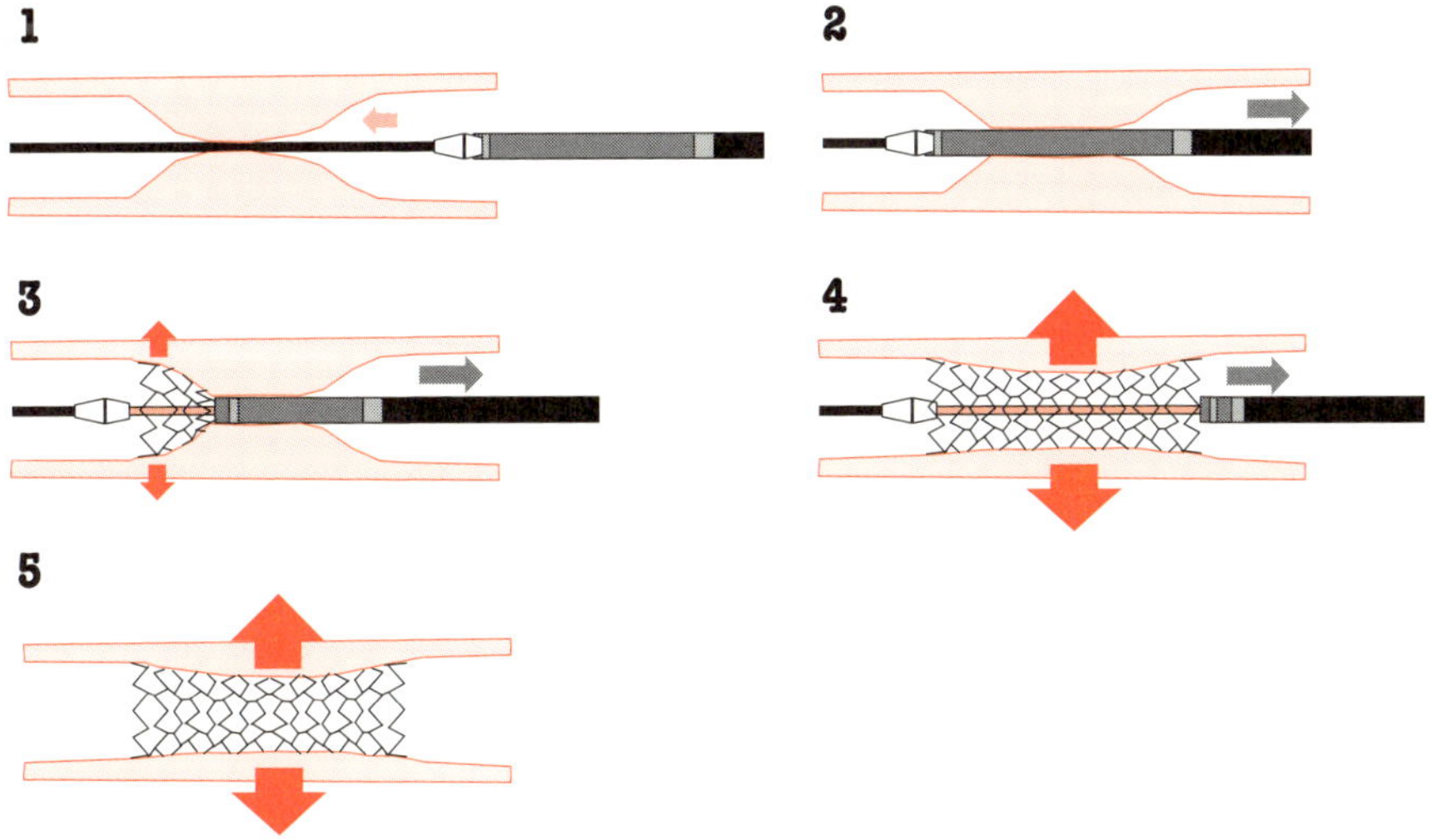

用語解説

アウターシース：ステントを縮径状態で収納するためのカテーテル。

52 体内のさまざまなサイズの石を取り除く

採石バスケット

胆管や膵管に胆石や膵石のような石が発生すると、胆汁や膵液といった体液の流れを妨げてしまいます。このような症例は、胆石では中年の肥満女性に多く、膵石はアルコールや喫煙依存症の男性に多く発症しています。こうした症状を放置すると体液が流れないので圧力が増加し、苦痛だけでなく、胆管炎、黄疸、急性膵炎などのさらに危険な炎症を引き起こしてしまいます。

「採石バスケット」とはバスケット形状の治具で、胆石や膵石を掴んで取り除き、体液の流れを整流化するための医療器具です。使用方法は、内視鏡に沿って付随している「鉗子チャンネル」という側孔のチャンネルを経由して、口から食道、胃、十二指腸を経て胆管と膵管にアプローチされます。その後、採石バスケットカテーテルを挿入し、石を掴んで取り除きます。

従来の形状として、４線ワイヤタイプや8線ワイヤタイプなどがありました。これらのタイプは比較的大きいサイズの石を掴むことは得意ですが、細かい石は掴みにくく、膵管などの細い管内で採石バスケットを開くことが難しいなどの欠点がありました。

近年は採石バスケットは形状保持性が良く、胆管や膵管にフィットしやすく、柔らかくて管壁にやさしい超弾性合金ワイヤで作製されているものが多いです。

微細径の超弾性合金ワイヤを多数本ネット状に編み込んだタイプのバスケットがあります。このタイプはワイヤが非常に柔らかいので管壁に密着しやすく、細い管内でもバスケットを開くことが可能です。さらに、地引網のように使用することで細かい胆石や膵石を排石できます。その反面、大きなサイズの石を掴むことが難しいので、すべてのサイズに対応可能な採石バスケットの登場が望まれています。

要点BOX
- ●超弾性合金バスケットは管壁にフィットしやすい
- ●地引網方式で取り残しがない

胆管、膵管の解剖図

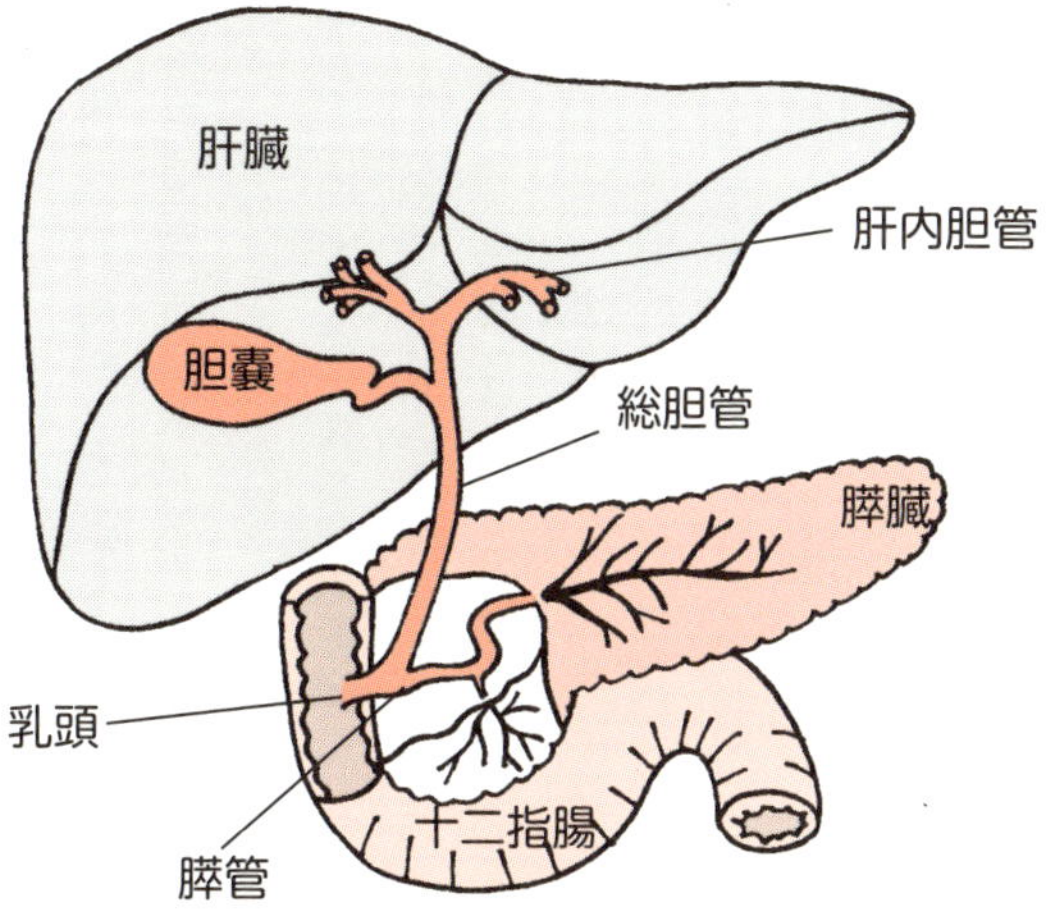

採石バスケット

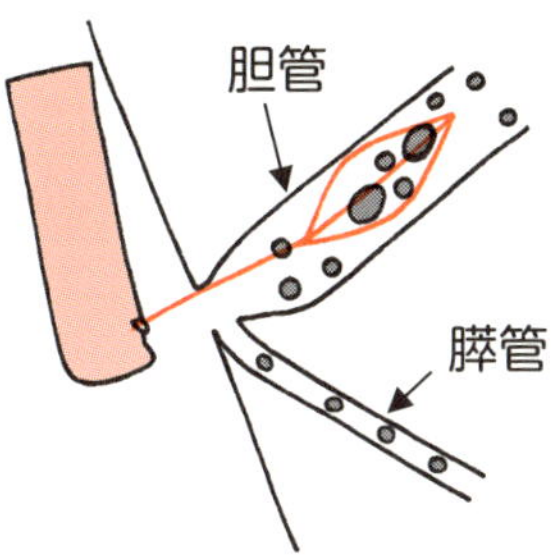

従来のバスケットでの採石

・石を掴んで排石
・細かい石が掴みにくく取り残しが出る

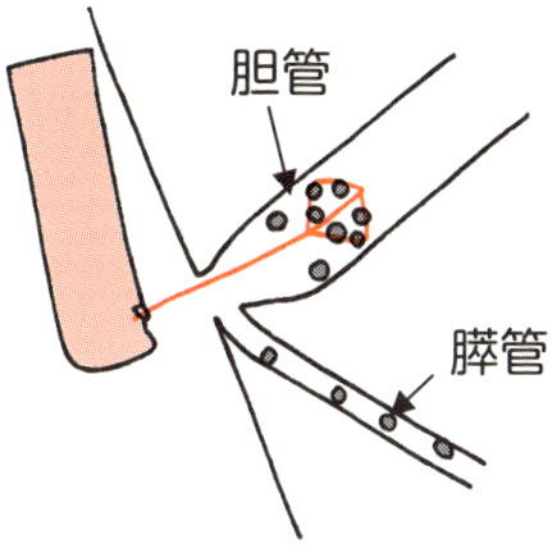

超弾性合金バスケットでの採石

・地引網方式で取り残しがない

53 選択肢が広がった心臓疾患の治療法

閉塞栓と大動脈弁への応用

心房中隔欠損症は生まれながら右心房と左心房を隔てる壁（心房中隔）に穴（欠損孔）が開いている病気です。左心房から右心房へ血液が流れるため、右心房や右心室の血液量が増えて心臓への負担が非常に大きくなります。これまでは外科手術しか選択肢がなかったのですが、新たな治療法として「閉塞栓カテーテル治療」が生み出されました。

閉塞栓カテーテルには「閉塞栓」と呼ばれる超弾性の細いワイヤを細かく編み込んだ2つの傘状の円盤構造体が収納されています。足の付け根にある大腿静脈からカテーテルを挿入し、右心房から欠損孔を通過させて左心房まで到達させた後、1つ目の傘を左心房で展開させて中隔の欠損孔まで引き寄せます。その状態で2つ目の傘を展開させることで、傘の間にあるくびれ部分が欠損孔を塞ぎます。その後にカテーテルを抜去することで、閉塞栓を留置させます。

別の心臓疾患として、心臓弁に障害が発生して正常に開閉しなくなった心臓膜症があります。一般的には開胸手術で治療を行いますが、体力がない患者には、手術中に心臓を止める必要のないカテーテルを利用した大動脈弁人工弁置換術が用いられるようになりました。

最新の大動脈弁は従来のバルーン拡張型ではなく超弾性の自己拡張型で、生体由来の弁が備えられています。この生体弁をデリバリーシステムに収納して、大動脈から左心室に挿入させ、大動脈弁を解放させて自己拡張させることで大動脈弁を留置します。

このような自己拡張型大動脈弁についての臨床評価は欧米では多数報告され、手術時間が短く、目標位置から逸脱しにくいなどのメリットが指摘されています。血管の細い日本人でのデータがまだ少ないので、これからの検証が期待されます。

要点BOX
- ●開胸手術を用いず、患者の負担が少ない
- ●超弾性ワイヤを編み込んで作られた閉塞栓

閉塞用カテーテル

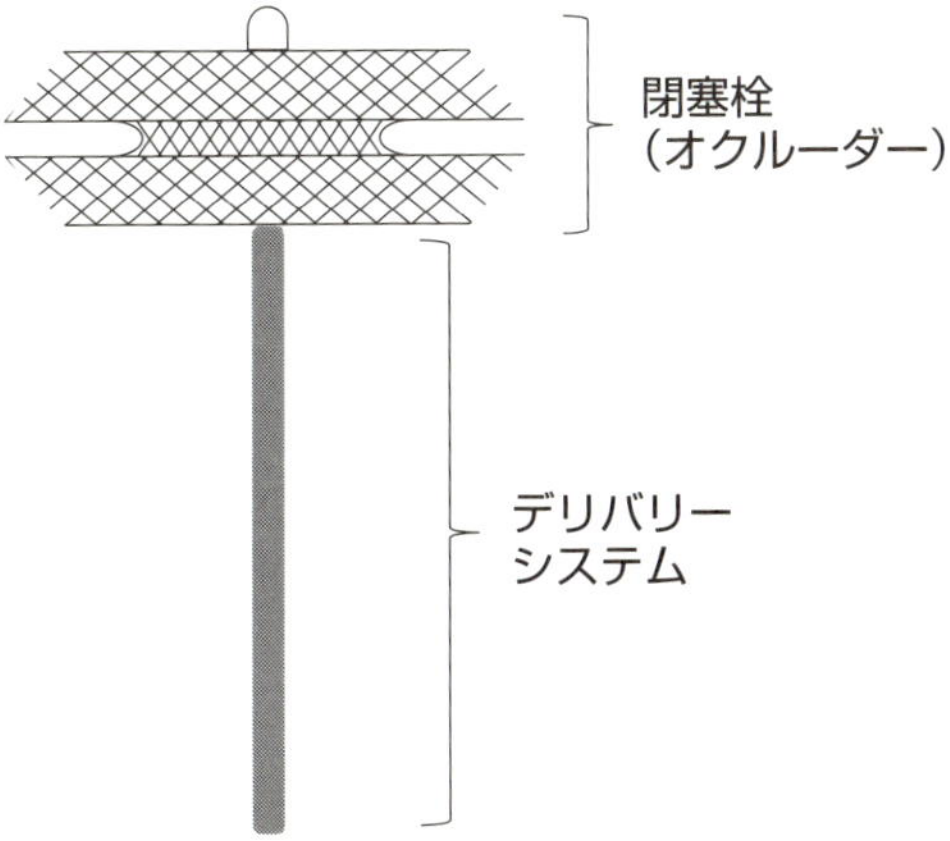

閉塞用カテーテルを用いた心房中隔欠損症の閉塞術

1

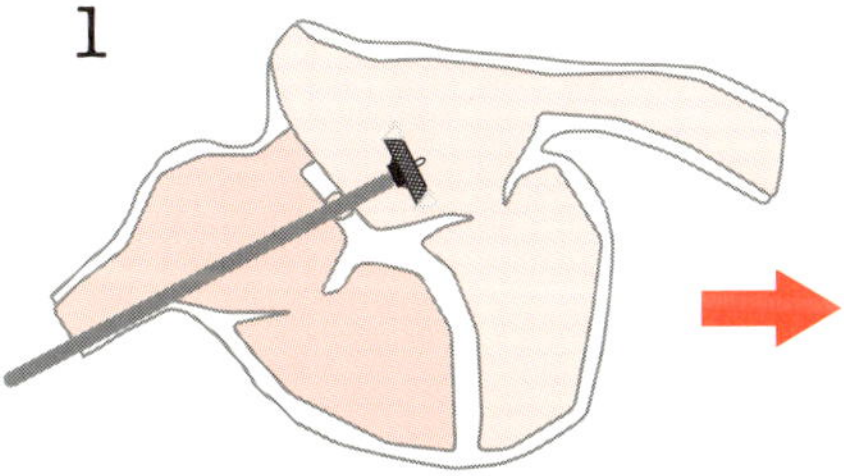

デリバリーシステムを右心房から左心房に挿入

2

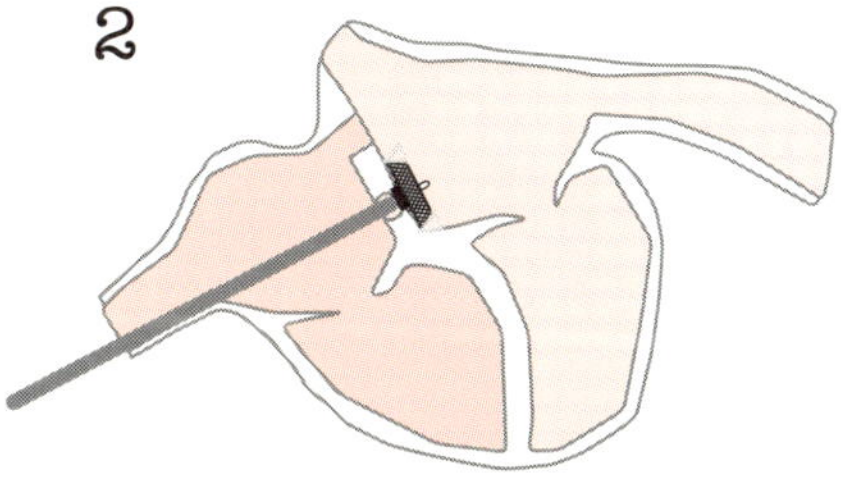

1つ目の傘を左心房で展開させて中隔に引き寄せる

3

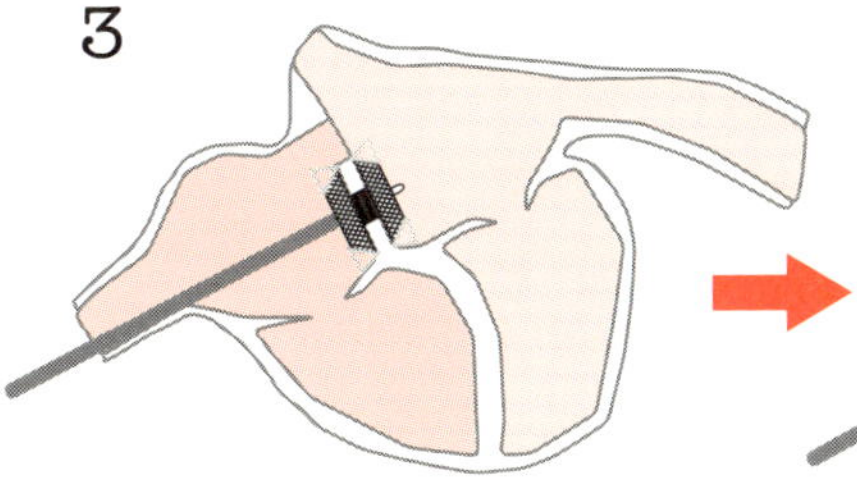

右心房で 2つ目の傘を展開させる

4

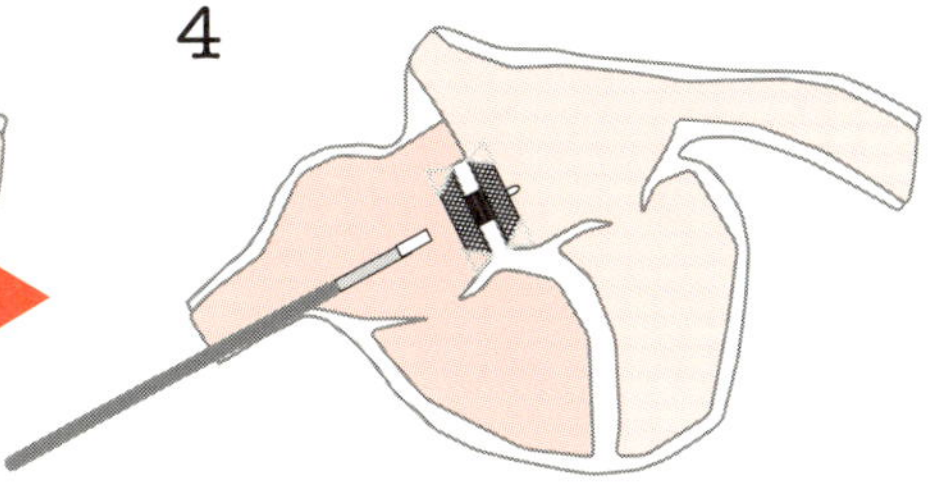

デリバリーシステムをオクルーダーから離脱させる

54 欧米が取り組む医療機器への応用

さまざまな医療用デバイス

欧米市場では1970年代からチタン・ニッケル合金の医療への応用に取り組み、現在でもさまざまなデバイスで応用されています。

(1)ステント・ガイドワイヤ

海外では1980年代からチタン・ニッケル合金が実用化されています。チタン・ニッケル合金はねじれにくく、歪曲した血管に簡単に通せるため、低侵襲手術技術を大きく発展させました。この手術は術後回復が早く、今後さらなるチタン・ニッケル合金の普及の拡大が期待されます。

(2)骨接ぎステープル

複雑骨折の措置に「ステープル」という骨接ぎ固定具を使用します。チタン・ニッケル合金の力に対する変形が骨と類似しているため、骨に対して最小限の負担で固定でき、広く使用されています。

(3)マイクログラスパー

内視鏡下手術で使用され、ねじれやヨレに強い超弾性合金のマイクログラスパーが登場しました。従来は開腹手術でないと届かなかった複雑に歪曲した器官に通せるようになり、低侵襲手術が対応できる範囲を大きく広げました。

(4)大静脈フィルタ

肺塞栓を防ぐため、腹部や下肢静脈でできた血栓をフィルタするための処置具です。形状記憶効果のあるチタン・ニッケル合金の大静脈フィルタは投入時にコンパクトに圧縮できるため、措置箇所の自由度を大きく改善しました。

(5)椎骨ケージ

椎骨ケージとは、ヘルニアなどの病気の椎骨の間を広げるのに使用する埋め込み措置具です。チタン・ニッケル合金は手術中に真直ぐに広げ体内に挿入することができ、体内に入ると自動的に記憶させた輪の形に戻ります。そのため、最低限の執刀で体内に埋め込むことができます。

要点BOX
- ●低侵襲手術の発展に貢献
- ●力に対する変形が骨と類似し、負担は最小限

医療用デバイス

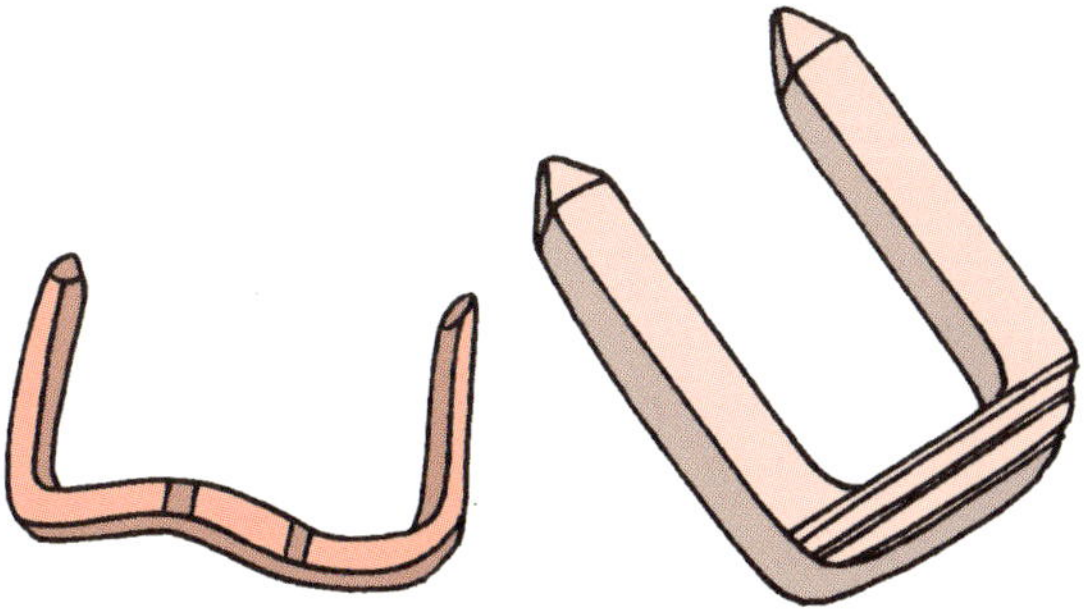

骨接ぎステープル

マイクログラスパー

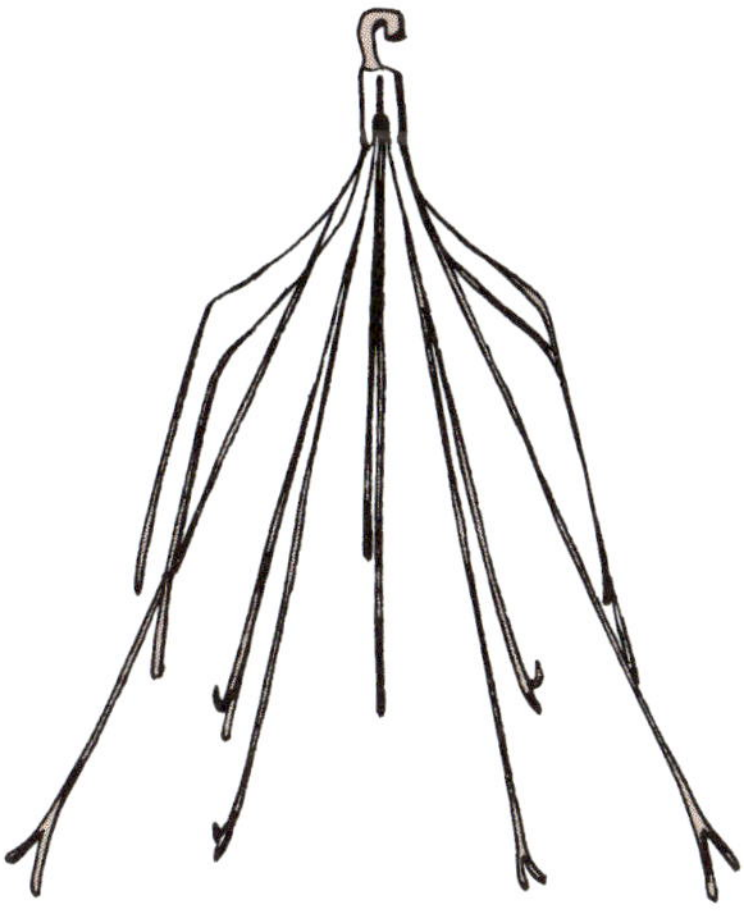

大動脈フィルター

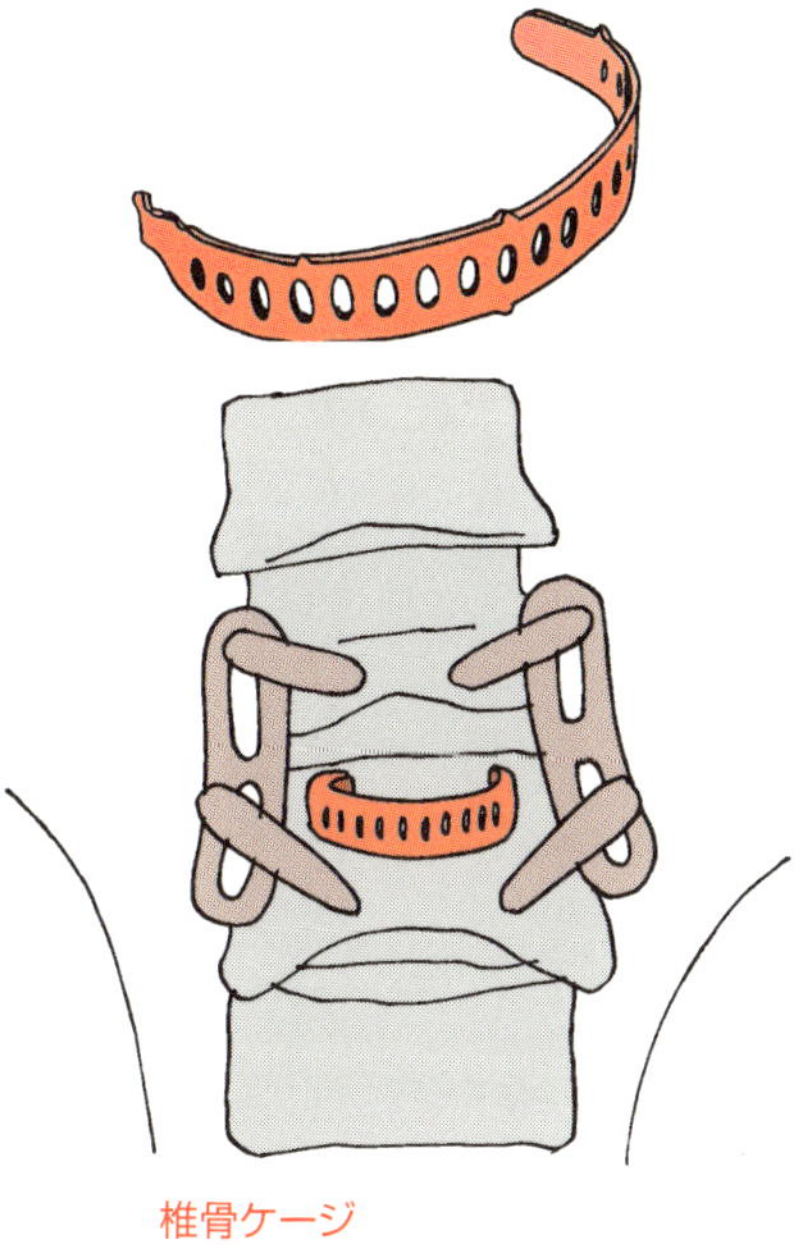

椎骨ケージ

55 大地震後もすぐに使えるコンクリート橋梁

土木・建築構造物

1994年のアメリカ・ノースリッジの地震や、翌年の阪神・淡路大震災の地震では、コンクリートの橋梁が倒壊するというショッキングな被害が発生しました。その後、アメリカや日本を中心にコンクリート橋梁の耐震性を高める研究が精力的に行われました。超弾性合金を効果的に利用することで、ノースリッジや阪神・淡路で起きた以上の揺れが発生しても、地震後すぐに利用できる橋梁が開発されています。

コンクリートは圧縮には強い一方で、引張りには弱いという特性を持っています。この弱点を補うために、図1のように、コンクリートには「鉄筋」と呼ばれる鉄の棒が埋め込まれています。コンクリートの橋梁が図2に示すように地震で右側に傾くように変形すると、柱の脚部（柱脚）の左側では引張力が働き、右側では圧縮力が働く形で抵抗します。特に柱脚の左側ではコンクリートにひび割れが発生し、鉄筋だけで引張力に抵抗することになります。そのため、地震が非常に大きくなると、地震後に鉄筋が伸びたまま戻らなくなってしまいます。

橋梁全体では、図3（a）に示すように地震後に傾いたままとなってしまい、補修や補強に多大な時間とコストが必要になります。一方、超弾性合金で柱脚の鉄筋を代替しておくことで、図3（b）のように地震後に傾きが残らなくなります。さらに、柱脚のコンクリートに大量の繊維（ビニロンなど）を混入しておくことで、コンクリートのひび割れや剥落を抑制し、大地震後もすぐに使い続けることが可能になります。このような仕組みを導入した橋梁がアメリカで開発され、現在、シアトル市郊外で実際に建設が進められています。

他の用途で用いられる場合と比較して、橋梁など土木・建築構造物で利用される超弾性合金は径が数cm、長さが数十cm程度と大きく、1つの構造物での利用量が多いのが大きな特徴です。

要点BOX
- ●鉄筋が引張られると、伸びたまま元に戻らない
- ●超弾性合金は自己修復し、傾きが残らない

図1　コンクリートに埋め込まれた鉄筋

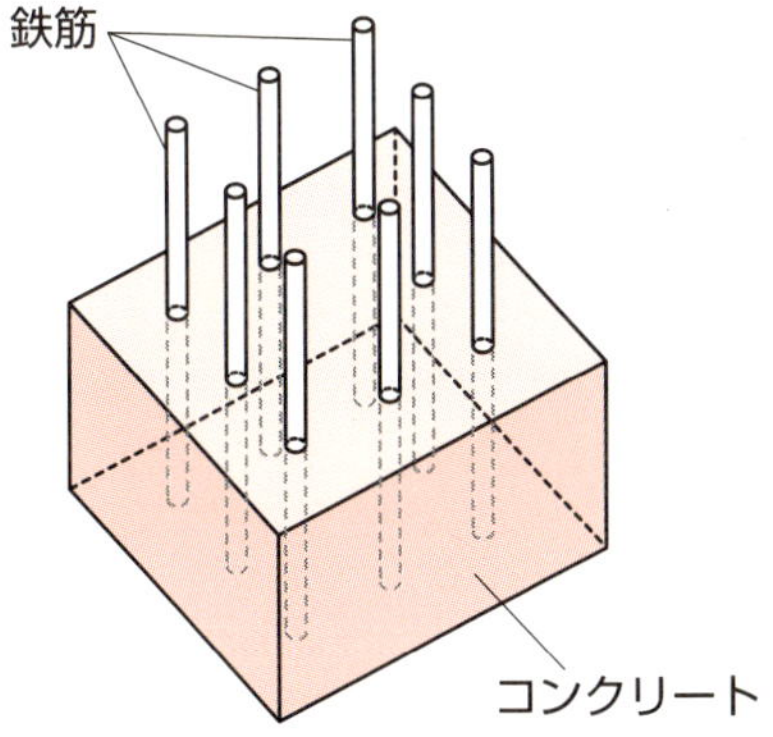

図2　地震力における引張力と圧縮力

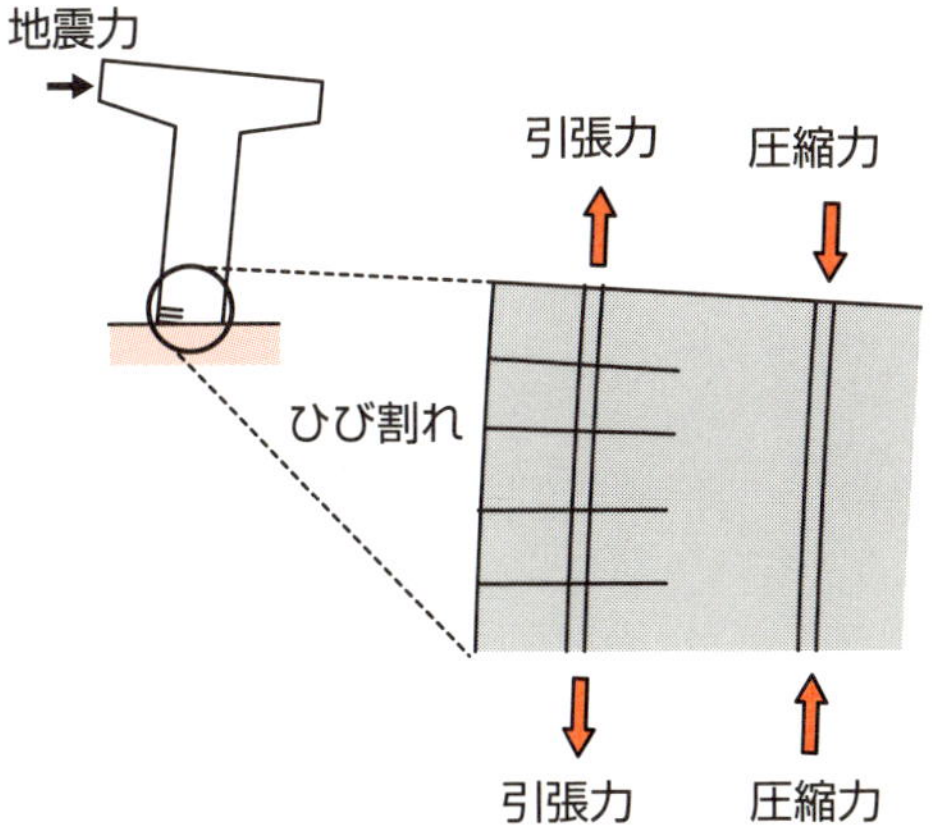

図3　地震後の通常の鉄筋と超弾性合金の鉄筋との違い

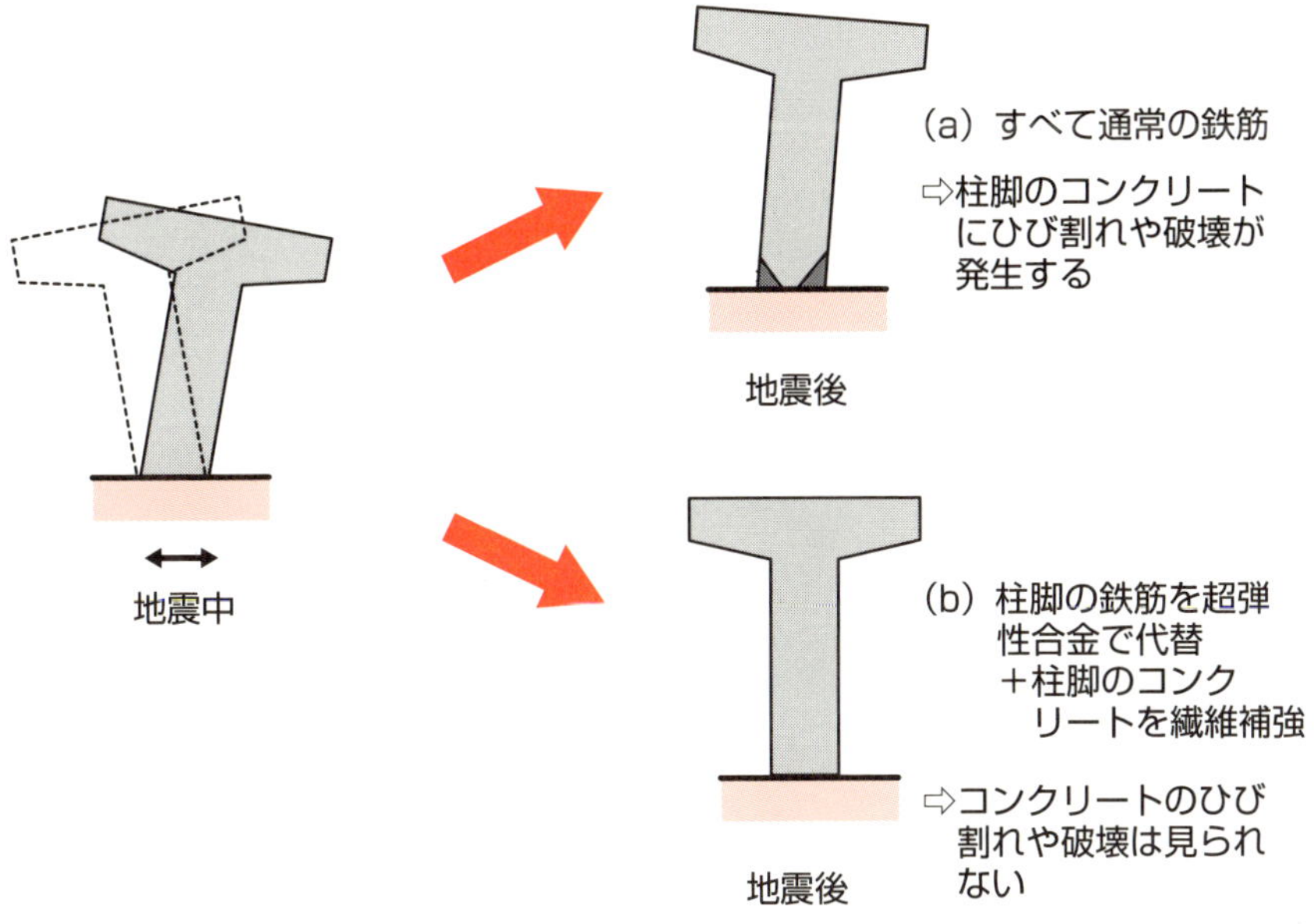

Column

金属とファッション。考えにも及ばない壁があった

形状記憶・超弾性合金のさまざまな応用例の中で、日本で最も有名な製品は43項で紹介したブラジャーワイヤでしょう。発売当時、「形状記憶合金ワイヤ」としてこの合金の名が広く知れわたり、「形状記憶合金」と言えばまずブラジャーが思い浮かぶという、一種の社会現象になりました。

「記憶」というのは魔法のような言葉。「若い頃の美しいバストラインを思い出すんでしょ」「一人ひとり、記憶する形は違うんだよね」といった、たくさんの誤解を生みました。

下着メーカーの研究員たちはさすがにそんな思い違いはしませんでしたが、〝機能〟を重視する金属の世界とファッションという〝美〟を追求する下着業界では、まったく知識や文化が異なり、商品化まではたくさんの障害がありました。

下着メーカーから依頼されたのは、体温で形状が戻るワイヤ。しかし、それでは着用時にバストを支える力が足りません。バストラインを整えるにはしなやかで大きな変形が戻る超弾性特性が必要だったのです。

記憶回復温度を27℃に設定することで難問は解決します。洗濯しても曲がらない、折れない、というのも優れたポイントです。一方、想定以上の変形が加われば、折れることもあります。こうした原因究明には両社が真摯に取り組みました。

下着メーカーから指摘されたのは金属表面の色の違い。この合金は記憶熱処理のわずかな温度で色が変化します。色の違いは性能に影響しない。ですが、下着にとっては布の色の微妙な違いは製品の重要な要素ですから、「色」についての認識はまったくかみ合わず、長く平行線を辿りました。

下着に続いてジャケットへの応用が研究開発されました。細い超弾性合金ワイヤに麻糸を巻き、縦糸数本のうち1本を合金ワイヤ入りにします。かなり工夫を凝らした織り方をし、皺にならない麻のジャケットが完成しました。あとは発売を待つばかり。しかし、最後の最後の会議で「これは麻の風合いを殺す」ということで発売は却下。金属メーカーには理解できない、そもそも存在しないキーワードでした。

色＝カラー、風合い＝テイストでしょうか。業界それぞれに大事にしているものが異なる。風土の差、文化の違いはあるものです。

第6章

いろんな種類の形状記憶合金たち

56 チタン・ニッケルと似て非なる合金

βチタン合金の特性

チタン・ニッケル合金とその仲間以外にも、チタンを主成分とした形状記憶効果や超弾性を示す合金がたくさんあります。その1つが「βチタン合金」と呼ばれる合金群です。βチタン合金は形状記憶効果と超弾性だけでなく、チタン・ニッケル合金にはまったく見られない特異な力学的性質も持っています。

第1章で説明したように、チタン・ニッケル合金やその仲間は、チタンとニッケルや銅などの第10、11族元素がほぼ同量で混ざり合い、ニッケル原子とチタン原子が結晶格子上で交互に整然と配列した結晶構造を持っています。しかし、βチタン合金はチタン原子とニオブなどの第5、6族元素を含めた種々の添加元素が体心立方格子上に不規則に配列していま す。チタン・ニッケル合金とは異なり、βチタン合金は添加元素の種類や比率をより自由に選ぶことができます。それらをうまく調節すると、形状記憶効果や超弾性が幅広い温度範囲で現れ、チタン・ニッケル合金では不可能な100℃以上での形状記憶効果も得られます。また、人体への影響が懸念されるニッケルなどの元素をまったく使用せずに合金設計できるので、生体適合性に優れた金属としても注目されています。加工性がチタン・ニッケル合金よりも良好で、ワイヤ材や板材を作りやすいという特徴もあります。

さらに、面白いことに酸素を添加したβチタン合金(Ti-(Nb, Ta, V)+(Zr, Hf) + O) を線材などの形状に塑性加工して、結晶構造の乱れをたくさん生じさせると、チタン・ニッケル合金以上に高強度で、ヤング率が極めて低いゴムのような合金を作ることができます。この合金は、「ゴムメタル」という商品名で販売されています。ゴムメタルは大きな弾性ひずみを得られることから、超弾性合金として応用することもでき、最近注目されています。

要点BOX
- βチタン合金は形状記憶効果と超弾性の温度範囲が幅広い
- 人体にやさしい、ゴムのような金属

元素周期律表

1族	2族	3族	4族	5族	6族	7族	8族	9族	10族	11族	12族	13族	14族	15族	16族	17族	18族
1 **H** 水素																	2 **He** ヘリウム
3 **Li** リチウム	4 **Be** ベリリウム											5 **B** ホウ素	6 **C** 炭素	7 **N** 窒素	8 **O** 酸素	9 **F** フッ素	10 **Ne** ネオン
11 **Na** ナトリウム	12 **Mg** マグネシウム											13 **Al** アルミニウム	14 **Si** ケイ素	15 **P** リン	16 **S** 硫黄	17 **Cl** 塩素	18 **Ar** アルゴン
19 **K** カリウム	20 **Ca** カルシウム	21 **Sc** スカンジウム	22 **Ti** チタン	23 **V** バナジウム	24 **Cr** クロム	25 **Mn** マンガン	26 **Fe** 鉄	27 **Co** コバルト	28 **Ni** ニッケル	29 **Cu** 銅	30 **Zn** 亜鉛	31 **Ga** ガリウム	32 **Ge** ゲルマニウム	33 **As** ヒ素	34 **Se** セレン	35 **Br** 臭素	36 **Kr** クリプトン
37 **Rb** ルビジウム	38 **Sr** ストロンチウム	39 **Y** イットリウム	40 **Zr** ジルコニウム	41 **Nb** ニオブ	42 **Mo** モリブデン	43 **Tc** テクネチウム	44 **Ru** ルテニウム	45 **Rh** ロジウム	46 **Pd** パラジウム	47 **Ag** 銀	48 **Cd** カドミウム	49 **In** インジウム	50 **Sn** スズ	51 **Sb** アンチモン	52 **Te** テルル	53 **I** ヨウ素	54 **Xe** キセノン
55 **Cs** セシウム	56 **Ba** バリウム	ランタノイド	72 **Hf** ハフニウム	73 **Ta** タンタル	74 **W** タングステン	75 **Re** レニウム	76 **Os** オスミウム	77 **Ir** イリジウム	78 **Pt** 白金	79 **Au** 金	80 **Hg** 水銀	81 **Tl** タリウム	82 **Pb** 鉛	83 **Bi** ビスマス	84 **Po** ポロニウム	85 **At** アスタチン	86 **Rn** ラドン
87 **Fr** フランジウム	88 **Ra** ラジウム	アクチノイド															

57

X線造影性、人体への安全に配慮

ニッケルフリーの医療用βチタン合金

第5章でチタン・ニッケル合金が幅広く医療に応用されていることを見ましたが、実は意外な問題点があるのです。それはチタン・ニッケル合金はX線透視下で非常に見えにくい点と、有害元素とされるニッケルを多量に含んでいる点です。βチタン合金やチタン・ニッケル合金のニッケルを金で置換した合金なら、これらの問題を根本的に解決できるのです。

チタン・ニッケル製のデバイスを体内に入れる手術は、X線透視下で体内の様子を見ながら行われます。しかし、原子番号が22のチタンと28のニッケルは、X線を吸収、散乱させる能力が低いため、X線造影性が低く不都合なのです。一方、X線をあまり強くしてしまうと、人体に悪影響を及ぼします。現在はX線をより強く散乱する白金などの粒を器具の一部に付けてX線透視下での目印にしています。

X線を散乱するのは原子核の周りを飛んでいる電子です。合金自体が人体に優しく、なおかつチタンやニッケルよりも多くの電子を持った（原子番号が大きい）元素を多量に含んでいれば、X線透視下でも見やすくなり、より安心、安全に治療できるようになります。そこで、チタン・ニッケルのニッケルを金で置換した合金や、ジルコニウム、ニオブ、白金などを含んだ医療用βチタン合金の開発が進められています。

ゴムメタルを含めたβチタン合金はすでに眼鏡フレームや歯列矯正ワイヤに実用化されています。歯列矯正ワイヤでは塑性変形しやすい方が施術上好都合ですが、チタン・ニッケル合金は大きな超弾性ひずみが得られる反面、普通の金属のように塑性変形させることが難しいのです。これに対してゴムメタルは塑性変形しやすいので、口腔内の状況に応じて施術しやすいという利点があります。このように、チタン・ニッケル合金以外の新しいチタン合金がその特色を活かして、実用化されつつあります。

要点BOX
- X線透視下での見やすさが利点
- 人体への影響を考慮
- 施術のしやすさも実現

βチタン合金とチタン・ニッケル合金の結晶構造

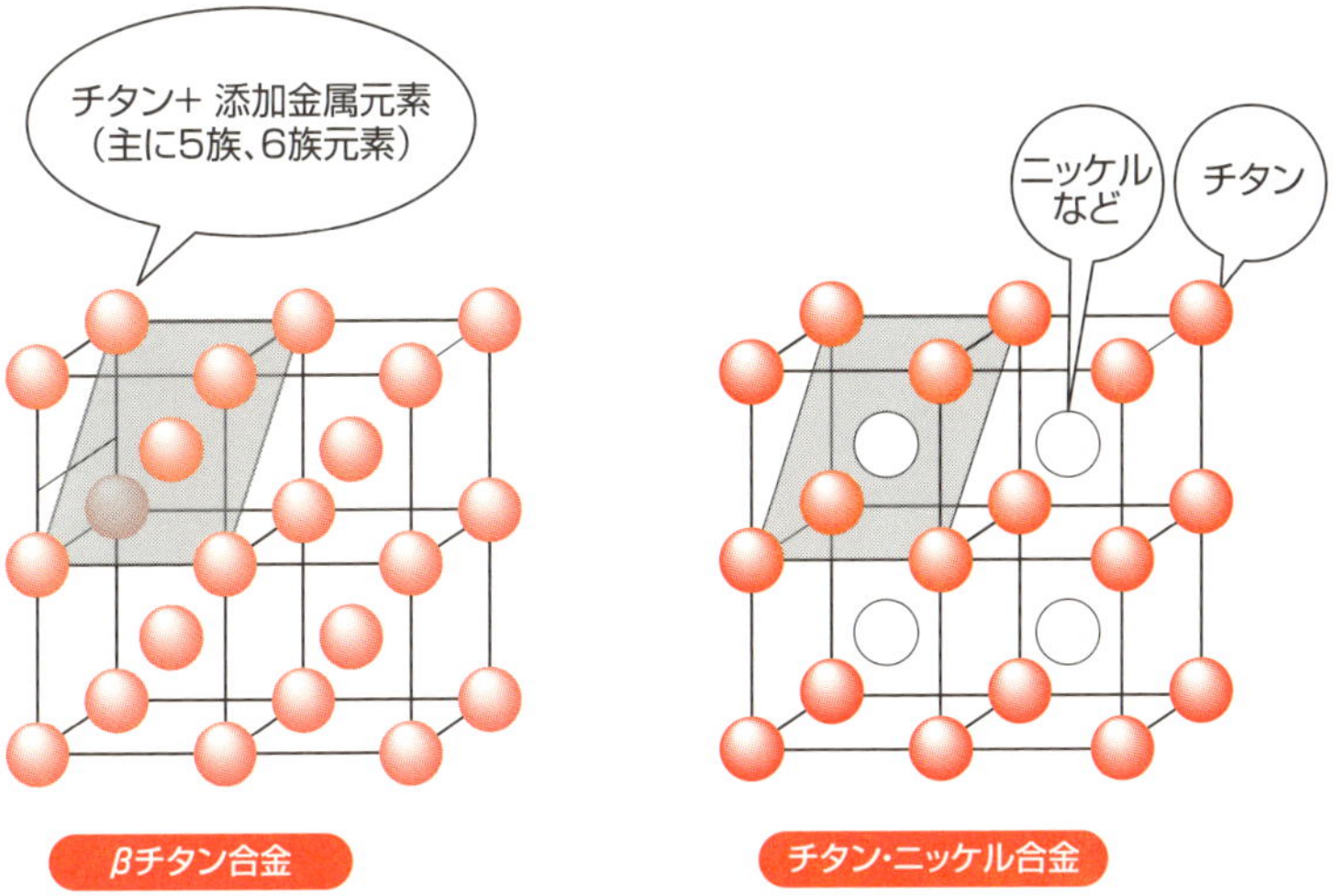

X線造影性

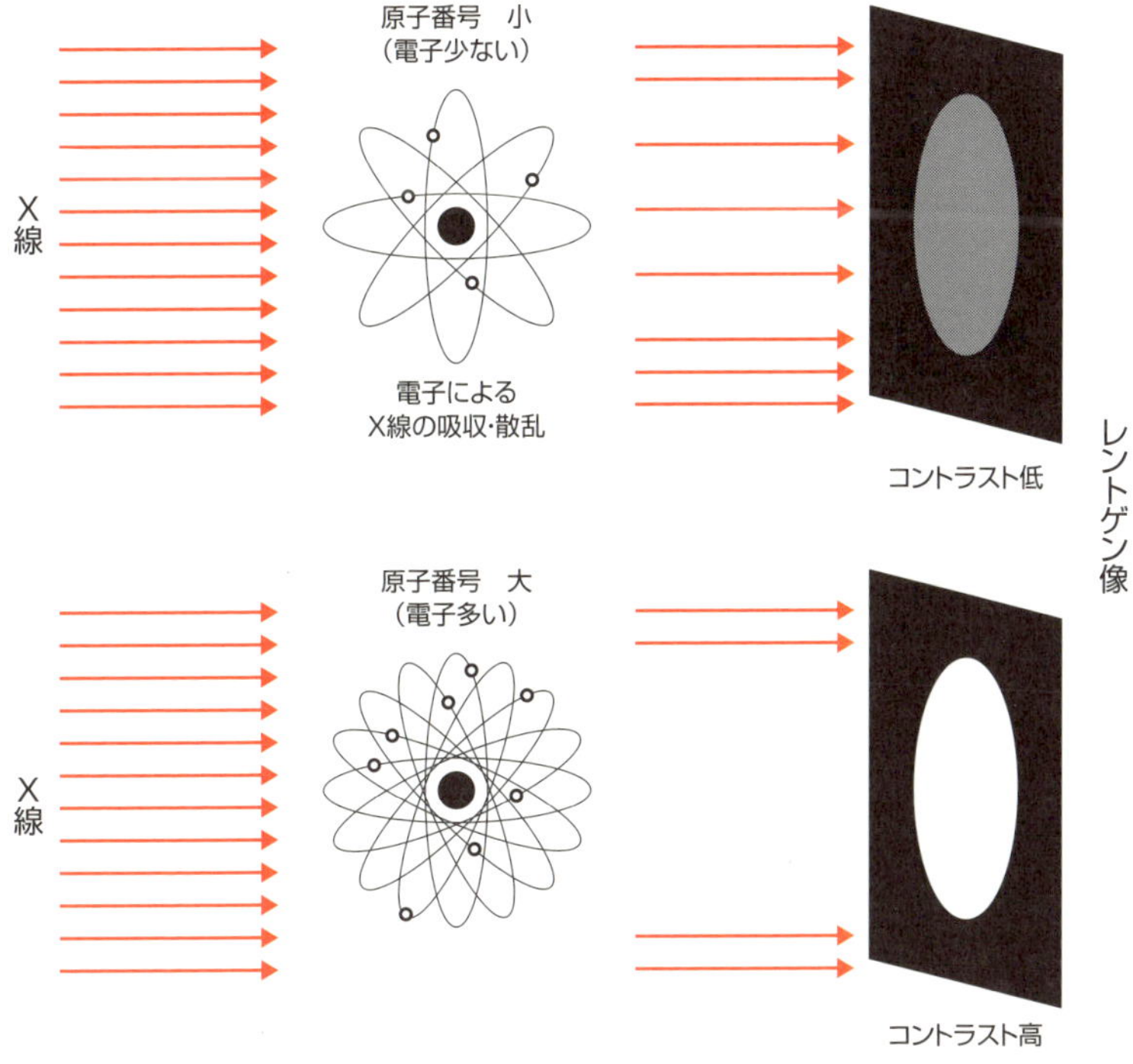

58 鉄系もある！形状記憶合金

鉄・マンガン・シリコン系合金

チタン・ニッケル合金やチタン系合金だけでなく、鉄系の形状記憶合金もあります。鉄・白金合金、鉄・パラジウム合金、鉄・ニッケル系合金などがありますが、中でも最も実用化例が多いのは、鉄・マンガン・シリコン系合金（Fe-Mn-Si合金）です。

鉄・マンガン・シリコン系合金の代表的組成は、質量がマンガン28％、シリコン6％、クロム5％、残りは鉄という比較的安価な元素から構成されています。形状記憶効果は「応力誘起マルテンサイト変態」と加熱による逆変態によって得られます。

この合金を室温で変形した場合、原子間の関係を維持しつつわずかな原子の移動だけで、FCC構造の母相からHCP構造のマルテンサイト相へと相変態します。M_s以下に冷却すると自然にマルテンサイト変態は起こりますが、M_sより高い温度でも変態の駆動力に足りないエネルギーを応力によって付与することで変態が起こります。これが「応力誘起マルテンサイト変態」です。A_s以上に加熱するとマルテンサイト相は母相に逆変態し、形状が回復します。チタン・ニッケル合金のようなチタン・ニッケル合金のような超弾性は示しません。

鉄・マンガン・シリコン系合金は室温で6％程度変形した際に、最大で約4％の回復歪が得られます。完全には回復しませんが、用途によっては十分有用な回復量です。回復は約90℃から始まり、十分に回復させるには300℃の加熱が必要です。変形と加熱を繰り返すと、回復特性が向上する（記憶力がアップする）「トレーニング効果」という興味深い現象もあります。原料が安価で、一般鋼材と同様の生産設備で製造が可能というコスト的メリット、一度形状回復した後は加熱冷却による形状変化は生じないという特徴を活かし、形状記憶効果を利用した後は構造体となるような大型締結用途に適しています。

要点BOX

●代表的鉄系形状記憶合金はFe-Mn-Si系合金
●一般鋼材の生産設備で製造可能

Fe-Mn-Si合金の形状記憶メカニズム

Fe-Mn-Si合金は変形を受けると、母相のオーステナイト相(FCC)の原子層が2層ずつ下の図の右方向に変位し、マルテンサイト相(HCP)に応力誘起変態する。これをある温度以上に加熱すると逆変態が起こり、形状が元に戻る。

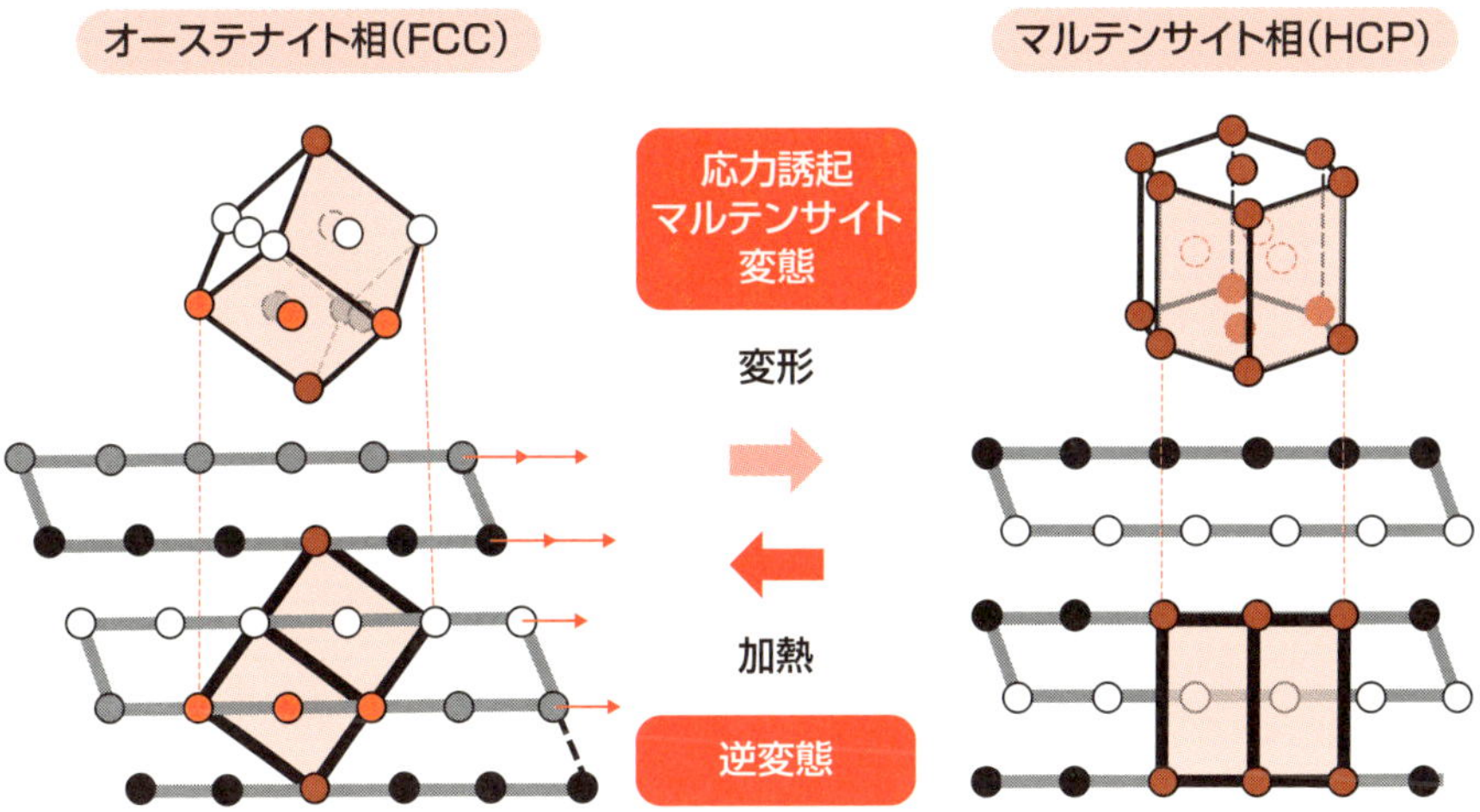

トレーニング効果ー変形・熱処理の繰り返しで記憶力up!

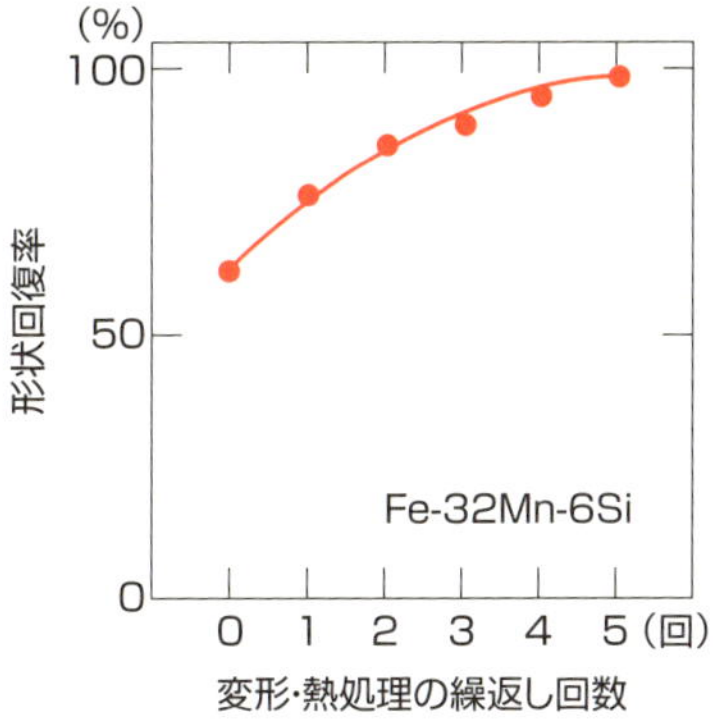

用語解説

FCC：面心立方構造。単位格子の各頂点および各面の中心に原子が位置する結晶構造。原子の最稠密面を3層周期で重ねた構造。

HCP：六方最密構造。原子の最稠密面を2層周期で重ねた構造。(上の図では、FCCの原子位置との対応からA,Cとなっている)。FCC,HCP共に最も原子の密度が高い構造である。

59 大きなものを締め付けるのが得意

鉄・マンガン・シリコン系合金の用途

鉄系の形状記憶合金の中で実用段階にある鉄・マンガン・シリコン系合金は、比較的安価な元素で構成されます。そのため、既存の生産設備による製造が可能と期待され、開発当初はチタン・ニッケル合金の安価な代替品として注目を集めました。しかし、この合金はチタン・ニッケル合金とは異なり超弾性効果、二方向性形状記憶効果は示さず、バイアスばねとの組み合わせによる利用もできません。形状回復した後は、構造材として使用される継手のような締結用途に適しています。特に、比較的大きな部材の締結用途でコスト優位性が大きくなります。

(1)曲線パイプ継手

トンネル掘削補助工法の「曲線パイプルーフ工法」で使われるパイプ用継手。先進導坑の中で直径約30㎝、長さ数mの曲線パイプを鉄・マンガン・シリコン系合金継手で締結しながら、地中へ推進させ、肋骨状の屋根を構成し、その下を掘削します。

(2)製鉄所構内のクレーンレール用継目板

現在、最も実用化の実績が多い用途です。この継目板はレール同士を形状回復によって引き寄せることで、局部的な摩耗や欠損の原因となるレール間の隙間（遊間）をなくすことができます。

(3)セラミックス体の補強、保護

代表例に粉体吹き込みノズル用保護管があります。転炉の炉底から炉内に石炭などを吹き込むためのセラミックス管を保持、保護するために、鉄・マンガン・シリコン系合金管を被せて一体化します。類似例に、セラミックス系超電導バルク体の補強リングがあります。セラミックス系超電導バルク体は脆いので、捕捉した磁場によって発生するローレンツ力によって自らを破壊してしまうことがありますが、超電導バルク体を鉄・マンガン・シリコン系合金のリングで補強することで防ぐことができます。この補強により最大捕捉磁場も向上することが報告されています。

要点BOX

- ●チタン・ニッケル合金より安価
- ●超弾性効果、二方向性形状記憶効果はない
- ●比較的大型の締結部材に適している

曲線パイプルーフ工法

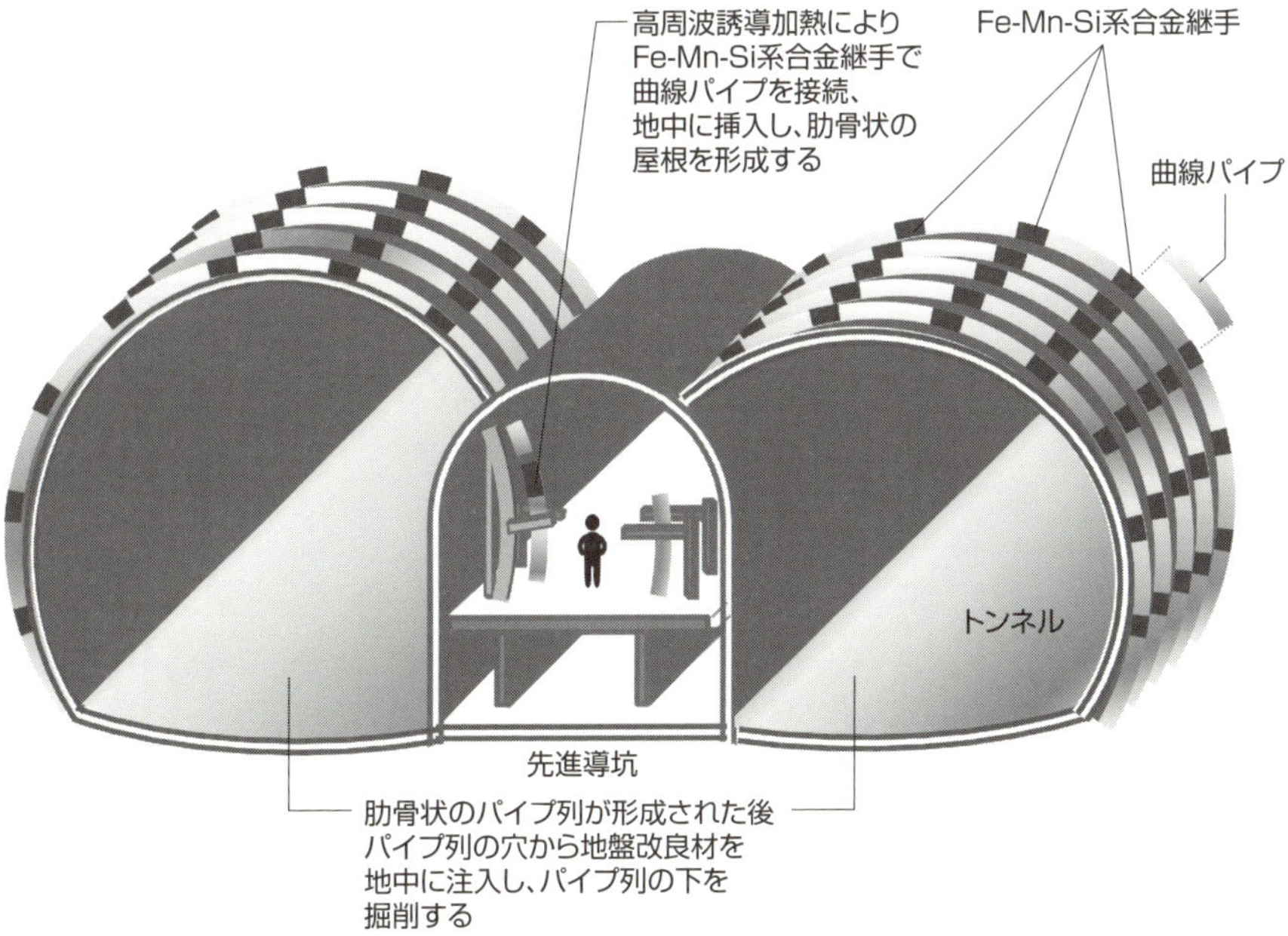

形状記憶合金継目板による レール締結図

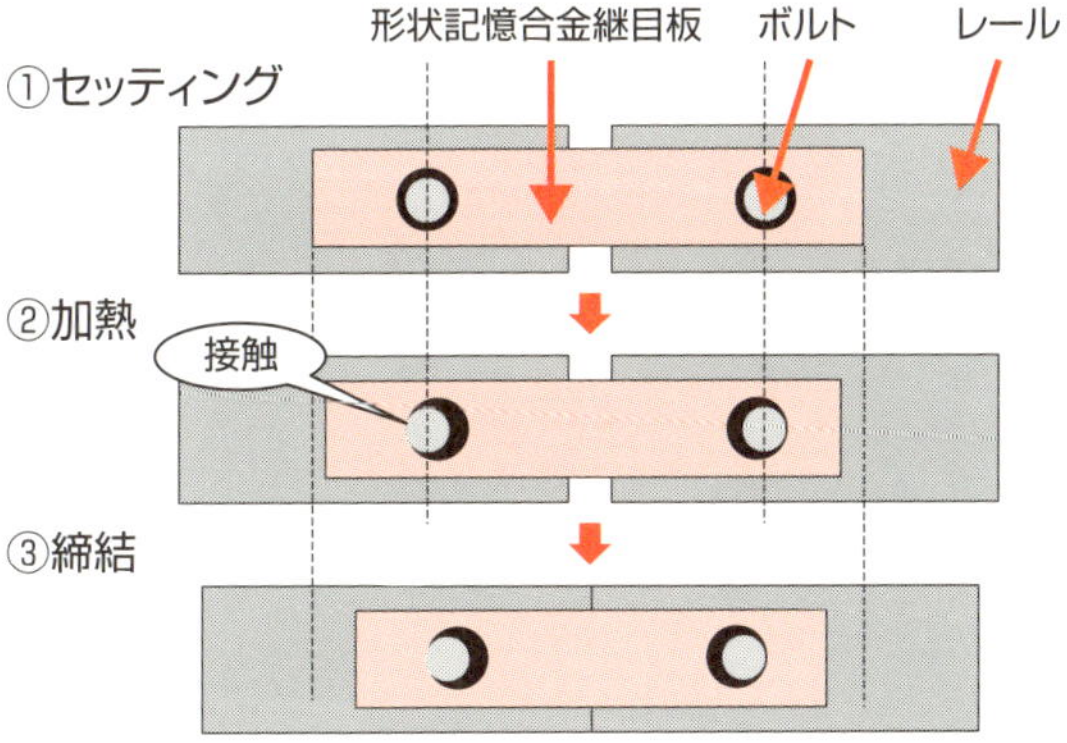

クレーンレール用 Fe-Mn-Si系合金継目板

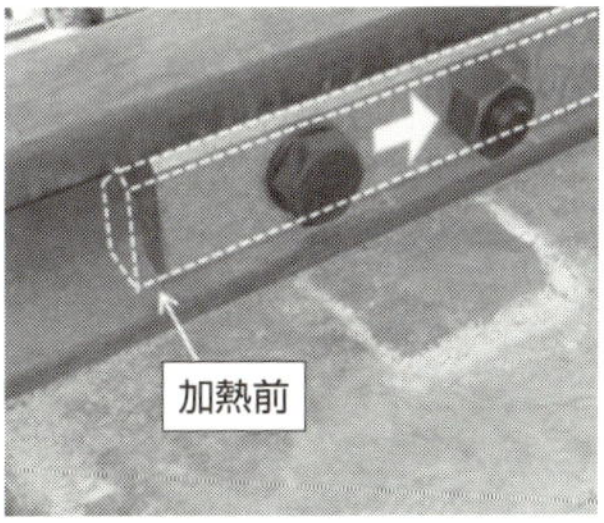

（提供：新日鐵住金株式会社）

60 疲労耐久性の高さを活かした地震対策

大型構造への応用

近年、構造物を地震の揺れから守る鋼材系制振ダンパーに鉄・マンガン・シリコン系形状記憶合金を応用しようという研究が行われ、2014年実用化に成功しました。

制振ダンパーは、地震時に構造物の変形を集中的に受けることで地震エネルギーを吸収し、揺れを低減することで主要構造部材（柱、梁など）の損傷を極力抑えることを目的とした装置です。従来の制振ダンパーは粘性体の抵抗力を利用する粘性系やオイル系のほか、低降伏点鋼の弾塑性変形を利用する鋼材系ダンパーがあります。鋼材系ダンパーは低コストでさまざまな建物への汎用性があり、最も高シェアです。一方で近年、長周期、長時間地震動や度重なる余震による、従来の想定を上回る損傷の蓄積に備える必要性が高まり、さらなる疲労耐久性の向上が望まれています。

そこで注目されたのが鉄・マンガン・シリコン系合金です。58項で説明した通り、形状記憶効果は生成したマルテンサイト相を加熱により逆変態させ母相のオーステナイトに戻すことで得られますが、逆変態が加熱ではなく逆向きの応力で起こることが分かりました。これを利用すると、引張り・圧縮の繰り返し変形をマルテンサイト変態と逆変態により吸収が起きるので、金属疲労損傷の起点や伝播経路になるミクロな欠陥が形成されにくく、疲労耐久性が改善されます。この現象の利用に適した合金の組成は、形状記憶特性の良い合金の組成とは若干異なることも分かり、成分最適化後、疲労耐久性に優れる鉄・マンガン・シリコン系合金が誕生しました。

新しい鉄・マンガン・シリコン系合金の、数%のひずみ振幅における疲労寿命は、従来の低降伏点鋼材と比較して約10倍となりました。新合金はせん断パネル型の制振ダンパーの芯材として、名古屋市の超高層ビルに初めて使われました。

要点BOX

- ●鋼材系制振ダンパーに最適
- ●引張り・圧縮変形の繰り返しを変態で吸収
- ●従来鋼材よりも疲労寿命が10倍

相変態による引張り・圧縮変形メカニズム

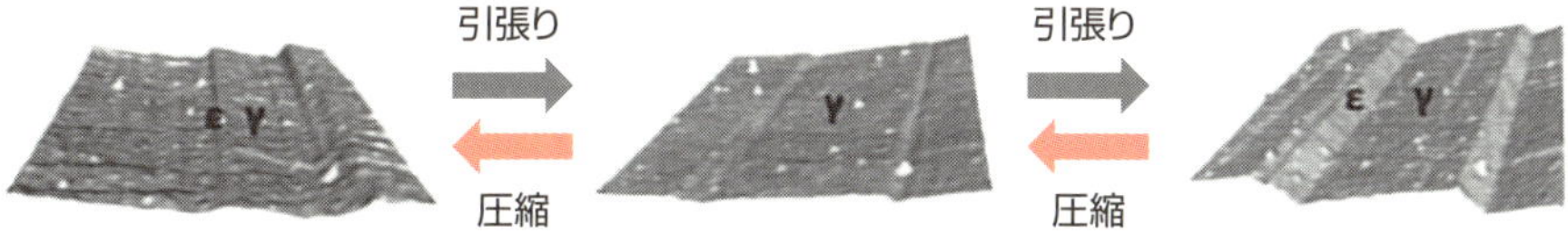

引張り・圧縮の繰返し変形時に相変態が起こる

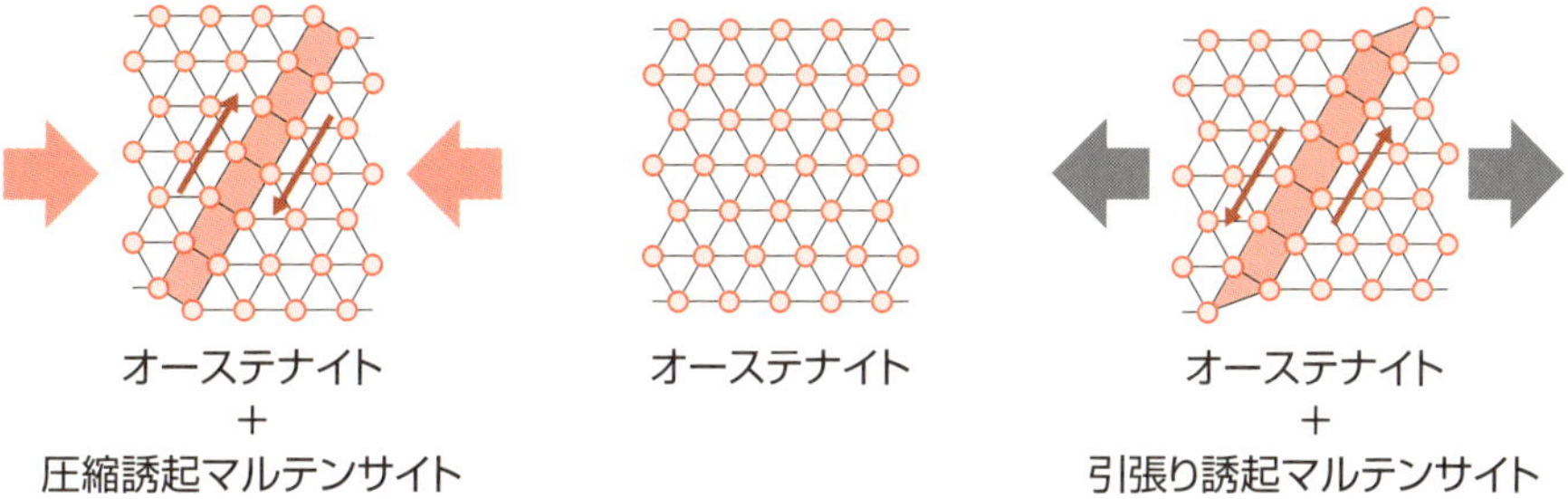

Fe-Mn-Si系合金制振ダンパーの実用化例(JPタワー名古屋)

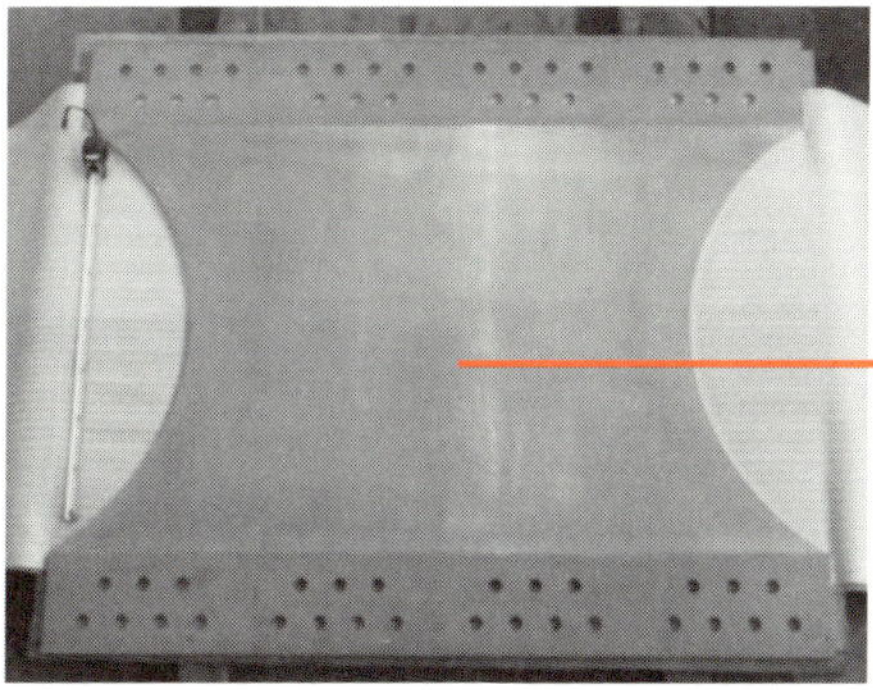

Fe-Mn-Si系合金芯材

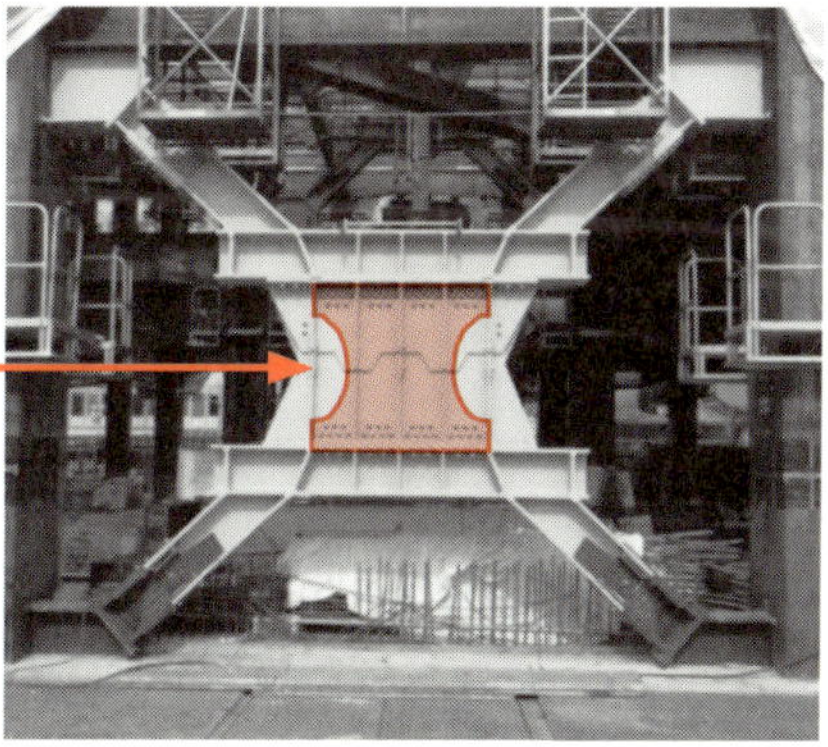

Fe-Mn-Si系合金制振ダンパーの取付け風景

(提供:株式会社竹中工務店)

61 古くて新しいもう1つの形状記憶合金

銅系合金の特徴と応用

銅系の形状記憶合金は古くから研究が行われており、CuAlNi,CuAlBe,CuZn系など、形状記憶特性や超弾性を発現する合金系としては、銅系が一番多く発見されています。素材コストが安いことからも注目されていましたが、チタン・ニッケル合金に匹敵する特性を出すためには、単結晶という特殊な状態が必要なために非常に高価になります。安価に製造できる多結晶では、特性は劣り、粒界破壊を起こすためほとんど実用化はされていませんでした。

そのような中、1995年に優れた熱間および冷間加工性を持つCuAlMn系合金が開発されました。この合金は集合組織制御によりチタン・ニッケル合金に匹敵するほどの超弾性特性が得られました。また、結晶粒界制御という手法で、粒界破壊の抑制にも成功し、実用化に弾みがつきました。

CuAlMn系合金を使用した最初の製品は、チタン・ニッケル合金系では困難な薄板圧延加工と打抜成形加工で製造した三次元形状の巻爪矯正クリップです。超弾性により高い矯正効果を示し、足の爪に簡単に取り外しができるという利点もあります。

チタン・ニッケル合金では加工が困難なため十分な冷間加工組織の導入ができず、堅固な金型が必要なため大型部品の製造が困難です。CuAlMn系合金のもう一つの特長は加工性が高く金型も簡素化できるため、直径10㎜以上の太い径でも十分な超弾性を示す材料が製造可能です。

小さくて薄い物から太い物や厚い物まで製作が可能なCuAlMn系合金が今後さまざまな分野に応用されれば、本来銅系合金に期待されていた手ごろな価格の形状記憶合金の実現が期待できます。

要点BOX
●形状記憶合金の中では銅系が一番多い
●薄いものから厚いものまで製造可能
●使用量の増加に伴うコスト低減に期待

チタン・ニッケル合金とCuAlMn合金の比較

	原料費	塑性加工性	切削加工性	複雑形状容易性
チタン・ニッケル合金	×	△	△	×
CuAlMn	○	○	○	○

CuAlMn合金の応用 -巻爪矯正具-

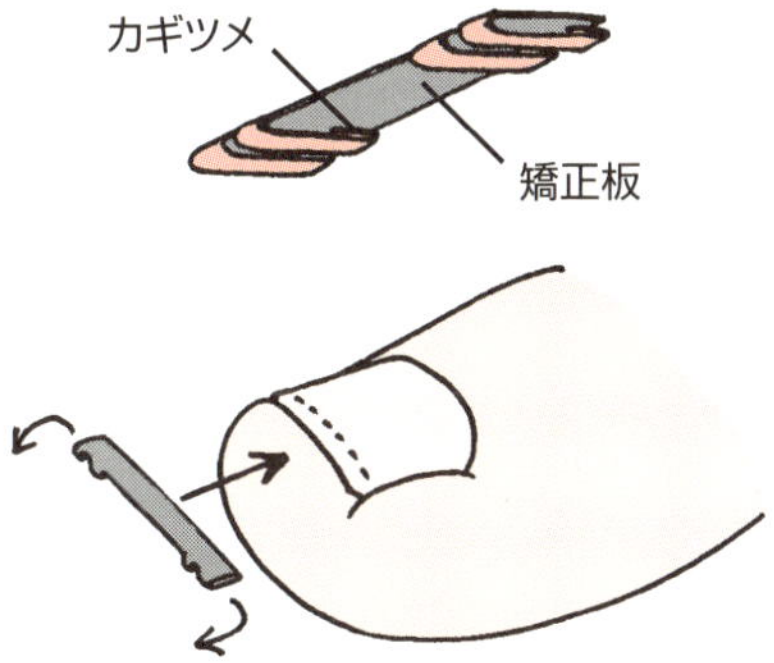

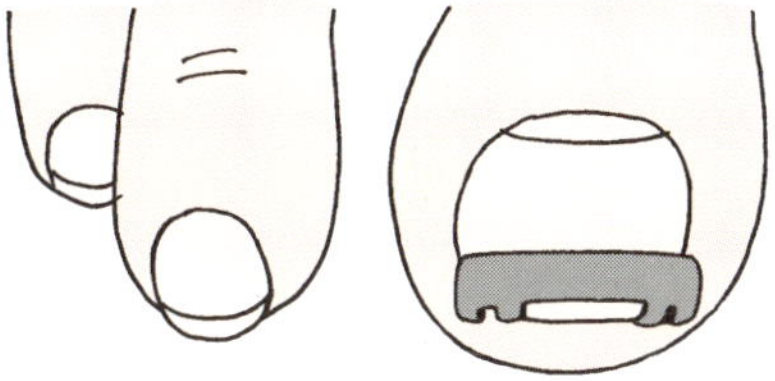

超弾性による回復力

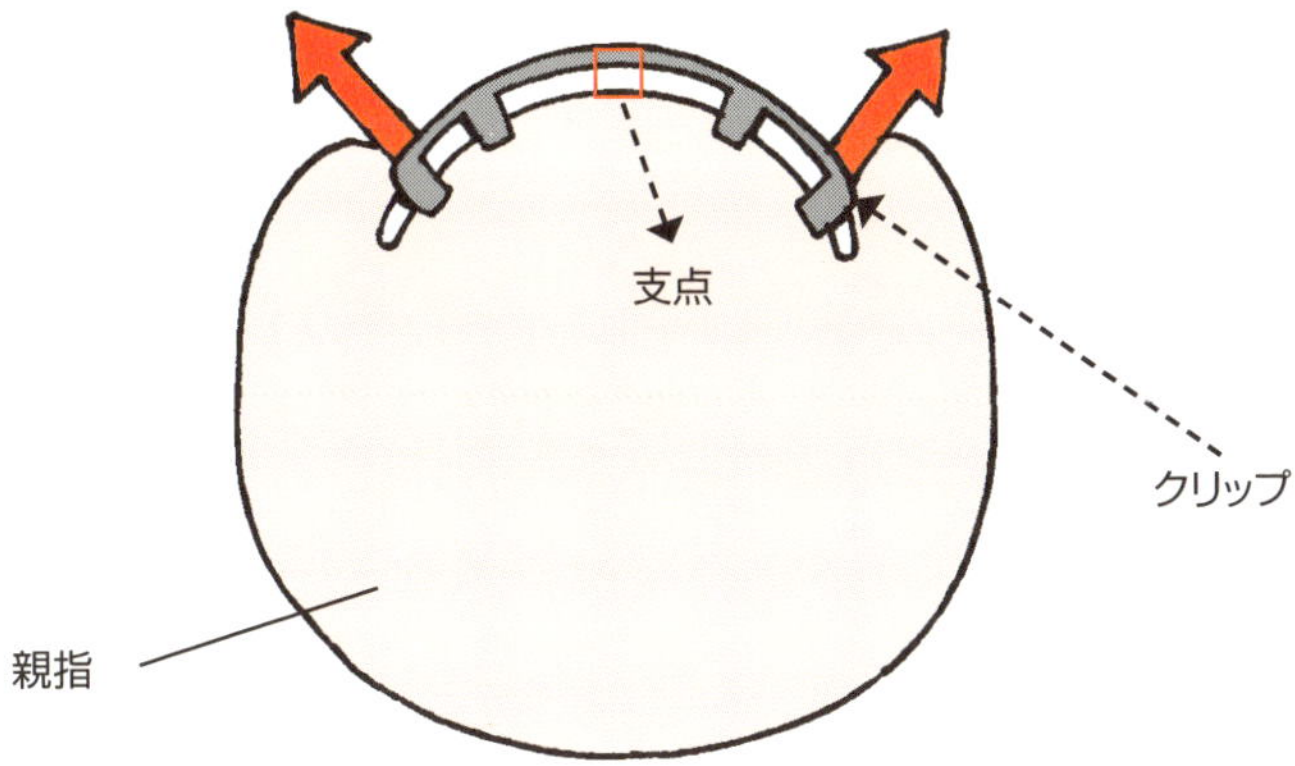

Column

形状記憶合金を使った冷蔵庫？

マルテンサイト変態温度の測定には示差走査型熱量計（DSC）という装置がよく使われます。この装置はマルテンサイト変態が起きる時に試料から出入りする熱量を測定するものです。冷却により母相からマルテンサイト相になる時は試料から熱が放出され、加熱でマルテンサイト相が母相に逆変態する時は熱が吸収されます。相変態で出入りする熱のことを変態潜熱といいます。

家庭で一般に使われている気体圧縮型冷蔵庫ではイソブタンなどの冷媒ガスが密閉されたパイプの回路の中を循環しています。冷蔵室を冷やした冷媒ガスはコンプレッサで圧縮され、冷蔵庫背面の放熱器で液体に相変態しますが、この変態は発熱反応なので熱が発生します。冷蔵庫の後ろが暖かくなるのはこのためです。この液体は細いパイプを通って冷蔵室の近くの膨張弁から太いパイプの中に放出され、一気に膨張して気体に相変態します。この変態は吸熱反応なので周囲の熱を吸収し温度を下げることができます。このように気体と液体の相変態による熱の放出・吸収を利用するのが一般的な冷蔵庫の原理です。

気体と液体の間の相変態以外にもさまざまな相変態を使った冷却方法が開発されています。例えば磁気変態を使う方法は磁気冷凍と呼ばれ、気体を使った方法では得られない様な極低温を作り出す方法として一九三〇年代から研究されており、人工衛星搭載の赤外線カメラ用の冷却装置としてNASAなどで実用されたこともあります。

チタン・ニッケル合金はマルテンサイト変態の変態潜熱が50-90MJ/m^3と気体圧縮型冷蔵庫の冷媒ガスの潜熱の約6倍、磁気冷凍材料の2倍以上大きいという特徴があるため、高効率の冷却が期待できます。そのため、米国のグループではチタン・ニッケル合金の応力誘起マルテンサイト変態を利用した冷却システムの開発を行っています。このシステムではチタン・ニッケル合金に応力をかけることでマルテンサイト変態させ、その際の吸熱で周囲を冷却します。このシステムの実現には耐疲労性に優れた合金の開発と装置の小型化が課題です。

気体圧縮型冷蔵庫の冷媒ガスには温室効果ガスが用いられる場合が多く、地球温暖化への影響が懸念されるため、将来形状記憶合金を用いた冷蔵庫が開発されるかもしれません。

第7章
形状記憶合金の未来

62 高温への挑戦

高温形状記憶合金とは

チタン・ニッケル合金の形状回復温度は、ニッケルの組成に依存し、高いところで100℃程度です。高温形状記憶合金として使うためには、マルテンサイト変態温度をより高温にする必要があります。そのため、ジルコニウム、ハフニウム、パラジウム、パラジウム、白金などが添加されました。

図1に示すように、添加量が増加すると変態温度が上昇し、Zr、Pd、Pt添加により500℃以上になります。特に、PdやPtは母相の結晶構造を変えずに、ニッケルと完全に置き換えることができ、最終的にTiPdやTiPtになります。TiPdやTiPtの変態温度がそれぞれ570℃、1000℃と高く、PdやPtが多い組成になると高い変態温度を示します。しかし、変態温度が高くなると降伏応力が低下し、転位などの欠陥が導入されやすくなり、結果として形状回復が妨げられます。そのため、現時点ではPdやPtを20at%程度まで添加した変態温度が300℃以下の材料が有望視されています。

図2には形状記憶合金が行うことができる仕事量（発生応力×発生ひずみ）を示してしています。変態温度が上がると、仕事量が減少することが分かります。仕事量を増加させるためには、高温強度を上昇させ、欠陥が入りにくくする必要があります。そのために、析出物の生成や元素を添加した強化が試みられています。また、さらに高い温度で使うために、変態温度が500℃以上のRuNb, RuTa, NiAl, TiAu, TiPd, TiPtについても研究が行われています。

図3には与えたひずみがどのくらい回復するかを示しました。高温形状記憶合金は、高温で作動するアクチュエータや、エンジンの可動部品などへの応用が期待されています。

要点BOX

- 形状回復温度を上げるためZr、Hfなどを添加するが、多く入れると形状回復量に影響
- 仕事量の増加のために析出物を利用

図1　第三元素添加による変態温度の変化

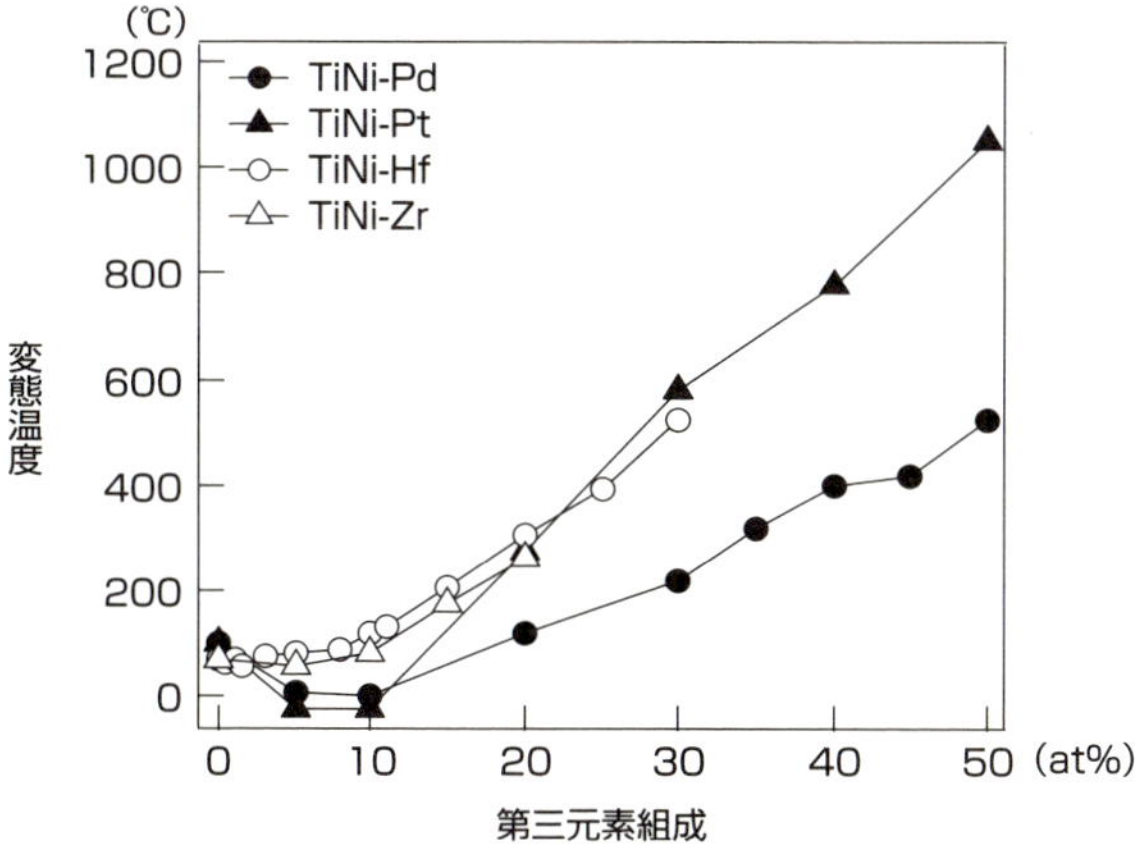

図2　変態温度に対する仕事量

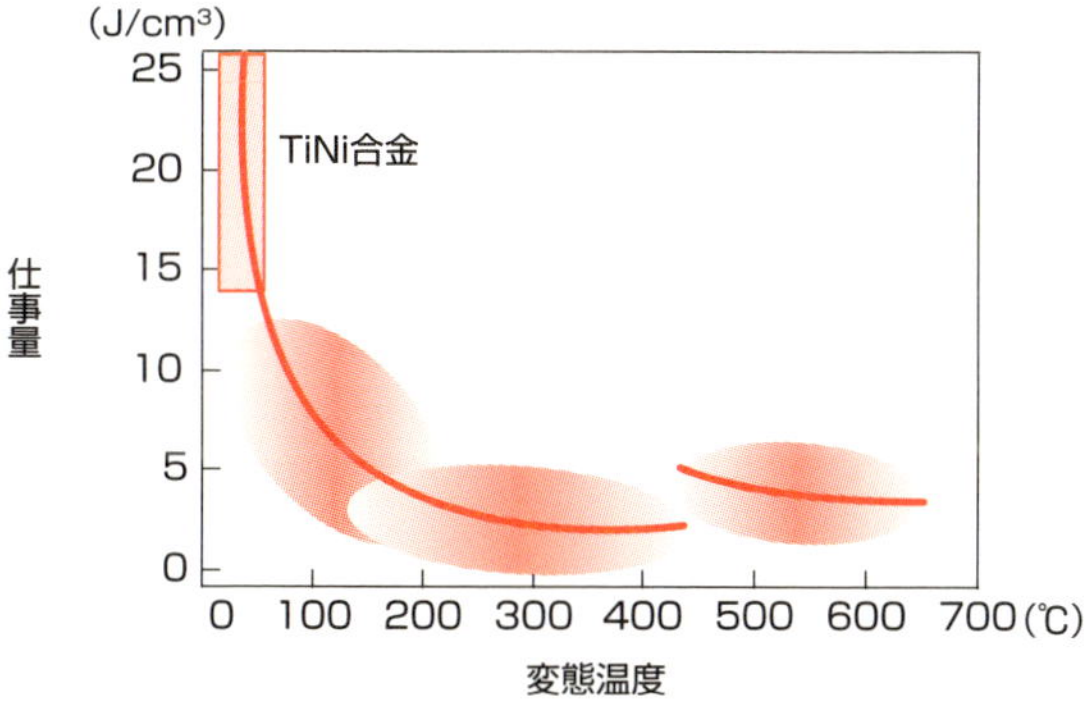

図3　変形温度に対する形状回復率

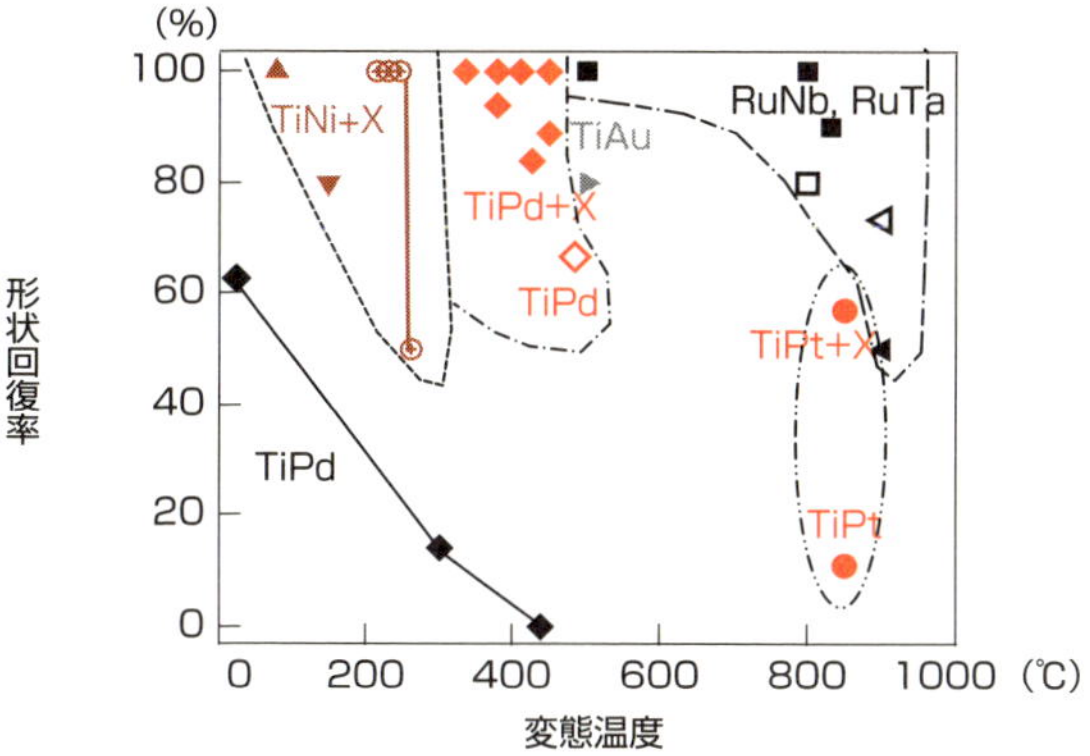

63 高速動作可能なアクチュエータを目指す

磁性形状記憶合金

温度変化を利用した形状記憶効果により、高速応答アクチュエータを作製するのは、熱伝導の観点から限界があるとされています。そこで考案されたのが磁性形状記憶合金です。

強磁性（磁石に付く性質）とマルテンサイト変態の両方を具備した合金は、以前よりNi_2MnGaが知られていましたが、1996年、この合金で初めて磁場印加によるひずみの発生が報告されました。ただし、マルテンサイト変態そのものを利用したのではなく、変態で生じた兄弟晶界面が磁場により移動する現象を利用しています。これを「双晶磁《じ》歪《わい》」と呼びます。双晶磁歪は、磁気モーメントがマルテンサイト相の結晶軸に強く結びついている場合に生じます。Ni_2MnGaでは、1テスラ（T）以下の磁場で10%もの巨大なひずみが得られ、高速応答も可能なことから、幅広い応用が期待されています。ただし、出力できる応力レベルが5MPa程度と極めて低い点が大きな欠点です。

2006年、母相が強磁性、マルテンサイト相が常磁性を示す$(Ni,Co)_2MnIn$が見出され、磁場の印加による形状記憶効果が報告されました。この現象は「メタ磁性形状記憶効果」と呼ばれています。メタ磁性形状記憶合金では、磁場を与えることで強磁性の母相を熱力学的に安定化させ、変態温度を低下させることができます。そのため、マルテンサイト相状態の試験片を変形した上で磁場を印加すると、ただちに逆変態が生じ、形状回復が得られるわけです。メタ磁性形状記憶効果は、双晶磁歪と異なり印加磁場に比例する大きな出力応力が得られ、高速応答も可能です。さらに、磁気熱量効果が得られるので、磁気冷凍素子としても応用が期待されています。ただし、現状では変態ヒステリシスが3T以上と大きく、超電導磁石が必要なことが、実用化を阻む最大の要因となっています。

要点BOX
- ●磁場誘起兄弟晶再配列による双晶磁歪
- ●磁場誘起変態によるメタ磁性形状記憶効果
- ●高速応答が魅力

双晶磁歪現象

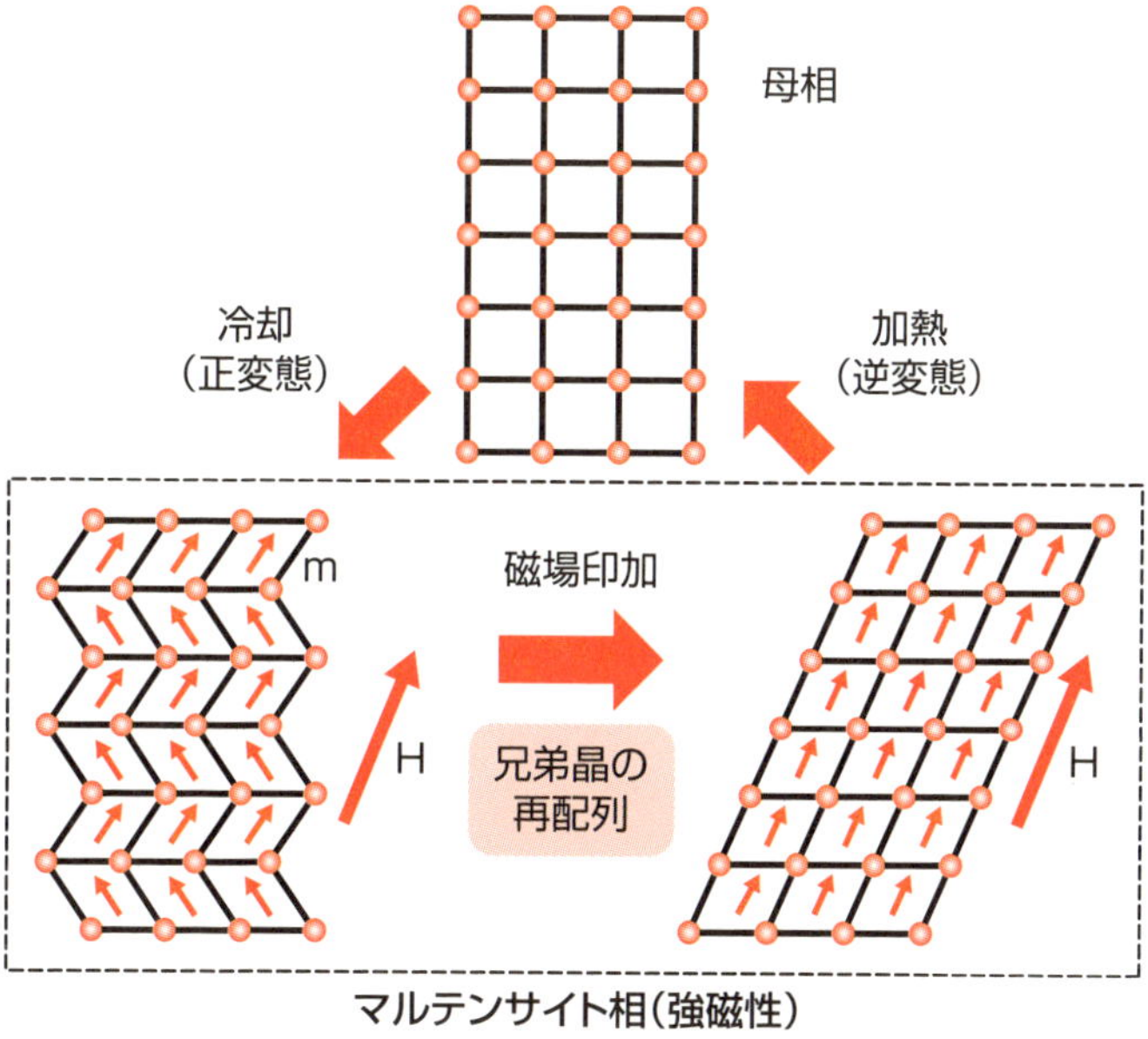

メタ磁性形状記憶効果

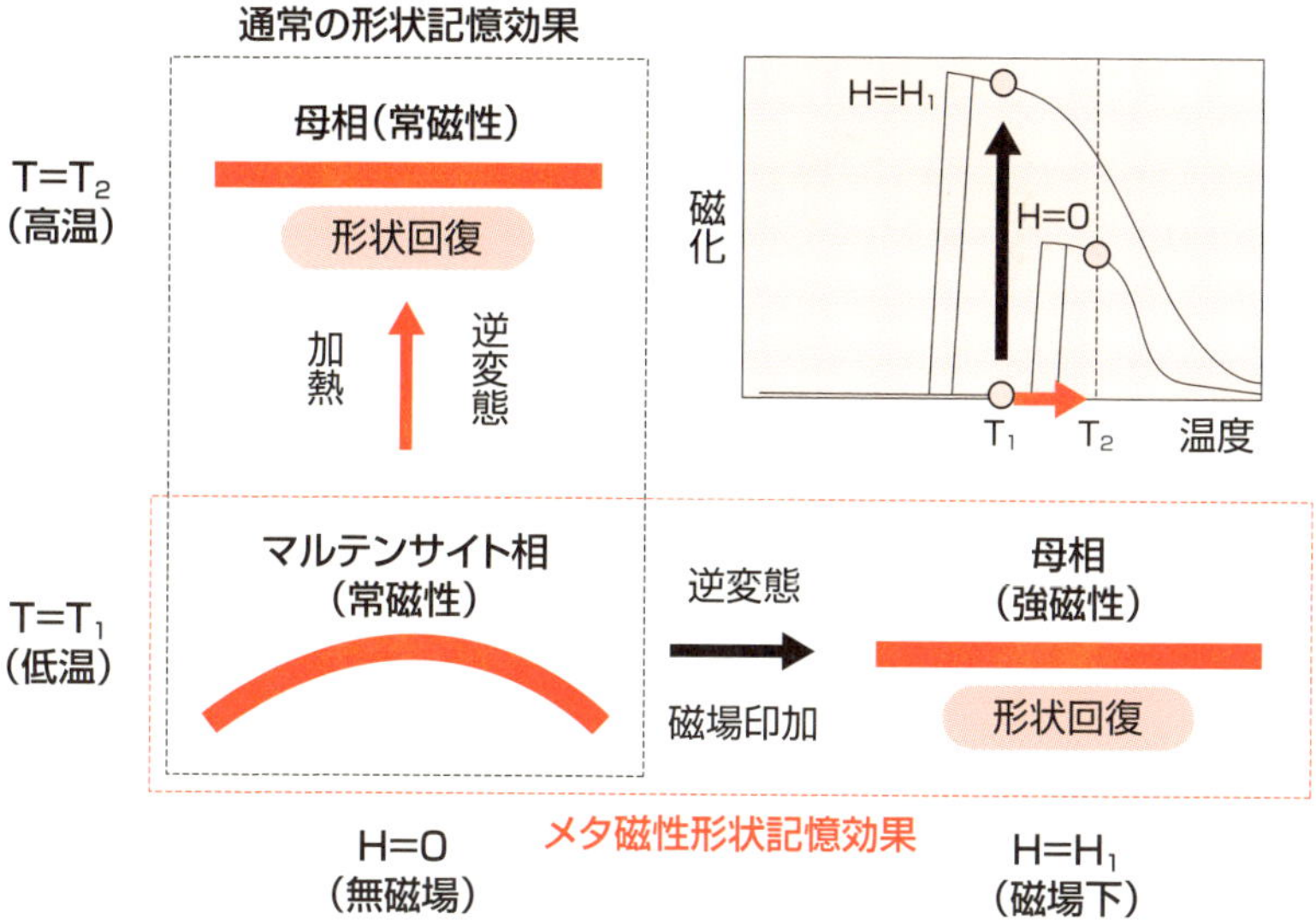

64 樹脂と合金による相乗効果

形状記憶樹脂は形状記憶合金と同じように、加熱により形状が回復します。形状記憶樹脂の特性は、分子運動の容易さが温度に依存して変化するガラス転移に基づいて現れます。このため、高温では容易に変形し、変形した形状は低温で保持（固定）されます。また、固定した形状から加熱により元の形状に戻ります。

形状記憶合金と形状記憶樹脂では、加熱で元の形状に戻る現象は似ていますが、高温と低温での特性は逆になります。形状記憶合金は低温で柔かく容易に変形しますが、高温では硬くなります。一方、形状記憶樹脂は高温では柔かく容易に変形しますが、低温では硬くなります。

合金と樹脂を組み合わせた複合材料では、両方の材料の優れた特性を有効に利用することができます。つまり、低温においては樹脂が硬く、負荷を受けることができ、高温においては合金が硬く、大きな負荷を受けることができます。形状記憶合金を締結要素に応用する場合、高温で大きな締結力が得られますが、低温では締結力が小さくなります。そのため、形状記憶樹脂と組み合わせた複合材料では、低温でも締結力を保持することができます。

変態温度の異なる樹脂と合金を組み合わせた形状記憶複合材料では、加熱と冷却で三方向の形状変化をします。ガラス転移温度まで加熱すると樹脂が柔らかくなり、超弾性合金の記憶形状の方向に変形します。さらに、形状記憶合金の逆変態温度まで加熱すると、合金の記憶形状の方向に変形します。冷却すると、超弾性合金要素の記憶形状の方向に変形します。このような三方向の挙動を利用すれば、オンとオフの繰り返しによる動作や、向きが繰り返し変化するアクチュエータへ応用することができます。

要点BOX
- ●形状記憶樹脂は高温で柔らかく、低温で硬い
- ●温度によって合金と樹脂の特性を活かす
- ●三方向の記憶形状への変化の可能性

形状記憶樹脂の特性

形状記憶樹脂の形状回復特性

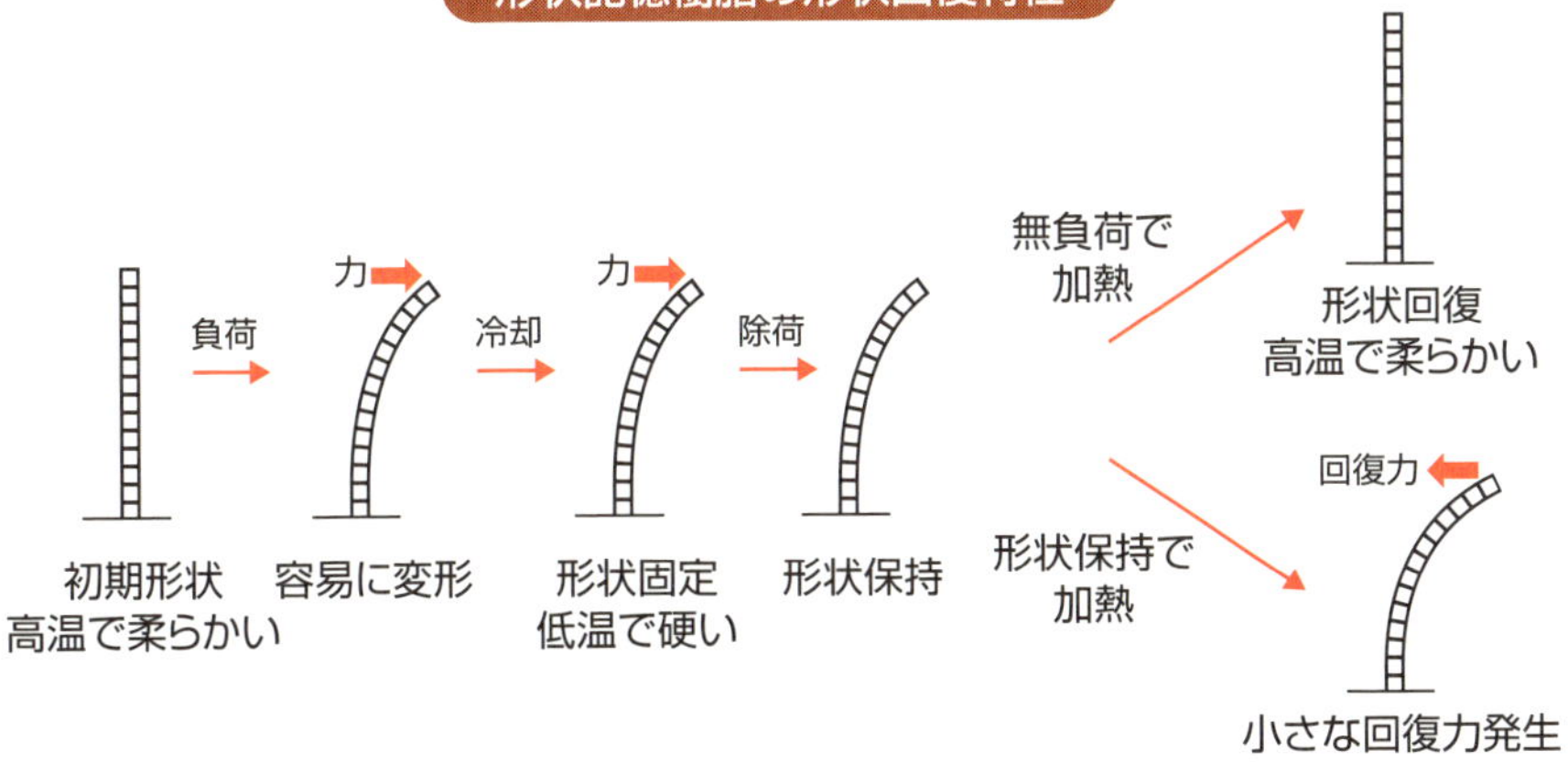

形状記憶樹脂と組み合わせた複合材料の特性

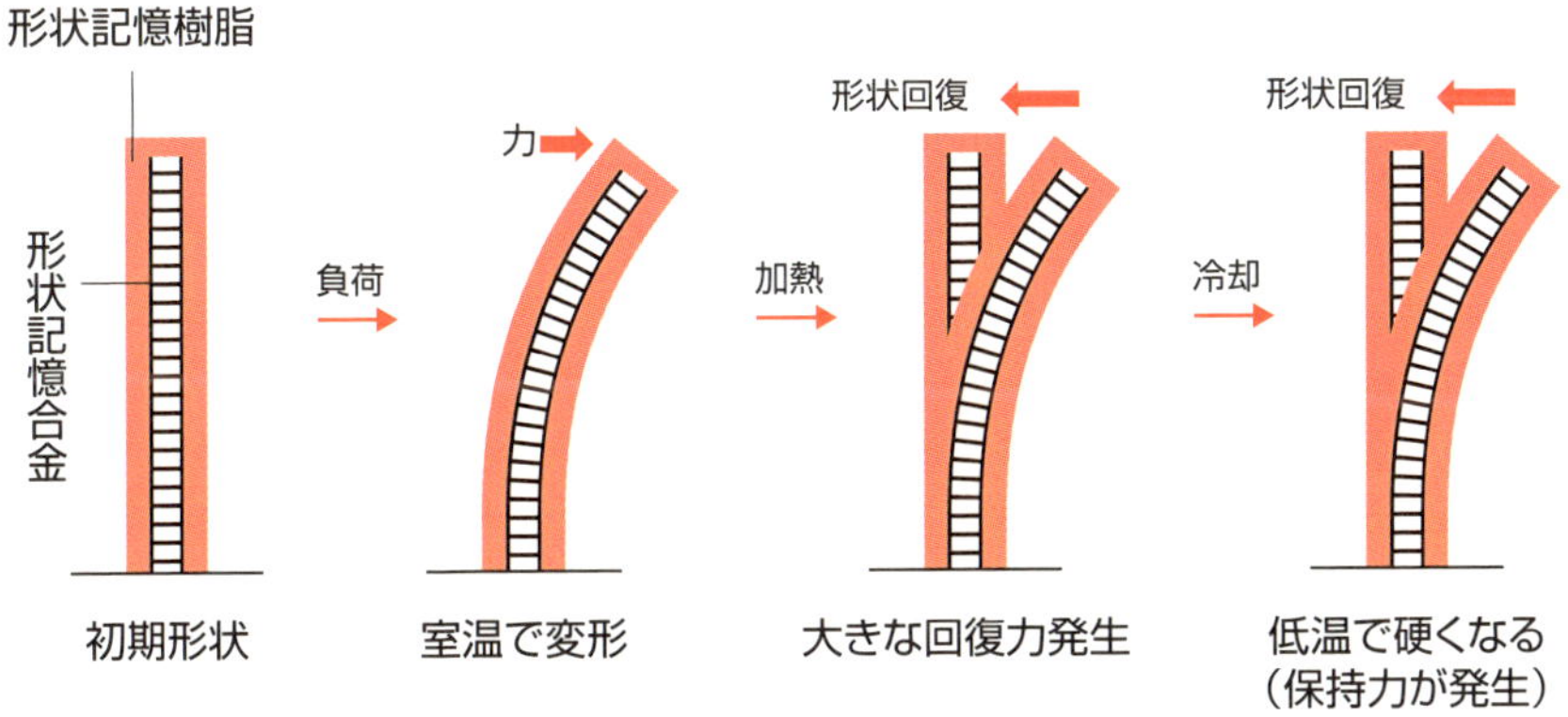

特性値の比較

材料	弾性係数（GPa）		降伏応力（MPa）		回復ひずみ（%）
	低温	高温	低温	高温	
TiNi形状記憶合金	30	70	200	600	8
ポリウレタン系形状記憶樹脂	1	0.01	20	2	100

用語解説

ガラス転移：高分子の分子運動は高温では活発であり、低温になると制限されるようになります。このように、低温において分子が運動性を失う現象をガラス転移と呼びます。このため、高分子材料は高温では軟らかく、低温では硬くなります。

65 限られたエネルギーとスペースの中で活躍

応用範囲が広がる航空機

形状記憶合金は、駆動素子として単位重量当たりの発生力が大きいことやセンサとしても使用できることなどから、発見当初から航空機への応用が研究されてきています。

30項で紹介されているように、世界で最初の形状記憶合金の応用製品は航空機用のパイプ継手でした。また、翼の形状を変形させる駆動装置として使うことも広く研究されています。

エンジン排気口の端をギザギザのシェブロン状にすることにより騒音を低減できます。シェブロン部をしぼんだ形状にすると騒音はより小さくできますが、エンジン効率は低下することが知られています。そこで、シェブロン部に形状記憶合金の板を埋め込み、飛行場付近ではヒータ加熱によりシェブロン部をしぼませ、上空では加熱を止めて開きます。こうすることで、飛行場付近の騒音低減を図りつつ、巡航飛行時のエンジン性能を維持することが提案されています。また、地上と上空の気温差を利用すれば、無電力でシェブロン部の変形が可能となります。

低空での低速飛行時に、飛行機の向きを変えたり、浮き上がる力を増したりするために、翼を大きく曲げる必要があります。この時、空気の流れが翼に沿わなくなり、抵抗が増え、発生して欲しい力の低下を防ぐために、小さな板を翼面に設置し、渦を発生させる場合があります。この装置は上空では抵抗になりますので、形状記憶合金で作製することにより、低空では渦を発生する形状、上空では平らな形状とすることも提案されています。

構造物と同じ固有振動数を持つばねとおもりを構造物に取り付けると、構造物の振動を抑制することができます。この装置に形状記憶合金ばねを用いると、通電加熱によりばねの力が変化し広い振動数の範囲で振動を抑制することが可能となります。

要点BOX
- ●作動にヒータの熱や大気温度の差を利用
- ●エンジン効率の低下を防いだ騒音対策
- ●機体の空力性能の向上や振動抑制にも活躍

形状記憶合金の航空機への導入例

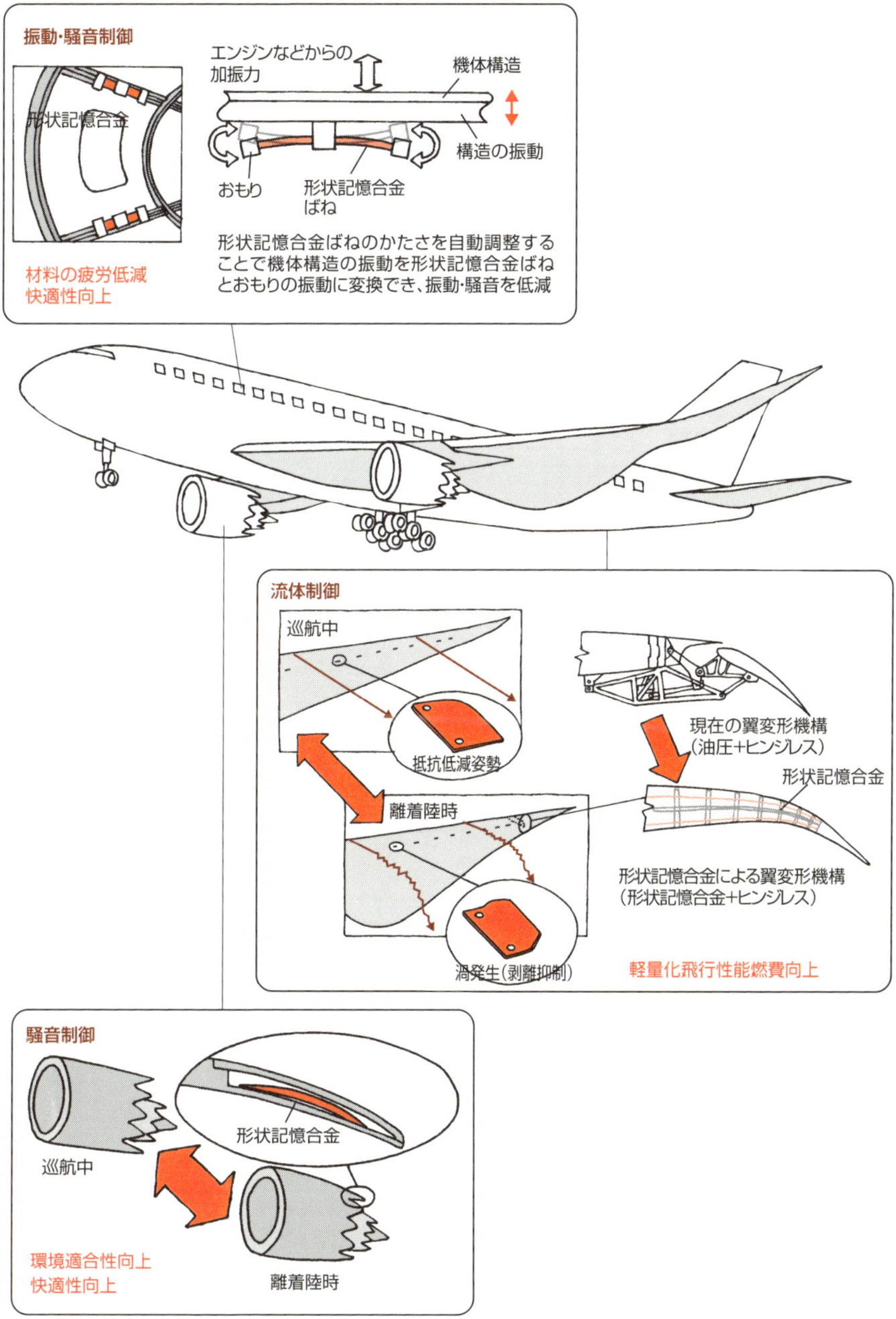

66 はやぶさを支えた形状記憶合金

人工衛星の展開構造物への応用

人工衛星には太陽電池パネルやアンテナをはじめとする、多くの展開構造物が搭載されています。展開構造物は打ち上げ時にはロケットの中に入る大きさまで折り畳まれてしっかりと固定され、宇宙に到着すると固定を解いて展開できる状態にします。これは「保持解放装置」という分離機構によって行われ、人工衛星に命を吹き込む最初の作業を行う非常に重要な装置です。

これまでは火薬の爆発力を利用した火工品が用いられていましたが、電子機器が多くなってきた現在、火工品の作動時に発生する衝撃による精密機器への影響がしばしば問題になります。そこで、火薬を使わない非火工品の保持解放装置が多く使われるようになってきました。形状記憶合金を用いた保持解放機構はその代表格で、有名な小惑星探査機「はやぶさ」にも多数使用されています。

(1)形状記憶合金でボルト切断して分離する装置

あらかじめ縮めておいた形状記憶合金を、展開構造物を固定するボルトと一緒に締め付けておき、形状記憶合金を加熱して形状が回復する力でボルトを切断して、分離する装置です。

形状記憶合金は周囲に取り付けた電熱ヒータで加熱するので動作までに数十秒オーダーの時間を要しますが、小型で非常に単純なので信頼性も高く、すでにたくさんの衛星で使われています。

(2)分離機構と組み合わせて瞬時に分離する装置

形状記憶合金線と分離機構を組み合わせて、一瞬で分離できる装置があります。タイミングに合わせて一瞬にして展開したい場合に適用します。あらかじめ引き伸ばしておいた形状記憶合金線に直接電流を流すと、発熱と収縮が瞬時に起こります。この動きで「ボールロック」と呼ばれる結合機構を動作させて分離する装置です。数トンで押さえているものを数ミリ秒で切り離すことができます。

要点 BOX
- ●非火工品との相性は抜群
- ●衛星への実績は多数
- ●タイミングが重要な一瞬の動作を実現

人工衛星に導入されている形状記憶合金

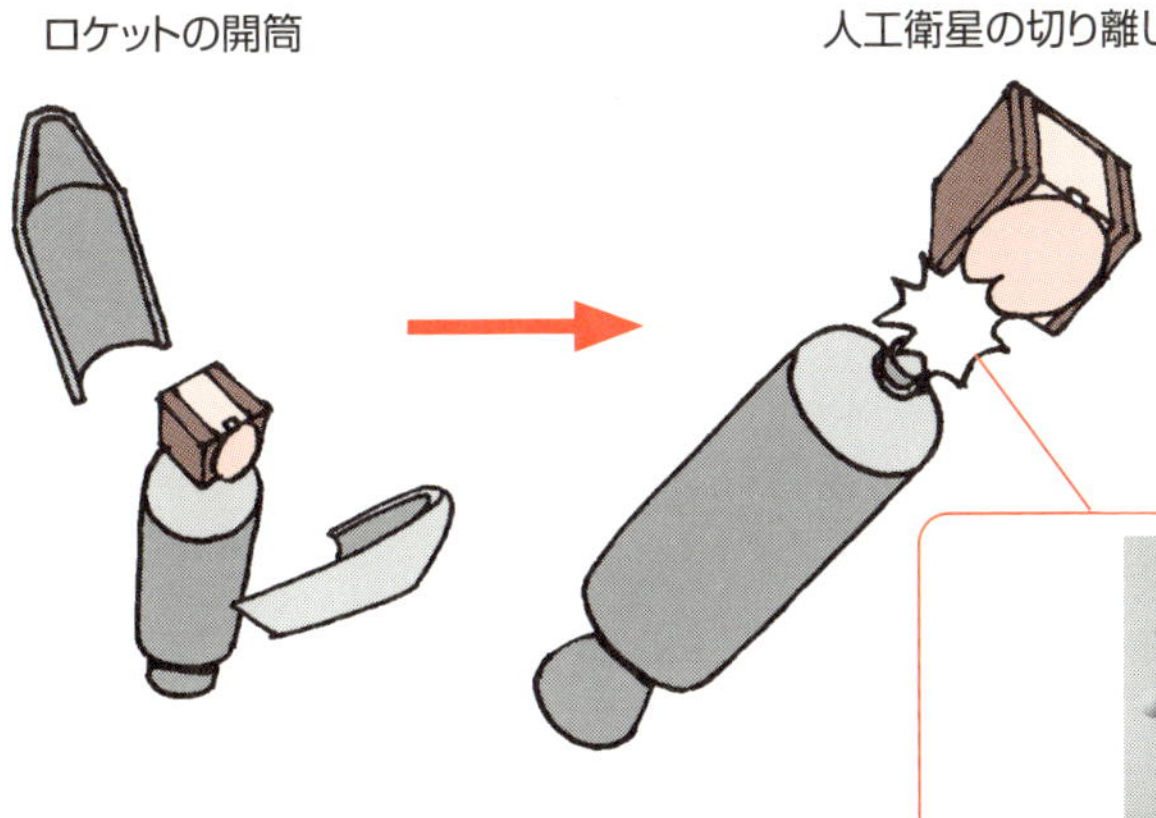

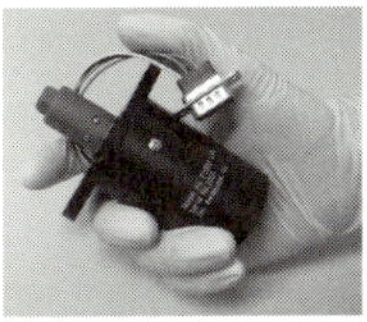

形状記憶合金線とボールロックの
組み合わせで瞬時に作動する分離装置
（提供：TiNi Aerospace）

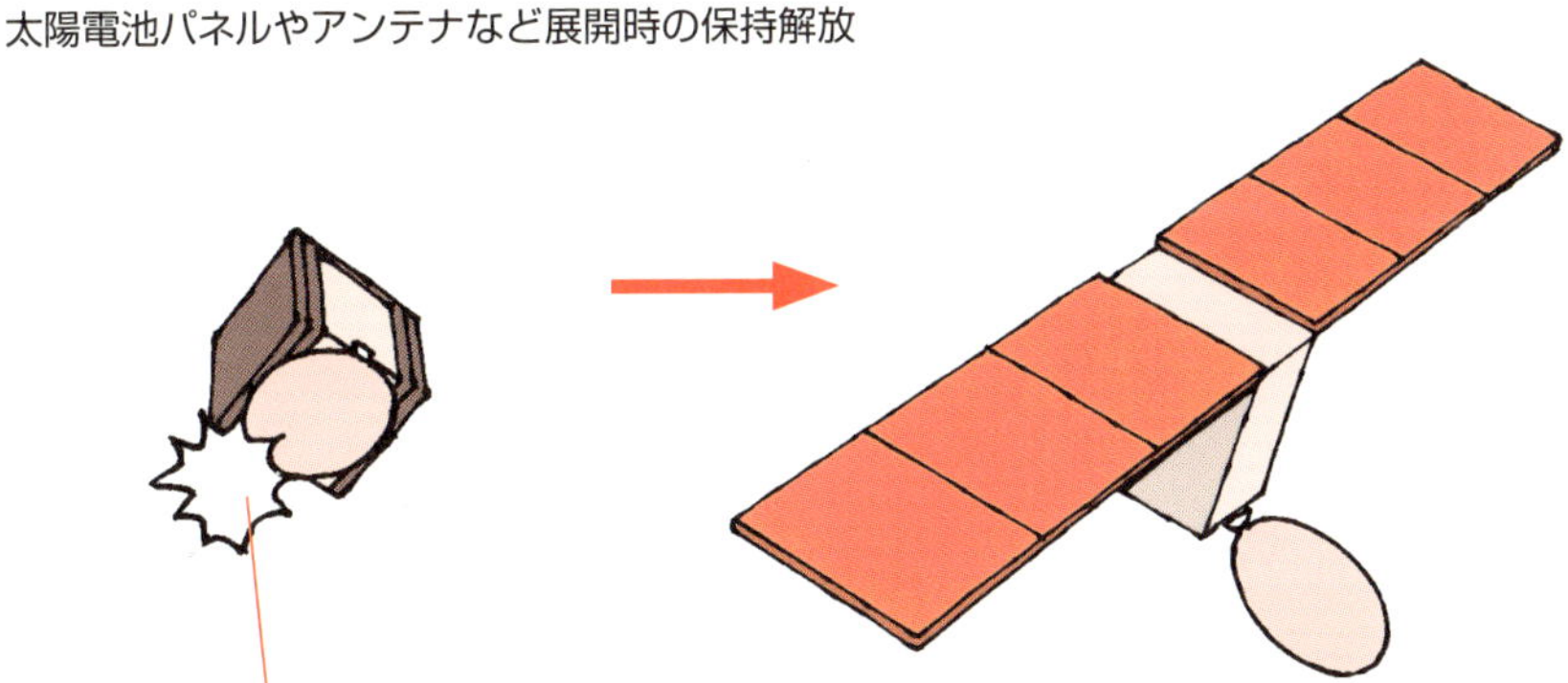

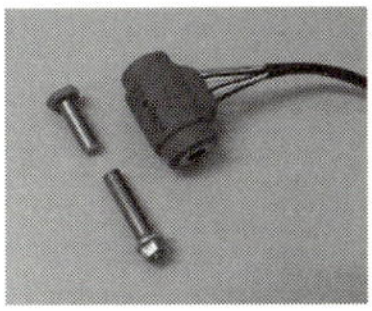

形状記憶合金でボルトを切断して分離する装置
（提供：TiNi Aerospace）

67 新しい形状記憶合金を探して

製造業で広がる用途開発

形状記憶合金が示す形状記憶効果や超弾性という性質が非常に幅広い分野で役に立っていることがお分かり頂けたでしょうか。しかし、これに飽き足らずに新たな用途開発や合金開発に関する研究が、世界的に非常に活発に行われています。

形状記憶効果を利用すると熱エネルギーを複雑な機構を経ることなく直接機械エネルギーに変換することができるため、エネルギーの有効利用につながります。この性質を利用した熱エンジンは1970年代から研究されていますが、近年は自動車からの廃熱の利用など、エネルギーハーベスティングの観点から研究開発が行われています。

ステントなどの医療用デバイスにおいても疲労寿命の向上は重要な課題です。これに関して最近、合金組成と結晶構造の最適化によりマルテンサイト変態の温度ヒステリシスがほとんどないTi-Ni-Cu-Pd合金が開発されました。ヒステリシスはマルテンサイト相と母相の界面におけるひずみの蓄積と関連があるため、小さなヒステリシスがほとんどない材料は非常に長い疲労寿命を示す可能性があり、今後の展開が大いに期待されます。

この合金の開発には複数の元素と同時にスパッタリング（17参照）することで連続的に組成の異なる合金の薄膜を形成する「コンビナトリアル・スパッタリング法」が利用されました。溶製法と比べてはるかに短時間で合金探索を行うことが可能で、今後の合金開発の重要な手法となるでしょう。

また、最近は三次元積層造形法（3Dプリンタ）を使って金属部品を作成する技術が開発されました。この方法ではデジタルデータから複雑形状の部品をテーラーメードで作成することが可能で、人工関節や人工歯根などの医療用デバイスの製造に適しています。形状記憶合金の加工性の悪さを克服する製造法として今後非常に重要になるでしょう。

要点BOX

- ●エネルギーを上手に活用するカギ
- ●疲労寿命を延ばして社会に貢献
- ●3Dプリンタでの利用に期待

形状記憶合金熱エンジンによる自動車廃熱発電

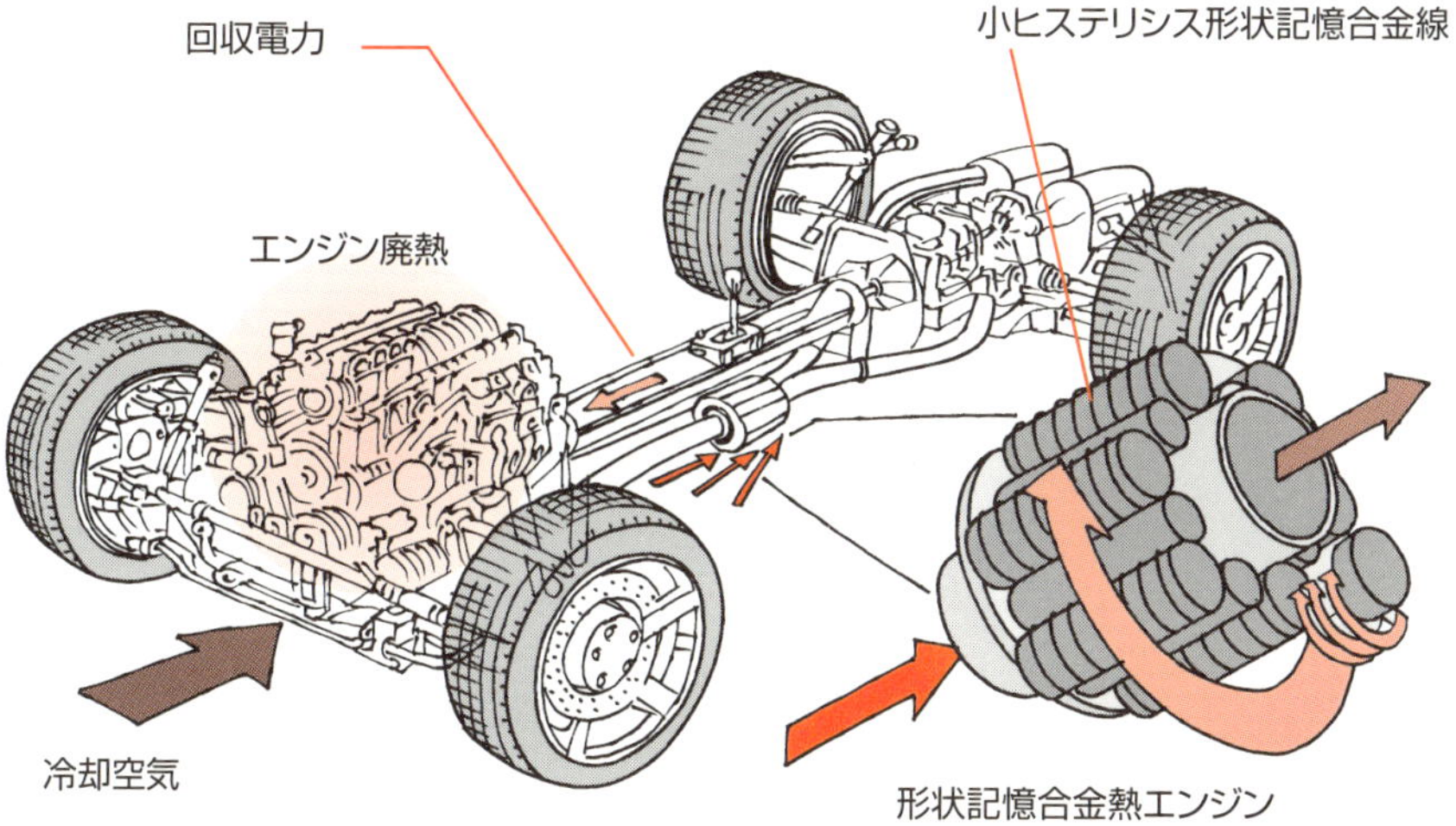

コンビナトリアル・スパッタリング

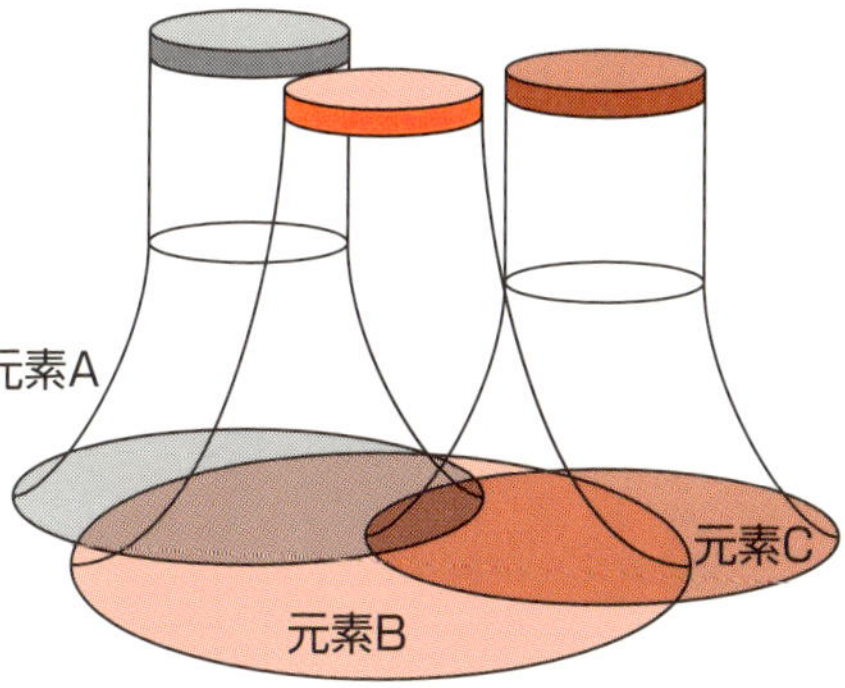

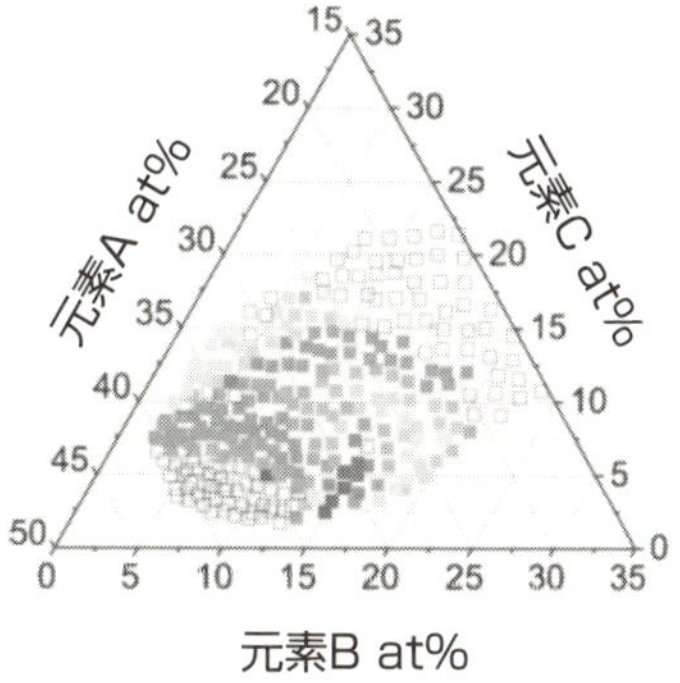

複数の異なる元素をスパッタリングすることで、基板上に組成が連続的に変化する合金膜を蒸着することができる。

用語解説

エネルギーハーベスティング：振動や廃熱などの環境に存在する微小なエネルギーを収集して電力に変換すること。

Column

血管を縦横無尽。SF映画が現実になった?!

50年も前に『ミクロの決死圏』というアメリカのSF映画を観ました。重要人物の脳にある腫瘍の治療が外科的にできないため、血管の中に入り直接治療を行うというものです。特殊な潜水艇と治療する乗組員を血管に入るほどの大きさに縮小します。乗組員は血管を通って脳の腫瘍まで辿り着き腫瘍を破壊します。当時の治療は外科的に切開して病巣を切除することが主流でしたから、血管を通って治療するアイデアに驚きました。

血管はつま先から頭の中まで、あらゆる場所に縦横無尽に通じています。この血管を通路として利用すれば人体のどこにでも到達できるはずです。問題は複雑な血管の中を安全確実に導ける「ガイドワイヤ」と、目的の場所で拡張や治療ができる「デバイス」の開発です。

この2つの問題を解決してくれたのがチタン・ニッケル合金の超弾性です。超弾性合金製の治療デバイスは、例え直径2㎜程度のカテーテルチューブに縮小しても、チューブから押し出された瞬間に元の形状に広がります。また、弾性率がステンレスの4分の1と非常に小さく柔軟で、金属というよりプラスチックに近い感触です。小さく折り畳んで目的の場所で押し出す時の抵抗も少ないため、スムーズに治療ができます。

治療デバイスを目的の場所まで案内するガイドワイヤも超弾性合金が主流になっています。ガイドワイヤの操作性は曲がりのない直線性が重要です。ステンレスで作られたワイヤは複雑な血管形状により永久変形を起こし、操作性が著しく悪くなって目的の場所までデバイスを案内できないことがあります。

このような血管内治療は数㎜の傷だけで済み、患者への肉体的負担と回復までの期間が大幅に軽減されます。同じような理由で内視鏡治療にも、超弾性合金はたくさん使われています。患者に痛みを感じさせない、血管内治療や内視鏡治療には欠かせない金属材料になっています。

世界で生産されるチタン・ニッケル合金の量は、おおよそ年間200トンと推定されていますが、その80％ほどが医療用であると言われています。これからも医療への用途は広がっていくことでしょう。

●編著者

（一社）形状記憶合金協会

●編集委員および執筆者（五十音順）

【編集委員長】

山内　清（やまうち　きよし）　東北大学大学院工学研究科

【編集委員】

石井　崇（いしい　たかし）　相互発條（株）
大方一三（おおかた　いちぞう）　（一社）形状記憶合金協会
加藤　勉（かとう　つとむ）　（株）パイオラックス
髙岡　慧（たかおか　さとし）　古河テクノリサーチ（株）
土谷浩一（つちや　こういち）　物質・材料研究機構
中畑拓治（なかはた　たくじ）　新日鐵住金（株）

【執筆者】

荒木慶一（あらき　よしかず）　京都大学大学院工学研究科
池田忠繁（いけだ　ただしげ）　名古屋大学大学院工学研究科
石井　崇（いしい　たかし）　相互発條（株）
石田　章（いしだ　あきら）　物質・材料研究機構
稲邑朋也（いなむら　ともなり）　東京工業大学フロンティア材料研究所
大方一三（おおかた　いちぞう）　（一社）形状記憶合金協会
大塚広明（おおつか　ひろあき）　淡路マテリア（株）
岡村賢治（おかむら　けんじ）　ディーテック（有）
小澤倫秀（おざわ　みちひで）　NECトーキン（株）
貝沼亮介（かいぬま　りょうすけ）　東北大学大学院工学研究科
加藤　勉（かとう　つとむ）　（株）パイオラックス
喜瀬純男（きせ　すみお）　（株）古河テクノマテリアル
北村一浩（きたむら　かずひろ）　愛知教育大学
権藤雅彦（ごんどう　まさひこ）　（株）青電舎
佐藤英之（さとう　ひでゆき）　サエス・ゲッターズ・エス・ピー・エー
鈴木昭弘（すずき　あきひろ）　大同特殊鋼（株）
髙岡　慧（たかおか　さとし）　古河テクノリサーチ（株）
千葉悠矢（ちば　ゆうや）　淡路マテリア（株）
長　弘基（ちょう　ひろき）　北九州市立大学国際環境工学部
土谷浩一（つちや　こういち）　物質・材料研究機構
戸伏壽昭（とぶし　ひさあき）　愛知工業大学工学部
豊川秀英（とよかわ　よしひで）　（株）パイオラックス メディカルデバイス
中畑拓治（なかはた　たくじ）　新日鐵住金（株）
中安　翠（なかやす　あきら）　金沢美術工芸大学
坂　一宏（ばん　かずひろ）　（株）吉見製作所
引地正伸（ひきち　まさのぶ）　トミー（株）
本間　大（ほんま　だい）　トキ・コーポレーション（株）
御手洗容子（みたらい　ようこ）　物質・材料研究機構
山内　清（やまうち　きよし）　東北大学大学院工学研究科
渡辺和樹（わたなべ　かずき）　（株）ウェルリサーチ

今日からモノ知りシリーズ
トコトンやさしい
形状記憶合金の本

NDC 560

2016年6月22日　初版1刷発行

©編著者　(一社)形状記憶合金協会
発行者　井水 治博
発行所　日刊工業新聞社
東京都中央区日本橋小網町14-1
(郵便番号103-8548)
電話　書籍編集部　03(5644)7490
販売・管理部　03(5644)7410
FAX　03(5644)7400
振替口座　00190-2-186076
URL　http://pub.nikkan.co.jp/
e-mail　info@media.nikkan.co.jp
印刷、製本　新日本印刷(株)

●DESIGN STAFF
AD――――――――志岐滋行
表紙イラスト――――黒崎　玄
本文イラスト――――小島サエキチ
ブック、デザイン――大山陽子
（志岐デザイン事務所）

●
落丁、乱丁本はお取り替えいたします。
2016 Printed in Japan
ISBN　978-4-526-07579-7　C3034